U0820179

美国地质调查局
科学数据管理与共享

田黔宁　王海华　张百忍　编著

地质出版社

·北　京·

内 容 提 要

科学数据不仅在科学研究领域发挥着重要作用，而且对经济发展、社会进步和科技创新等具有重要意义。美国地质调查局（USGS）在科学数据管理和共享方面具有丰富的实践经验，本书以大量美国地质调查局数据管理与共享方面的资料为基础，详细介绍了其研究与实践进展、政策、标准、管理办法、开发工具、实践社群，以及存储库认证等方面的内容，为科学数据管理和共享提供参考。

本书可供地质领域的管理者和数据管理人员，以及相关专业的大专院校师生阅读。

图书在版编目 (CIP) 数据

美国地质调查局科学数据管理与共享 / 田黔宁等编著. -- 北京 : 地质出版社 , 2023.12
ISBN 978-7-116-14016-5

Ⅰ. ①美… Ⅱ. ①田… Ⅲ. ①科学研究—数据管理—研究—美国 Ⅳ. ① G327.12

中国国家版本馆 CIP 数据核字 (2024) 第 020804 号

MEIGUO DIZHI DIAOCHAJU KEXUE SHUJU GUANLI YU GONGXIANG

责任编辑：杨 艺 郭亿华
责任校对：王 瑛
出版发行：地质出版社
社址邮编：北京市海淀区学院路 31 号 , 100083
电　　话：（010）66554528（邮购部）；（010）66554590（编辑室）
网　　址：https: // www. gph. clmpg. com
传　　真：（010）66554686
印　　刷：北京地大彩印有限公司
开　　本：787mm × 1092mm 1/16
印　　张：14. 75
字　　数：360 千字
版　　次：2023 年 12 月北京第 1 版
印　　次：2023 年 12 月北京第 1 次印刷
定　　价：72. 00 元
书　　号：ISBN 978-7-116-14016-5

前　言

科学数据是指通过科学研究、实验、观测等产生的各种数据，记录了自然现象和社会现象的客观规律，具有极其重要的利用价值。科学数据不仅在科学研究领域发挥着重要作用，而且对经济发展、社会进步和科技创新等具有重要意义。随着信息技术的迅速发展，科学数据管理与共享变得越来越重要，在未来社会发展中，如何更好地管理和共享科学数据已成为科学研究的一个重要课题，科学数据管理和共享也成为许多国家发展战略目标之一，受到政府部门及研究机构的高度重视。

地球科学作为科学数据的重要来源之一，属于数据密集型科学，它可以为国土空间规划、矿产资源评价、生态环境保护及地质灾害等领域提供更精确、更可靠的信息服务，只有做好地球科学数据管理和共享，才能使其在社会经济发展中发挥更高的价值。美国地质调查局（USGS）具有140多年的历史，积累了丰富的科学数据，包括地球科学领域的各种测量和调查数据，这些数据在多个领域被广泛应用。美国地质调查局在科学数据管理和共享方面具有丰富的实践经验，其在科学数据管理政策和标准方面的举措不仅确保了数据的准确性和可靠性，还推动了科学数据的管理和共享的进步。美国地质调查局建立的数据管理机构和数据集成社群，有效地支持了科学数据存储管理及共享，并为其他机构提供了经验借鉴和合作机会，这为地球科学领域的数据管理和共享奠定了坚实的基础，为用户提供了更加便捷的数据服务和支持。此外，美国地质调查局还采用先进的数据管理工具，使科学数据更加可发现、可访问、可互操作和可重用（FAIR）。这些工具的使用提高了美国地质调查局科学数据的利用率和价值，也为其他机构提供了新的思路和方法。由此我们收集了美国地质调查局大量的数据管理与共享方面的资料，并围绕美国地质调查局科学数据管理与共享的研究与实践进展、政策、标准、管理办法、开发工具、实践社群，以及存储库认证等方面进行了较深入的分析。《美国地质调查局科学数据管理与共享》是中国地质调查项目研究成果之一，主要包括以下内容：①美国地质调查局公共访问计划；②美国地质调查局数据符合FAIR原则的路线图；③美国地质调查局基础科学措施；④美国地质调查局数据管理办法；⑤美国地质调查局软件管理办法；⑥美国地质调查局科学数据管理和发布工具；⑦美国地质调查局数据集成社群；⑧美国地质调查局可信数字存储库认证。

本书共计10章，具体编写分工如下：第1章、第4章、第6章至第10章由田黔宁编写；第2章、第3章由王海华编写；第5章由张百忍编写。全书由田黔宁负责组织编写、统稿、定稿，由王海华负责组织审稿。本书在编写过程中得到了中国地质调查项目“国际地学情报信息跟踪与分析”（DD20221794）资助，得到了中国地质图书馆领导的大力支持，在此表示诚挚的谢意。由于受编者专业与学术水平的限制，书中难免会存在疏漏与不足，恳请读者批评与指正。

编著者

2022年12月于北京

目　　录

1 绪　　论

1.1 美国地质调查局基本情况

美国地质调查局（United States Geological Survey，USGS）成立于1879年，是根据美国国会法案创建的美国内政部（DOI）唯一的科研机构。作为美国最大的水、地球、生物科学及民用测绘机构，美国地质调查局负责采集、监测、分析和提供有关自然资源状况的科学信息，并利用其丰富的科学专业知识进行大规模、多学科调查，为资源管理者、规划者和决策者提供公正的科学信息。美国地质调查局的科学任务涵盖范围广泛，其科学任务各要素之间存在内在的联系，水、能源和矿产资源、生态系统、自然灾害和土地利用以多种方式相互作用。美国地质调查局通过与政府、学术界、工业界和其他方面的合作伙伴合作，持续不断满足社会需求。其愿景是：引领美国在21世纪对自然资源和相关过程进行全面研究、评估和预测，从而满足社会的需求。

1.1.1 美国地质调查局科学活动领域

灾害、环境与自然资源是美国地质调查局两大科学活动领域。

1.1.1.1 灾害

美国地质调查局致力于为用户提供自然灾害方面的信息，旨在最大程度地减少生命和财产损失。这些灾害包括地震、火山喷发、山崩、地磁（太阳）风暴、洪水、干旱、海岸侵蚀、海啸、山火、野生动物疾病以及其他生物和化学威胁等多个方面。美国地质调查局通过描述和记录自然灾害，增进对其风险的认识和理解。具体活动包括：

1）基于科学研究的准确评估，确定灾害风险的性质与程度。

2）开展基础和应用研究，以加强对灾害及其产生原因与影响的认识。

3）维护长期自然灾害监测网络的运行。

4）开展危害事件的短期预测。

5）监测事件，以便提供实时信息。

6）在危险事件发生期间与应急人员、公共安全官员和其他人员进行沟通。

7）进行危险事件后的情景分析，制定策略以减轻灾害对未来事件的影响，并为易受自然灾害影响的地区提供风险评估。

8）对自然灾害信息和数据进行综合、集成和快速分发。

1.1.1.2 环境与自然资源

美国地质调查局长期提供环境与自然资源信息、系统分析和调查以及预测方法，用于自然系统的情景构建和决策。该局会根据实际需要开展科学研究，以加深对地方、国家和全球范围内环境和自然资源（空气、土地、水、植物和动物）问题的理解。研究内容包括数据采集、长期评估、生态系统分析、变化监测以及对未来可能发生变化的预测。具体活动包括：

1）提供科学信息和工具，为美国内政部的土地和资源管理任务提供支持。

2）为资源管理者提供环境资源现状的信息，并预测生态系统对管理行动可能产生的潜在影响。

3）对国家资源的可用性和质量进行评估，包括矿产、能源、地表水和地下水资源，并评估开采、管理和使用所带来的经济和环境方面的影响。

4）开展研究，以加深对地球系统的认识，包括地质、水文系统及水文过程，以便为有关资源和环境管理决策提供有效支持。

5）协助公职人员和私营部门制定、评估和实施具有成本效益的策略和方法，以维护和恢复环境。

6）确定国家生物资源的现状和变化趋势，并评估这些资源所面临的威胁。

7）帮助水资源管理人员和政府官员制定、评估和实施改进的且具有成本效益的水资源管理方案。

8）提供数据和信息的接口、工具和架构，以便不同用户能够查找、获取并使用对其有意义的自然科学信息。

9）提供国家地图和地理空间覆盖范围，以服务于研究和管理。

10）获取、管理和使用土地资源观测技术和卫星数据。

11）开展能够促进对地理、制图和地理空间信息科学理解的研究。

12）对自然科学数据进行长期采集、管理和归档，并提供访问权限。

13）评估水资源，了解人类活动和自然现象对水文系统的影响。

14）对生物资源进行调查，涵盖关键物种生物学、栖息地生态学、生态系统、景观以及化学和生物威胁等方面。

1.1.2 美国地质调查局组织机构

美国地质调查局拥有60个科学中心、5个天文台以及500多个实验室，在每一个州都设有科学中心。美国地质调查局总部位于弗吉尼亚州雷斯顿，根据地理位置划分为7个研究区域，即阿拉斯加区域、落基山区域、中部大陆区域、西南区域、西北/太平洋岛屿区域、东北区域、东南区域，以支撑美国内政部所划分的12个区域。根据研究领域，又划分了5个任务区，即核心科学体系任务区、生态系统任务区、能源和矿产资源任务区、自然灾害任务区、水资源任务区。

1.1.2.1 行政管理机构

（1）局长办公室

其职责是协调局长所关注的关键领域的举措、计划和政策的管理和执行，以确保实现局长的目标，并负责领导和管理特定的任务区或职能。

（2）区域主任办公室

每个区域都由相应的区域主任负责。区域主任行使局长和副局长赋予的权力：领导美国地质调查局科学计划的运行，为科学计划的研究和开发提供支持并进行监督；开展调查研究；进行数据采集和整合；开发工具、技术和协议；传播信息；提供技术支撑和评估。

（3）多样性和平等机会办公室

负责制定美国地质调查局相关政策、计划和指导方针，以确保平等就业机会（EEO）法律法规的正确实施；监督并强制遵守美国联邦财政援助的相关规定；实施多元化和包容性的举措和活动；就相关事宜为管理者、监管者及雇员提供指导及帮助；制定并提供平等就业机会、多样性和包容性的相关培训；处理有关歧视方面的投诉；向美国地质调查局财政援助的接受者提供技术援助；制定和监督妇女、少数民族和残疾人平等就业计划的执行情况，其中包括退伍军人；制定和管理美国地质调查局残疾人就业方案；制定和管理美国地质调查局多样性和包容性计划；管理多元化外联工作；协调与少数民族职业学校、大学和机构的伙伴关系。

（4）行政管理办公室

负责为制定和实施相关政策、战略和运营计划提供行政管理，涵盖财务、设施、安全、环境、安保、收购、指令和技术转让等方面。此外，该办公室还通过总部和外地的人力资源办公室为美国地质调查局提供人力资源及组织和员工发展方面的服务。

（5）预算、规划和整合办公室

负责制定美国地质调查局的战略规划政策，并把握发展方向；制定预算政策并编制预算；在美国地质调查局完成任务时，负责问责资源的有效利用。确保美国地质调查局在执行其科学任务目标时，能获得所需的财政资源；促进内部和外部的信息共享；为美国地质调查局提供关于预算和项目绩效的数据分析，以便其了解、预测和应对社会及政治范式的转变。

（6）传播和出版办公室

负责规划和管理美国地质调查局公共事务和美国国会活动；制定美国地质调查局的传播战略；与客户和利益相关者进行互动；代表美国地质调查局组织和策划媒体相关活动；支持员工沟通交流；负责美国地质调查局的品牌创建；管理美国地质调查局网站和社交媒体平台；为高级管理人员提供危机处理方面的咨询；担任美国内政部传播办公室的联络人；通过美国地质调查局科学出版网管理美国地质调查局科学产品的出版事务。

（7）副首席信息官办公室

负责为美国地质调查局的科学任务提供关键的信息管理和技术基础，推动信息技术和计算能力的发展，并运用信息技术和计算能力帮助科学研究、数据采集、分析与建模、科学协作、知识管理以及工作流程的制定。此外，还监督一系列有关信息获取和交付的活动，并确保科学数据采集、存储、共享、保存和发布都遵循美国联邦的法律法规。

（8）国际项目办公室

负责支持美国地质调查局科学家为解决全球的科学、自然资源和环境问题做出贡献的活动；提高美国完成其基本国内任务的能力；推动美国外交政策和维护国家安全利益；增强美国私营部门在全球经济中的竞争力。

（9）科学质量与诚信办公室

负责通过以下活动来监测和增进美国地质调查局所有科学研究的诚信和质量：监督和执行美国地质调查局的科学诚信计划；通过美国地质调查局的科学教育和青年发展计划，以及在科学、技术、工程和数学教育领域建立机构间伙伴关系，吸引下一代科学家参与；通过对部落关系办公室的监督，与部落保持积极关系；监督美国地质调查局科学家评审和表彰的项目，并管理退休科学家的项目；审批解释性科学产品；为美国地质调查局基础科学措施和同行评审的实施提供建议，并确保其得到遵守；提供科学出版物趋势分析；负责协调科学过程和实验室的质量管理体系。

（10）《信息自由法》项目办公室

负责履行美国内政部《信息自由法》第 383 部分第 15 章中列出的职责和责任，包括：担任美国内政部《信息自由法》办公室与美国地质调查局之间有关《信息自由法》活动的主要联系人；就需要进行法律审查的美国地质调查局记录向美国司法部门律师办公室进行咨询；监督和管理美国地质调查局《信息自由法》团队，包括制定年度绩效计划、进行进度审查和编写评级说明，并直接向美国地质调查局《信息自由法》官员报告团队成员的最终评级；为美国地质调查局员工提供《信息自由法》要求的有关事项的建议、指导和培训。

1. 1. 2. 2　业务管理部门

根据 5 个任务区，设置了以下几个业务管理部门。

（1）核心科学体系副局长办公室

履行美国地质调查局作为国家民用测绘机构的职责，提供相应的行政领导，具体包括：支持美国联邦和州对地形和地质填图的要求，支持美国内政部和美国联邦地理数据委员会（FGDC）国家地理空间协作，通过民间应用委员会支持地理空间测绘和应用，以及支持卫星业务和遥感。此外，还在以下几方面承担行政领导职责：土地变化科学的研究、建模和分析、生物数据采集、生物分类分析和解释、计算分析和综合；整合美国地质调查局国家数据集、数据管理、存储、可访问性和政策；保存地质、地球物理和古生物数据；管理地球科学样品，包括岩石、化石、沉积物和冰芯；管理图书馆网络，以支持美国地质调查局地球科学研究。该办公室还负责管理国家的土地图像，以满足国家和国际层面的需求。副局长行使美国地质调查局局长赋予的权力，负责美国地质调查局国家数据集的开发、整合、管理和获取工作。核心科学体系任务区包括科学分析和综合计划（SASP）、国家地质填图合作计划（NCGMP）、国家地理空间计划（NGP）和国家土地成像计划（NLLP）。

（2）生态系统副局长办公室

为土地管理者，特别是美国内政部的土地管理者提供可靠、公正的科学信息，这些信息是通过运用监测、建模、工具开发和实验等科学方法采集而来，并帮助土地管理者利用所需信息，以支持国家生物和其他自然资源的完善管理和保护。副局长行使美国地质调查局局长赋予的权力，为制定生态系统方案和确立优先事项提供领导和指导。副局长还负责提供行政指导和监督，以确保美国地质调查局生态系统项目能够得到有效且高效的规划、管理和执行，这其中包括方法和工具的开发、研究以及质量保证等工作。生态系统科学任务区包括土地管理研究计划（LMRP）、生物威胁和入侵物种计划（BTRP）、气候研究与发展计划（CR&DP）、环境健康计划（EHP）。

（3）能源和矿产资源副局长办公室

为管理层提供客观的科学和可靠的信息，以了解美国的基本地质构造格架及矿产能源资源的分布情况。相关活动包括：研究地质资源的形成过程，评估国家和全球范围内资源的赋存和分布情况，包括目前和未来的各种能源和矿产资源及其废弃物；研究与地质资源形成和使用相关的潜在环境和社会经济影响；分析全球非燃料矿物商品的供应和流动情况；推进为了解国家地下地质资源所需的地质和地球物理数据的采集和填图工作。这些活动共同支持地质资源全生命周期的综合跨学科评价，以了解多种类型资源开发的反馈信息。能源和矿产资源任务区包括能源资源计划（ERP）和矿产资源计划（MRP）。

（4）自然灾害副局长办公室

为自然灾害任务区提供行政管理方面的领导。承担地震、火山活动以及山体滑坡的监测与评估职责，并支持国家海洋和大气管理局履行对沿海洪水和侵蚀、火灾和泥石流、地磁风暴和海啸的预警的责任。自然灾害任务区负责协调美国地质调查局在灾害发生后的应对行动，并监督该局的应急管理活动。该任务区还负责协调整个美国地质调查局灾害科学的长期规划，其中包括通过该局其他众多项目资助的活动，如洪水、飓风、强风暴、野火以及生物和化学危害。自然灾害任务区包括海岸和海洋灾害与资源计划（CMHRP）、地震灾害计划（EHP）、地磁计划（GP）、全球地震台网（GSN）、滑坡灾害计划（LHP）、火山灾害计划（VHP）等。

（5）水资源副局长办公室

负责水资源任务区行政管理的各个方面，包括战略、财务和项目管理等方面，确保美国地质调查局对地表水和地下水的赋存、数量、质量、分布、使用和流动调查的质量和科学记录的完整性。这些调查使美国地质调查局具备了拓展和传播科学知识的能力，也使其能够深入了解国家的水资源状况。科学活动包括数据采集、资源评估、研究、建模以及协调参与水资源研究、数据采集或信息传递等其他众多实体机构的活动。这些活动通过特定的美国联邦计划或与美国各州及地方政府的合作来实施。水资源任务区包括地下水和溪流信息计划（GWSIP）、国家水质计划（NWQP）、水供应和使用科学计划（WAUSP）、水资源研究法案计划（WRRAP）。

1.1.2.3 科学数据管理相关组织

科学分析和综合计划下设的科学数据管理处（SDM）与美国地质调查局的多个部门合作，提供有关数据管理最佳措施的指导，并向行政领导报告美国地质调查局的数据管理需求。科学数据管理处与美国地质调查局下列内部部门开展合作：数据咨询委员会、基础科学措施咨询委员会、科学出版网及数据集成社群（CDI）等。

（1）科学数据管理处

科学数据管理处领导美国地质调查局的数据管理工作，以提升该局数据集成和信息访问能力。科学数据管理处的成员共同领导数据管理工作组，分享数据管理的最佳措施和面临的挑战，并努力开发可用于支持美国地质调查局数据管理的资源。科学数据管理处咨询研究人员、数据管理者和信息技术专家，在项目计划阶段和整个科学数据生命周期内改进美国地质调查局的数据管理。科学数据管理处团队开发了数据发布的流程，并在ScienceBase数据发布（SBDR）说明页面上进行了说明。

（2）数据咨询委员会

科学数据管理处与美国地质调查局副首席数据官（ACDO）协作，共同领导美国地质调查局数据咨询委员会。该委员会向美国地质调查局副首席数据官提供有关数据管理策略、政策、措施和指导方针等建议。该委员会还负责制定美国地质调查局数据战略目标，并贯彻执行美国内政部的数据管理指令。此外，该委员会还为科学研究中新的数据管理措施、政策和基础设施提供支持，并帮助推动美国地质调查局以数据为中心的文化建设的发展。

（3）基础科学措施咨询委员会

2009年1月，美国地质调查局局长批准成立了基础科学措施咨询委员会（FSPAC）。该委员会的职责是按照美国地质调查局基础科学措施的政策，对美国地质调查局科学活动的最佳措施进行规划、实施和宣传。该委员会是美国地质调查局常设委员会，负责向该局领导层和其他人提供有关基础科学措施方面的建议和意见。基础科学措施咨询委员会持续更新基础科学措施政策和指南，为美国地质调查局提供咨询，并提出对现行政策和指南的修订建议，为美国地质调查局领导团队（ELT）的工作提供参考。基础科学措施咨询委员会还对美国地质调查局领导团队关于制定新的或修改现有的与基础科学措施相关的政策和指南请求做出回应。基础科学措施咨询委员会是美国地质调查局内部设置的咨询机构，并非根据《联邦咨询委员会法》设立的正式委员会。

（4）科学出版网

科学出版网（SPN）是美国地质调查局的出版实体组织，隶属于传播和出版办公室，是美国地质调查局提供出版服务的唯一渠道。美国地质调查局的作者和科学出版网工作人员定期合作，以确保美国地质调查局出版物在发布前符合基础科学措施（见第4章）及出版要求。科学出版网的工作人员为出版物的编辑和制作提供帮助，为美国地质调查局的信息产品做好出版准备工作，通过美国地质调查局出版物库在线发布产品，并协调印刷和分发工作。科学出版网制作的出版物包括美国地质调查局报告、地质图和相关产品。科学出版网为美国地质调查局的全体员工、合作伙伴，以及美国地质调查局信息产品与服务的用户提供支持。其出版服务包括科学技术编辑、绘图支持、出版物布局和设计，以及所有美国地质调查局报告的在线发布和出版发行。此外，科学出版网还为美国地质调查局其他产品提供定制化服务。

（5）数据集成社群

数据集成社群由科学数据管理处提供资金支持和管理，并得到美国地质调查局核心科学体系（CSS）任务区副局长以及美国地质调查局副首席信息官办公室的支持。数据集成社群设立了一个公共讨论平台，针对数据集成的新观点、挑战和解决方案展开研讨，并鼓励开发能够支持美国地质调查局综合科学能力的策略、方法、工具、数据和基础设施。数据集成社群采用严格的提案程序，为专注于数据集成方法、工具和服务的项目提供资金支持。数据集成社群鼓励具有广泛代表性的团队开发企业级产品，如美国地质调查局数据管理网站和美国地质调查局科学数据生命周期模型等。

1.1.3 美国地质调查局发展历程

美国地质调查局已有 140 多年的发展历史。它是美国为数不多的在如此长的时间里保持其原来的名称和总体职能不变的政府机构之一。美国地质调查局始终专注于提供可靠、公正的科学研究，为关键决策提供相关信息。美国地质调查局成立初期的首要职责是“对公共土地进行分类，以及勘查国有土地的地质构造、矿产资源”，最早的活动包括地质调查和经济地质学研究。在第二任局长约翰 · 韦斯利 · 鲍威尔（John Wesley Powell）的领导下，地形测绘和国家水资源监测也被纳入美国地质调查局任务范畴。纵观其历史，为适应经济社会快速发展需求，其职责依据美国国会和美国行政部门的指示而不断调整，并派生出美国政府的许多其他机构，如美国复垦局（1902）、美国矿业局（1910）、美国联邦动力委员会（1920）、美国牧业局（1934）、美国矿产管理局（1982）。1982 年，美国地质调查局进行了一次大规模机构调整，1/4 的职工和经费转移到新成立的美国矿产管理局，同时撤销了土地和矿产保护处、地学应用处，并成立了信息系统处和美国地质调查局信息系统委员会。1995 年，美国地质调查局面临生存危机，不得不从兴趣驱动或学科驱动的科学研究模式转变为需求驱动的科学研究模式。在 1996 年以前，美国内政部的多个局都有自己的调查研究队伍。改革之后，按照总体部署科学研究的原则，美国内政部所有科研工作都集中到美国地质调查局，美国矿业局和美国国家生物服务局的部分部门也并入美国地质调查局。在地质学、水文学和地理学中加入了生物学研究，美国地质调查局通过综合方法开展多学科科研项目，使美国地质调查局的能力得到加强，由此产生的协同作用提高了美国地质调查局对复杂过程和系统的理解能力，还增加了美国地质调查局科学研究的价值和适用性。自 2009 年起，为进一步落实需求驱动理念，美国地质调查局推行了以问题为导向的改革，提出七大科学使命，即气候变化和土地利用变化、核心科学体系、生态系统、能源和矿产、环境健康、自然灾害、水资源。按照这七大科学使命，美国地质调查局对地质调查业务结构进行了重大调整，同时相应地对组织结构和预算结构进行了重大改革。2013 年，美国地质调查局针对核心科学体系等七大科学使命分别制定了中长期发展规划。组织结构由原来按专业学科设置的地质、地理、水文、生物 4 个部门调整为按科学使命设置的 7 个部门。2020 年，对七大科学使命做了进一步的调整，保留核心科学体系、生态系统、能源和矿产资源、自然灾害、水资源五大科学使命，之前的七大科学使命中的气候变化和土地利用变化及环境健康相应调整到五大使命中。目前，美国地质调查局通过整合多样化的科学专业知识来了解复杂的自然科学现象，并提供可产生解决方案的科学产品。美国地质调查局拥有 12000 余名科学家、技术人员和支持人员，在美国 400 多个地点开展工作。美国地质调查局正迈入一个新的技术时代，提供具有变革性的自然科学，数据集成和新兴技术的发展成为美国地质调查局科学战略成功必不可少的两个方向。美国地质调查局各个阶段的重要业务发展历史概况如下：

（1）开展测绘和地质调查工作，重点为矿产资源开发提供支撑

从建立之初到 20 世纪初，美国地质调局的职责包括“对公共土地进行分类，以及勘查国有土地的地质构造、矿产资源”。美国地质调查局的员工数量从成立之初的 38 名增加至 491 名，拨款从最初的 10.6 万美元增加到 140 万美元。在此期间取得的成就包括：

绘制了美国929850平方英里[❶]的地形图，出版了1327幅地图；完成了171000平方英里的地质填图，并出版了106幅地质图；开展了矿床地质研究项目，采集了东部州的矿产统计数据，编写了第一个全面研究美国矿产资源的矿产统计报告；通过实验和理论方法研究了各种成岩作用中的岩石物理特征、火山和间歇泉作用以及岩石组成和结构；进行了古生物学和地层学研究；进行了河流流量测量及分析；研究了可灌溉的土地；对110000平方英里的森林保护区进行了详细调查和分类。在这一阶段，美国地质调查局完成的所有工作为人们创造的最直接价值体现在为矿产资源的开发提供了帮助。

（2）加大地质填图工作，石油成为重要研究方向

到20世纪30年代初，美国地质调查局拥有998名正式职员，在45个州、阿拉斯加、夏威夷和哥伦比亚特区开展测绘和研究工作。除阿拉斯加外，美国大陆近44%的地区完成了地形测量；在2238个测量站点进行了河流流量测量，地下水的研究也进入定量分析阶段；石油成为美国地质调查局的一个重要研究领域，由此加大了地质填图的工作力度，以帮助发现新油田或扩大已知油田，开启了石油工业的一个新纪元，经济地质学的研究重点转向非金属资源，尤其是燃料资源，诞生了战略矿产的概念。

（3）工作方法发生变化，精确的仪器和方法得到快速发展

1978年，美国地质调查局建局近100周年之时，拥有超过12000名科学家、工程师、技术人员和行政管理及辅助人员。在这一时期，科学技术正通过改进勘探方法、改善开发低品位资源的能力以及用普通材料替代罕见材料等方式来满足美国对原材料日益增长的需求。与此同时，该局的工作方法也发生了显著变化，美国行政管理与预算局将绘制美国国家系列地形图的重任委托给美国地质调查局，并让其在美国联邦政府填图活动的协调规划和执行中行使政府层面的领导作用。地质学家将摄影测量方法应用于填图工作，在研究中充分利用物理和化学知识，还将现代统计方法应用于解决野外地质问题。地球物理学家使用飞机进行航磁和放射性调查，化学家则利用电子显微镜、质谱仪设计出更快更精确的分析方法。尽管此阶段美国符合现代标准的地形图覆盖面积占比只有33%，但通过使用航空照片和摄影测量方法，每年完成的填图量显著增加。

（4）全新调整研究范围，信息化服务快速发展

进入第二个百年后，美国地质调查局继续履行其最初使命，对公共土地进行分类，并检查地质构造、矿产资源以及疆域范围内的调查成果；还继续在科学前沿，以及国家重点关注的经济和其他问题上进行研究，开发和应用解决资源管理问题的工具和方法，推动地球科学在为公众服务方面的进步。同时，美国地质调查局的调查工作增加了新的维度，对可能影响公众健康的化学元素自然分布的情况进行了调查，并开展了火山爆发预测，还扩大了对太空、海底和陆地的新研究和调查；编制了月球的航空地质图，并着手研究陨石和撞击坑；设计和运维美国水数据采集网，以便及时、有效和经济地采集有效开发和管理水资源所需的水信息，使美国75%的地区可以获得地下水信息；一般用途的地形图总面积已覆盖84%；11000多个测量点进行了河流流速及水量数据采集，4000个测量点进行了水质测量。在世纪交替之际，人类正从后工业社会进入信息社会，为了更灵活地应对21世纪的机遇与挑战、适应变革时代的需求，这个拥有120多年历史的科研机构对其工作方向

---

❶ 1平方英里 = 2.5899881平方千米。

进行了一次全新调整和重新定位，即科学研究的重心从对自然现象的简单认识转变为对灾害、环境以及自然资源等与人类生存息息相关的问题上；地质学的研究范围从地表下面的岩石圈扩大到整个生物圈，与其他学科的关联更加紧密，地质学成为了一门更具实用性的科学；为用户服务成为科学研究的首要目的。这期间完成了 1 : 2.4 万比例尺的美国地形图，设立了国家合作地质填图计划；采集了 30 多年来有关捕食鱼类和鱼类种群的调查数据，发布了《全球地震危险图》和《2000 年世界石油评估》，并对火山进行持续监测，编制了记录火山爆发前变化的专业图件。美国地质调查局在信息化建设方面也取得了快速发展，基于所积累的科学数据，建立了大量数据库，包括国家数字制图数据库、国家地名数据库和国家油页岩数据库，并制定了美国数字制图数据标准。此期间美国地质调查局加入了万维网（Web）。另外，新的在线国家水资源信息系统（NWIS）上线，允许用户访问 100 多年的实时和历史水资源信息；发布了先进的国家地震系统（ANSS）和国家地震危险图等相关产品，能够实时快速地向应急管理人员提供有用信息；地理空间一站式门户网站启动，美国地质调查局出版物库上线，为用户提供了便捷的出版物访问服务。

（5）构建新的机制，全面提高了综合预测科学的能力

2007 年，美国地质调查局制定了一项科学战略，该科学战略涵盖了生态系统、气候变化、能源矿产、灾害、环境健康和水资源这 6 个至关重要的科学领域，重点聚焦于自然科学能够为美国和全球福祉带来重大贡献，此科学战略的制定正值全球化发展和快速演变的社会需求对自然科学提出重大挑战的时期。此战略是自 20 世纪 90 年代初以来，美国地质调查局首个全面审视其主要科学目标和优先领域的综合科学战略。10 多年来，美国地质调查局按照此战略快速发展，物理、化学、生物及其子学科地位和水平得到了稳步提升，使人们对地球系统内的许多过程有了前所未有的认识。美国地质调查局提供了美国 67% 面积的三维高程数据，在 2023 年底前达到 100% 的覆盖率。开展三维地质填图，以支持关键矿产地质填图。矿产资源重点聚焦于新兴能源和高技术型矿产，如页岩油（气）、天然气水合物、地热、锂等资源；管理并完成对基于太空的陆地遥感数据的全球最长时间的连续采集；对地质构造和生态系统的碳封存和碳储存评估方法进行了研究；评估了美国 30 多年来土地利用变化和土地覆盖变化的趋势；跟踪了大西洋飓风季的风暴数据；绘制了高分辨率的国家河流和溪流图；对入侵物种的生物进行了监测。此外，专门设立了核心科学体系使命，为其他科学使命提供超级计算等技术支撑。核心科学体系使命突破了专业壁垒，实现了更广泛的数据整合，甚至超越了地学研究的范畴，为地球系统科学研究提供了崭新的视角和途径，并且有效提升了公众对地学研究的认知，取得了很好的效果。构建和维护了地理数据库、国家地质地图数据库、高分辨率水文数据库及湖泊生态系统综合数据库，开发了野生动物健康信息事件报告系统和保护及恢复策略工具。为了加强美国地质调查局数据和信息资产的生命周期管理，确保利益相关者在需要时能够使用这些资源，美国地质调查局将信息、图书馆和地理空间科学等领域积累了数十年的专业知识应用于科学数据管理中，还为研究成果的生命周期管理提供了支持和描述。此外，开发了一系列系统、工具和最佳措施指南，旨在促进美国地质调查局的数据和信息管理。充分借助高级研究计算（ARC），美国地质调查局的研究人员得以获得先进的计算技术和专业知识，从而满足不断增长的复杂研究需求。这期间美国地质调查局在数据分析、处理方法、地方到国家尺度

景观和多变量等方面取得了重大突破，为综合预测科学的发展奠定了坚实基础。

1.1.4 美国地质调查局战略发展目标

美国地质调查局于 2021 年 1 月发布了新的十年（2020—2030 年）科学战略，这一战略计划是一份路线图，旨在揭示美国地质调查局在 21 世纪不断自我更新、发展和恪守诚信的过程中所必须采取的许多路线和抉择。这是应对“剧烈变化时代”所带来挑战的一个开端。

新的战略主要体现在：① 打破学科界限，进一步加强学科间的整合。上一个十年战略以问题为导向，确立了生态系统、气候变化和土地利用变化、能源和矿产、自然灾害、环境健康、水资源、核心科学体系七大科学使命。新十年战略则按照地球系统科学理论的工作方法，淡化了学科的概念，强调在观测、模拟、评估、预测整个工作流程中的学科融合。② 全面实施 EarthMAP（地球监测、分析和预测），构建美国地质调查局版的数字地球。EarthMAP 自 2017 年提出以来，经过多年努力，目标愈发明确，将在不同的时空尺度上实现对地球系统未来状态的模拟和预测。③ 地球系统科学可能成为美国地质调查局在 21 世纪的行动指南。

美国地质调查局的愿景是在 21 世纪引领美国对自然资源和各过程进行综合研究、评估和预测，以满足社会的需求。这一愿景基于美国地质调查局所有任务区完成的综合地球系统科学。其中包含集成和预测能力，可解释复杂自然系统的相互作用；预测不断变化的威胁和灾害的可能性和后果；有助于指导实施缓解性措施。美国地质调查局将与合作伙伴一起努力，通过提供先进的科学产品，在未来几十年中不断前进。进入 21 世纪，资源管理者和决策者愈发需要美国地质调查局整合多学科自然科学数据、研究成果、地理空间工具、预测模型和支持工具，以便为决策提供信息。在环境和社会变革加速的时代，美国所需的综合自然科学专业知识和决策分析工具与美国地质调查局目前能提供服务之间的差距正在扩大。未来几十年，环境、技术和社会相互作用的趋势将更加深入，因此美国地质调查局必须确立其长期发展方向和愿景。这种趋势将会改变能源和矿产资源的供需格局、国家土地和自然资源的管理方式、自然灾害的影响力、对水安全和可用性的威胁程度、影响野生动植物和人类健康的新型疾病，以及关键或独特生态系统的弹性。这些趋势要求历史与当代数据和科学能力进行更大程度的整合。

2030 年综合预测能力愿景路线图的目的是缩小当前美国地质调查局的能力与国家需求之间的差距。这一能力将基于之前提出的 EarthMAP 概念。EarthMAP 概念是一种大胆且可能具有深远影响的系统方法，用于整合美国地质调查局的所有自然科学活动。EarthMAP 跨越科学领域的边界，需要在数据集成、高性能计算、人工智能、建模、分析、实验室设施、可视化和决策支持工具等方面进行投入。EarthMAP 概念利用了美国地质调查局的优势及其作为科学组织的特殊地位，拥有涵盖所有自然科学学科的专业知识。美国地质调查局将继续开展跨学科工作，创新科学数据采集和解释方法，为 EarthMAP 提供必要的输入信息，以及测试和提高预测建模的有效性。在未来十年，美国地质调查局将借助传感器技术、集成建模、人工智能、机器学习和高性能计算的发展，实时并长期地观测、理解和预测空间和时间尺度的变化。更强大的综合能力和技术对于美国及全球日益复杂、跨学科且计算密集型的科学问题而言将是不可或缺的。认识和接受这一新范式会为美国地质调查局提供巨大的机遇，可以在未来几十年领导自然科学界，并为全面理解地球系统做出贡献。

未来，美国地质调查局产生的科学数据将被整合到一个全面的数据湖中，该数据湖可在内部和外部随时访问，包含所有相关数据，并不断发展以适应不断变化的数据内涵。将开发、测试和应用综合预测科学能力，将提供可操作的信息，通过数据仪表盘和应用程序（APP）来增强态势感知能力，提供新的操作能力并为决策提供信息。到 2030 年，美国地质调查局将在区域和国家范围内对自然系统（水、生态系统、能源、矿物、灾害）的未来状态进行综合观测和预测。

1.2 美国地质调查局科学数据的价值

科学数据是美国地质调查局重要的资产之一。美国地质调查局已意识到，管理良好的数据可以提高科学工作的效率，改善科学迭代发展过程中的溯源，支持科学审查和重复性，并最大限度地提高数据的有效利用和价值。美国地质调查局通过开展科学活动，以多种不同的方式为国家提供可靠的科学数据。美国地质调查局一直致力于保持科学诚信，并提供服务于美国和全球的高质量科学产品。美国地质调查局进行了大量跨学科、跨领域的研究，并按照各学科和利益相关方的要求和标准来生产和维护其数据产品。

1.2.1 科学数据的作用越来越大

公众对美国地质调查局科学发现和数据的需求越来越强烈。国际能源署在提及美国地质调查局时称："全球常规油气资源的信息来源于美国地质调查局。"一份国际期刊上的一篇文章也表明，美国地质调查局是世界上被引用最多的环境科学机构。公众和应急响应社区的其他部门已经开始依赖美国地质调查局提供的及时、可靠的灾害危险信息。作为美国领先的综合地球科学机构，美国地质调查局在综合理解地球科学、增强美国公共健康和安全、保护自然遗产和支持经济发展等方面占据着至关重要的地位，并在提供信息和知识以解决美国内外出现的地球科学问题上发挥着重要作用。

1.2.2 科学数据与社会需求之间的联系越来越紧密

美国及世界各地的人们每天都在使用美国地质调查局科学数据来解决广泛的环境、自然资源和灾害相关问题。近年来，科学技术、决策过程和数据可访问性都发生了巨大的变化，决策内容愈发分散，分析能力不断增强，数据可访问性也日益提升。决策者和公众需要能够获取及时和综合的科学产品，以客观地解决与政策相关的问题。随着世界的变化，美国地质调查局不断加大力度，促使其研究和数据尽可能有用。在过去的 140 多年中，美国地质调查局已经从用镐和骡子采集数据发展到使用具有实时数据访问功能的遥感仪器。凭借大量的长期数据积累和研究，美国地质调查局提升了公众对地球科学的认知度，满足了美国国家不断变化的需求，拓展了其在地理、地质和水文方面的传统作用。美国地质调查局整合这些能力，全面解决复杂问题，为无数客户和合作伙伴提供服务。未来，美国地质调查局将继续致力于对景观、自然资源和自然灾害的研究，为不断变化的世界提供科学新视野。

1.2.3 科学数据的内容越来越丰富

美国地质调查局精心采集和存档的历史数据集，为了解自然系统的现状以及人类对环境的影响提供了重要基础。其中，长期数据集包括阿拉斯加永久冻土的钻孔温度记录、多个地点长达一个多世纪的流量读数、陆地卫星 40 多年来的全球变化观测数据、全球地震台网的历史地震和历史数据目录，以及从冰芯和海底样本采集的古气候记录。有了这样的历史记录，再结合古地质学和化学分析领域的前沿研究，美国地质调查局的科学家可以追溯至遥远的时期——在某些情况下，可以跨越几十年甚至几个世纪。这些丰富和广泛的数据，为理解当今正在发生的气候和环境变化提供了一个宝贵的资源。

1.3 美国地质调查局科学数据管理和共享路径

1.3.1 驱动因素

1.3.1.1 政策驱动

在数字化时代，科学数据管理已成为公共服务的重要组成部分，因此，科学数据管理的重要性日益突出，世界各国政府和研究机构也越来越重视数据共享和开放政策的制定和实施。目前，国际许多科学研究机构和组织都在着手建立科学数据管理计划，并积极开发数据共享策略。从 2009 年开始，美国联邦政府陆续发布了多项指令，以使美国联邦资助的科学数据向公众开放并供其所用。美国联邦政府率先发布了《政府数据开放倡议》，要求美国政府各部门发布可机读的标准化高价值数据，以实现更高的经济利益。2012 年 5 月，美国白宫发布了一项“数字化战略计划”，主要目标是抓住数字化机遇，遵循“以信息为中心建设共享平台，以客户为中心建立安全隐私平台”原则，提供更优质的服务。同年美国还提出了实施“大数据研究开发计划”，旨在运用信息技术传播科学信息，让更多人了解科学研究内容并获取研究信息。2013 年 2 月 22 日，美国白宫科学和技术政策办公室（OSTP）发布《增加对联邦政府资助的科研成果的获取》政策指南，该指南呼吁所有年度研发经费超过 1 亿美元的美国联邦机构制定计划，增加公众对美国联邦政府资助的科研成果的获取，这些科研成果包括经同行评审的出版物及数字数据。2013 年 5 月 9 日，美国政府发布了第 13642 号行政命令，即《使开放和机器可读成为政府信息新默认模式》，美国白宫行政管理与预算局也发布了第 M-13-13 号政策指南，即《开放数据政策——将信息作为资产进行管理》。上述这些计划和命令强制规定了美国联邦政府将数据和信息转换为可用和可获取的数字产品，并推动和加快其发布，但需受到基于隐私、保密和国家安全等因素制定的某些特定条件的制约。这些指令的目标是提高公共投资的回报率，加快科学进步和创新，激发创新精神，促进经济增长和创造就业机会。通过遵循这些政策和举措，如可查找、可访问、可互操作、可重用的数据 FAIR 原则，美国政府的科学组织正朝着支持公众获取科学研究成果的更成熟模式转变。

美国地质调查局作为一个政府科学机构，在上述政策的推动下，为各类查询者提供地球科学领域的研究成果、知识和数据。美国地质调查局也是参与美国发布的“大数据研究开发计划”的机构之一，并在其中发挥了重要作用，提供了大量的数据。在美国联邦政府机构对科学数据开放的要求不断提高的背景下，美国地质调查局在这方面取得了长足的进步。美国地质调查局的专家们被要求将美国联邦政府资助的数据在经过批准的数据存储库中进行公开。

1.3.1.2 数据资源驱动

美国地质调查局始终遵循为公众提供便捷获取科学成果的途径的宗旨，通过及时的、技术合理的、经同行评审的以及以专业呈现的学术出版物和科学数据来实现这一目标。美国地质调查局在学术出版物开发、审查、批准和发布方面遵循严格的政策、标准和程序，无论这些出版物是在美国地质调查局内部发表，还是通过外部科学期刊或其他渠道发表。目前，美国地质调查局的数据正被用于推动私营单位的经济增长、提升竞争力和促进创新。比如，美国地质调查局流量测量数据被广泛应用于旅游、娱乐以及建筑规划等多个行业，美国地质调查局陆地卫星数据则在全球范围内被广泛地应用于优化作物生产、识别干旱情况、可持续土地利用状况等方面。美国地质调查局学术出版物和相关数据主要包括美国地质调查局出版物库中的出版物，以及美国地质调查局科学数据目录、地图、图像和出版物门户网站上的数据，这些都可以在美国地质调查局网站上获取。目前，有超过 50000 份美国地质调查局系列出版物可供引用，其中 10000 多份可供公众免费下载使用。此外，超过 41000 份由美国地质调查局撰写但在外部出版的学术出版物，已在美国地质调查局出版物库中进行了编目，并提供了原始出版来源的链接。

1.3.2 采取的措施

2007 年，美国地质调查局发布了一项战略科学计划，其中包括一个新的愿景：美国地质调查局将利用其信息资源，为其过去和未来的大量数据资源创造一个更集成和更易获取的环境。由此，美国地质调查局投资于网络基础设施，培育自然科学信息项目，并参与构建全球综合科学计算平台。为了实现这一愿景，美国地质调查局采取一系列措施：制定公共访问计划，编写符合 FAIR 原则的路线图，出台基础科学措施（FSP）等有关政策；美国地质调查局的员工自行组织建立美国地质调查局数据集成社群；美国地质调查局建立了科学数据生命周期模型，并开发了模型支持工具和数据管理网站；美国地质调查局建立了由其认证的可信数字存储库，科学家们可以利用这些数据库公开发布数据。

1.3.2.1 发布公共访问计划

2016 年美国地质调查局发布了公共访问计划《美国地质调查局联邦资助研究成果的公共访问：学术出版物和数字数据》（图 1.1），该计划使美国地质调查局有能力扩展其现有的在线门户功能，为公众免费提供支持学术研究的数据访问。该计划适用于美国地质调查局员工、合同雇员、资助者、合作伙伴，包括其他实体撰写或合著的研究论文和科学数据（包括非美国地质调查局出版的资料），主要指的是科学期刊及专业协会、合作机构、大学或商业出版社的出版物。该计划回应了 2013 年 2 月美国白宫科学和技术政策办公室发布的《增加对联邦政府资助的科研成果的获取》政策指南，要求在所有新的研究提案和拨款中加入数据管理计划。公共访问计划发布 6 年后，为响应 2022 年 8 月美国白宫科学和技术政策办公室新发布的政策指南，于 2023 年对该计划进行了更新。更新后的美国地质调查局公共访问计划概述了一个活动框架，以增加公众获取学术出版物和数字科学数据的机会。该计划与 2018 年《基于证据的政策制定基础法》中设定的目标一致，并考虑了美国地质调查局与数据共享和研究成果相关的长期要求。公共访问计划推动了美国地质调查局在广泛开放科学数据方面的进步。该计划的实施使美国地质调查局范围内的科学数据管理发生了重大的理念转变。

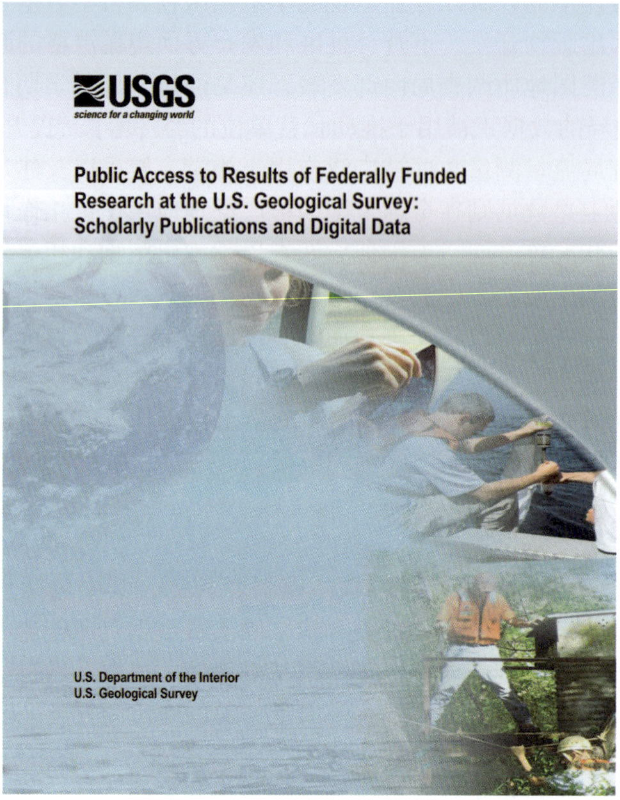

图 1.1　美国地质调查局公共访问计划封面截图

（资料来源：美国地质调查局网站）

1.3.2.2　设计符合 FAIR 原则的路线图

2016 年，一支由 53 名科学家组成的跨学科国际团队提出了一个名为“FAIR 原则”的框架，以应对 21 世纪的科学数据挑战。符合 FAIR 原则的数据可以提高科学整合能力的效率，比如设想将其用于美国地质调查局 EarthMAP 的新方案中。符合 FAIR 原则的美国地质调查局数据是该局实现 21 世纪使命的基础。这一使命是监测、分析和预测人类和自然地球系统复杂相互作用的当前状况和演变趋势，并提供决策者关注的尺度和时间范围内可操作的信息。实现这一使命，就需要整合多学科的自然科学数据、研究成果、地理空间信息系统和预测模型。

2019 年 9 月，美国地质调查局数据集成社群在科罗拉多州柯林斯堡组织召开了一场极具代表性的研讨会，提出了在美国地质调查局全局范围内遵守 FAIR 原则的建议。28 名参与者探讨了 FAIR 原则，分析了美国地质调查局的相关使用案例，并从数据生产者和管理者、数据存储和目录、增值服务以及决策者在 FAIR 原则实施过程中的作用等多个维度展开了讨论。研讨会讨论的重点是美国地质调查局应如何通过为创建数据、元数据和其他科学产品的研究团队提供支持，以及维护管理这些与 FAIR 原则相一致的企业级系统，来实施 FAIR 原则。由此产生的 FAIR 原则路线图描述了 9 个相互依存的拟议策略，这些策略可以通过美国地质调查局不同部门采取的协调行动来实现。

FAIR 原则是一项国际标准，使数据在自动化过程中更容易被发现、访问、互操作和重用。FAIR 原则为美国地质调查局提供了一个框架，支持“具备解释复杂自然系统相互作用的综合和预测能力；能够预测不断变化的威胁和灾害的可能性与后果；有助于在弹性适应和减缓措施方面进行引导”。为了更好地与 FAIR 原则保持一致，可以通过以下方式使美国地质调查局和利益相关者获益。

1）确保利益相关者能够更容易通过标准搜索引擎、美国地质调查局提供的搜索工具和美国政府各种发现平台找到美国地质调查局科学数据和产品，这些平台不仅具有关键字、标签、过滤条件等检索功能，还提供了对搜索者有意义、与搜索条件相关且机器可操作的选项。

2）为利益相关者提供更易于获取的科学产品，使他们能够利用便捷且开放的平台，对数据和软件进行查看、获取和交互操作。

3）运用标准格式和提供可靠的元数据，生成更易于互操作的数据，以改进不同平台上不同类型数据集的集成。

4）包含全部的元数据，可使数据更便于重复使用，并用于新的科学分析和决策。这些元数据能够帮助判断数据是否符合预期用途，并提供有关权限的明确信息。

美国地质调查局在公开发布用于解释性学术出版物的科学数据方面已取得显著进展。然而，持续的努力有助于使美国地质调查局的数字资产对科学研究界产生重大影响，并在解决复杂的社会问题方面发挥最大作用。美国地质调查局全面采用 FAIR 原则可以提高效率，使主要相关主体从中获益，这些主体包括：① 为促进科学解释进行共享和整合数据的研究人员；② 开发工具和集成大型数据集工作流的软件开发人员和建模人员；③ 负责做出自然资源管理和保护方面的科学决策的美国联邦机构；④ 希望获取和使用美国地质调查局科学信息的美国公众。

1.3.2.3 形成基础科学措施

美国地质调查局始终坚持实施全面的政策和程序，以确保其产生高质量和完整的科学解释成果和产品，使其在科学卓越性和客观性方面享有声誉。随着新技术的不断发展以及科学研究逐渐迈入数字化时代，美国地质调查局制定和采用了新的政策，1993 年该局制定了首个要求保存数字资产的内部政策。10 年后，美国地质调查局建立了网络出版物库，这是其首个数字图书馆。2006 年对现有的科学政策和程序进行了更新，现在它们被称为美国地质调查局基础科学措施。这些改变促使美国地质调查局建起了一套统一的实践准则和操作原则，以此作为与美国地质调查局科学相关的研究和监测活动的基础。2009 年 1 月，美国地质调查局局长宣布成立一个基础科学措施咨询委员会，负责处理待解决的和新出现的基础科学措施方面的问题，解决科学家和管理人员对基础科学措施的担忧和疑问，并提出解决问题的建议。基础科学措施咨询委员会通过制定有关实施科学项目和建立审查流程的指南，确保美国地质调查局持续产出高质量、客观的科学信息产品。2012 年，基础科学措施咨询委员会成立了数据保存小组委员会，旨在确定和指导美国地质调查局科学数据的管理、保存和文档要求。这一举措推动了 2015 年美国地质调查局“基础科学措施：数字科学数据的保存要求”政策的提出。该政策满足美国地质调查局妥善保存数据的要求，以便未来可以访问这些数据。

1. 3. 2. 4　组建数据集成社群

科学数据管理处资助和管理的数据集成社群，是一个充满活力的实践社群，致力于提升美国地质调查局在科学数据和信息管理及集成方面的知识和能力。数据集成社群 2009 年成立时被称为数据集成委员会。当时，被认为是一个官方组织，负责指导美国地质调查局数据集成活动。后来，越来越多有兴趣的人建立了一个实践社群，从更基层开始开展数据集成工作，于是委员会被撤销，建立了数据集成社群。数据集成社群向所有对该社群涉及的主题和活动感兴趣的人员开放。数据集成社群提供了跨学科和跨机构的信息分享及跨界交流的机会；通过加强数据和信息以及相关工具和技术的使用，促进对地球系统的认识，也为从事数据集成工作的人员提供了公共讨论场所；通过提高美国地质调查局在数据和信息利用方面的透明度，提升了其整体能力。

1. 3. 2. 5　建立科学数据生命周期模型

美国地质调查局认识到，只有使数据和信息更加集中才能确保该机构的科学产品得到充分的保护，并且易于获取。2010 年，数据集成社群成立了数据管理工作组（DMWG）来制定最佳措施和政策，并加强最佳措施和政策的实施，帮助美国地质调查局有效地处理、记录、保存和提供对其科学数据的访问。数据管理工作组寻求在机构内部实现数据管理最佳措施与工作流程的统一，尝试确定一个适用的模型，然后进行最小限度的改进，再将其用于美国地质调查局。数据管理工作组的一个显著成果是科学数据生命周期模型的概念创建、开发和发布，数据管理活动是根据该模型制定的。科学数据生命周期模型已被证明在美国地质调查局科学数据管理活动中发挥了重要作用。

美国地质调查局依据该模型设计了数据管理网站，为机构内科学家提供数据生命周期模型中每个组成部分的最佳措施和工具。2017 年，还结合该模型要素发布了一套数据管理政策。科学数据生命周期模型是美国地质调查局进行数据管理沟通和实践的关键组成部分。科学数据生命周期模型的基本要素包括“计划”“获取”“处理”“分析”“保存”“发布 / 共享”（图 1.2），其中“计划”是排在第一位的。数据管理计划鼓励科学家在项目的开始阶段就考虑模型的所有要素。该模型用于描述整个科学数据生命周期中开展活动所包含的 3 个要素，即描述（元数据、文档）、管理质量以及备份和安全。

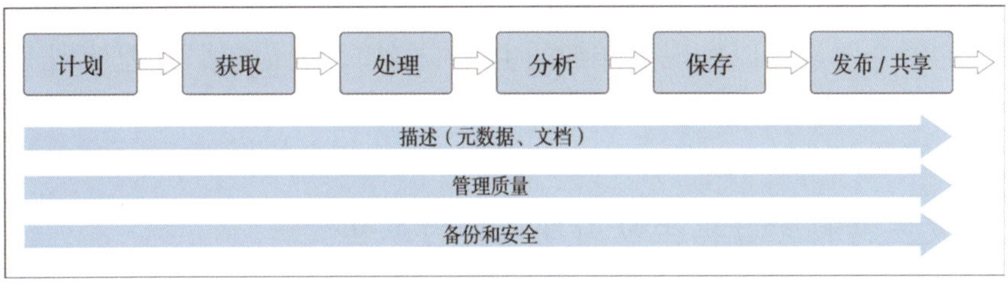

图 1.2 美国地质调查局科学数据生命周期模型

（资料来源：美国地质调查局网站）

一些数据管理要素与研究过程中的各个阶段平行。图右端的箭头表示在创建数据的研究活动结束后，数据维护和重用仍在继续

1.3.2.6 构建美国地质调查局数据管理网站

美国地质调查局数据管理网站（图 1.3）于 2012 年推出，其最初的设计理念是围绕科学数据生命周期模型构思的。该网站旨在为科学数据生命周期模型的每个概念提供指导、工具和最佳措施，并通过描述具体落实的措施要求来支持美国地质调查局政策。

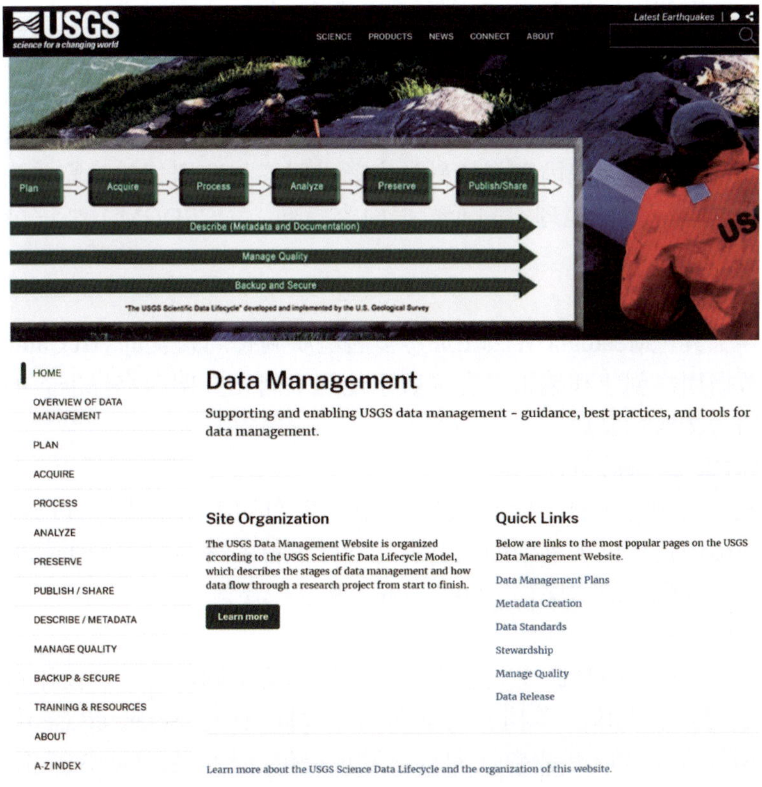

图 1.3 美国地质调查局数据管理网站截图

（资料来源：美国地质调查局网站）

网站导航基于美国地质调查局科学数据生命周期模型构建，这说明该模型在构建数据管理时将美国地质调查局科学工作流程和文化理念纳入其中。鉴于科学数据生命周期过程是对研究过程的补充，它使研究人员能够在各自项目的适当阶段调整数据管理需求。用户可以访问模型的每个要素，以发现更详细的主题（例如，创建数据管理计划），并轻松找到最佳措施、关键要点、工具和推荐阅读。将网站与模型联系起来有助于用户理解每个要素与数据管理方案的关系。

1.3.2.7 开发支持科学数据生命周期模型的工具

美国地质调查局开发了符合科学数据生命周期模型中所述基本原则的在线工具和应用程序，以提升科学家执行关键科学数据管理活动的能力。这些工具由美国地质调查局科学分析与综合计划下的科学数据管理处进行开发和管理，该部门为优化和共享美国地质调查科学数据管理措施和工作流程提供了指导。科学数据管理处创建了符合美国地质调查局科学数据生命周期的工具，以确保科学数据得到充分描述、保存和公开访问。科学家和数据管理人员可用的数据管理工具如下：

（1）数据管理计划工具

数据管理计划工具（DMPTool）能够帮助科学家通过循序渐进的步骤来创建数据管理计划。数据管理计划工具是由包括加利福尼亚州数字图书馆在内的合作伙伴联盟开发的，支持开展科学数据生命周期模型中“计划”要素的科学家。数据管理计划工具中创建了“计划”模板，以便于该机构的科学人员更好地理解和使用。

（2）在线元数据编辑器

在线元数据编辑器（OME）是美国地质调查局开发的一款在线元数据创建工具，能够帮助美国地质调查局和美国内政部的科学家通过回答与数据相关的简单问题，使用美国联邦地理数据委员会《数字地理空间元数据内容标准》（CSDGM）来记录数据。此工具支持模型的“文档”要素。

（3）元数据向导工具

元数据向导工具（Metadata Wizard）是美国地质调查局开发的 ArcCatalog 插件，可以帮助地理空间数据用户创建和编辑符合《数字地理空间元数据内容标准》的元数据。该工具还支持模型的“文档”要素。

（4）数字对象唯一标识符工具

数字对象唯一标识符工具（DOITool）能够为发布的美国地质调查局科学数据创建永久数字对象唯一标识符。该工具帮助从负责托管标识符的著名组织 DataCite 创建数字对象唯一标识符，并支持模型的“保存”和“发布 / 共享”要素。

（5）科学基础平台

科学基础平台（ScienceBase）是数据和信息管理的基础设施，它使用符合标准的方法和技术组件来实现数据上传、存档、共享和动态数据服务。ScienceBase 由美国地质调查局开发，为数据管理、政府开放数据和科学发现提供支持。ScienceBase 作为美国地质调查局科学数据的发布平台和存储库，支持模型的“发布 / 共享”“备份和安全”，以及“保存”要素。

（6）科学数据目录

科学数据目录（Science Data Catalog）是美国地质调查局公共科学数据集的单一访问点，也是响应美国联邦开放数据要求的外部目录的提供者。美国地质调查局科学数据目录允许公众通过文本和基于地理信息系统（GIS）的搜索来访问美国地质调查局数据集。美国地质调查局要求将描述数据集的元数据记录作为模型“发布 / 共享”要素的一部分在科学数据目录中注册。

1.3.2.8 认证可信数字存储库

美国地质调查局的科学计划、科学中心和项目所产生的数据资产，以数字形式存储在美国地质调查局及其他机构的各种存储库中（图 1.4）。为落实美国地质调查局公共访问计划，美国地质调查局认为需要建立一些由美国地质调查局认证的存储库，供科学家们公开发布数据。这促使美国地质调查局对当前的技术和流程进行评估，以便尽可能利用现有的数据系统，同时开发了一个内部审批流程，用于认证可信任的数据库，以支持美国地质调查局科学数据的发布、管理和保存。为了开发内部审批流程，美国地质调查局从国际标准化组织（ISO）、美国国会图书馆、数据认证印章（Data Seal of Approval）等组织中寻求现有的评估标准，以此建立美国地质调查局存储库评估模型。所选定的评估方法使存储库评估过程变得透明、清晰、合理。为了推行选定的评价标准，建立了一个跨机构、多学科团队，在整个机构内进行交流。该团队对核心可信认证（Core Trust Seal）标准的总体要求进行了调整，并制定了美国地质调查局特有的认证流程。凡符合可靠性和适用性要求的系统，都将认证为美国地质调查局可信数字存储库（Trusted Digital Repository，TDR）。这种不断发展的认证方法是美国地质调查局参与国际核心可信存储库认证的基础。

图 1.4 美国地质调查局地球资源观测和科学（EROS）中心数据档案大容量存储系统
（资料来源：Latysh et al.，2020）

按照美国地质调查局基础科学措施政策的要求，经批准公布的美国地质调查局出版物和数据产品，应当保存在符合美国地质调查局公共访问计划要求的数字存储库中。获取了美国地质调查局可信数字存储库资格，则表明数据系统是可靠的，并具备满足美国联邦要求长期向公众提供科学数据和出版物的能力。

2　美国地质调查局公共访问计划

2016 年，美国地质调查局发布了公共访问计划——《美国地质调查局联邦资助研究成果的公共访问：学术出版物和数据》。该计划明确了美国地质调查局在计划生效之日起，如何进一步使公众获取该局提供的学术出版物及数据，但必须遵守：① 美国法律；② 美国机构使命；③ 美国资源限制；④ 美国的国家、国土和经济安全；⑤ 美国白宫科学和技术政策办公室“公共访问”备忘录中列出的目标。此外，该计划还阐述了如何对现有的美国地质调查局流程和程序进行修改，从而满足美国白宫科学和技术政策办公室“公共访问”备忘录和美国行政管理和预算局“开放数据”备忘录的要求。

2.1　适用范围

除非法律、法规或政策另有禁止，该计划适用于美国地质调查局、合同雇员、受资助者及其他承包商等产生的全部或部分学术出版物，以及不涉密或不受限制的研究数据，这些研究数据是验证研究成果所需的数据。其中，承包商所产生的学术出版物和数据全部或部分由美国地质调查局资助。

该计划基于现有美国地质调查局的政策（详见 2.16 节），这一政策要求为以下学术出版物及相关数据提供公共访问：

1）由美国地质调查局直接开展或受美国地质调查局资助的研究所产生的。

2）由美国地质调查局发布的（无时滞期）。

3）由美国地质调查局科学家或由美国地质调查局机构资助的外部科学家在外部发布的（有时滞期）。

该现行政策规定，验证研究成果所需发布的数据应无时滞期，因为要支持学术结论，此类数据必须在发表研究成果时一起提供。

就该计划而言，下述术语有如下定义：

暗存储库：指一种不允许公共访问和保存其所包含信息的存储库。暗存储库的目的是作为信息存储库，在灾难恢复期用作安全防护。其中，“点亮”文档是指从暗存储库中将该文本检索出来，并将其放置在公众可获取的存储库中。

外部出版物：由非美国地质调查局任何实体机构发布的美国地质调查局信息，这些机构包括科技期刊、专业学会、合作机构以及大学或商业等一些出版单位。

基础科学措施：美国地质调查局政策中规定的一系列强制性要求，描述了研究出版成果、数据发布的同行评审过程，以及美国地质调查局科学家在进行科学研究过程中所涉及的其他方面。

信息产品：通过语音、文本、图形或地图等形式展示的科学知识，借助印刷、数字、网络、视听等媒介传递给特定受众的内容，包括学术出版物和数据。

研究数据：科学界为验证研究发现而普遍认可的事实材料记录，但不包括初始分析、科学论文草稿、未来研究计划、同行评审或与同事之间的沟通内容，也不包括实物（如实验室样品）。

学术出版物及相关的研究数据：指通过美国地质调查局资助所获得的研究数据，以及与该研究相关的任何数据，这些数据包含在出版物中，或作为独立的数字数据集与出版物一起被引用。

美国地质调查局信息产品数据系统（IPDS）：是一个基于网络的应用程序和暗存储库的内部信息产品数据系统，用于记录和跟踪由基础科学措施约束的信息产品的审查、批准和传播。信息产品数据系统还为美国地质调查局出版物库提供创建引文所需的书目元数据。信息产品数据系统作为尚未公开发布的信息产品的暗存储库，存储了由美国地质调查局资助出版的期刊原稿。如果出版单位在时滞期期满后未提供公共访问，信息产品数据系统将向美国地质调查局出版物库提供原稿副本，以满足公共访问的要求。

美国地质调查局 ScienceBase：是一个数字存储库和数据管理协作平台，可提供对机器可读数据和元数据的公共访问。ScienceBase 还作为跨项目的机构存储库，确保在没有更具体的项目数据存储库时，对美国联邦资助的研究成果进行长期管理。ScienceBase 允许科学家以任何文本格式提交新的和原数据，并提供某些数据类型的高级访问和集成。ScienceBase 旨在融入科学数据生命周期，为项目团队提供安全开发和管理数据的功能，以便于最终审查和批准后公开发布。

美国地质调查局科学数据目录：一个公开的搜索和发现工具，用于完整记录美国地质调查局的科学数据。元数据可通过美国地质调查局任务区和项目的科学数据目录获得。美国地质调查局数据管理员通过科学数据目录仪表板应用程序向科学数据目录提供元数据，该应用程序允许通过多种方法（如网络可访问文件夹、现有美国地质调查局系统）提供数据及各类总结报告。

美国地质调查局出版物库：是美国地质调查局图书馆管理的由美国地质调查局撰写的出版物在线引文索引。该索引是美国地质调查局出版物的权威信息来源和获取途径。每个出版物都有独立的描述性引文页面，该页面是根据数据库中存储的信息动态生成的。出版物库编目团队根据各种来源的数据创建和维护记录，这些来源包括信息产品数据系统、美国地质调查局科学出版网网页和其他目录数据库。出版物库网站允许通过网络搜索引擎爬虫技术对其内容进行索引，并且提供基础和高级的搜索功能。此外，出版物库还提供多种不同的网络在线服务，包括可定制的 RSS 源和元数据对象描述模型可扩展标记语言（MODs XML）服务。在该计划生效日期之前，出版物库将包含美国地质调查局资助的由外部研究人员产生且时滞期已结束的出版物引文。它还将提供生效日期之后发布的所有出版物的可扩展标记语言（XML）版本。

美国地质调查局系列出版物：一套带有编号的系列信息产品，每个系列都是为了满足特定受众需求而创建的，由美国地质调查局制作，并可在美国地质调查局网站上免费公开获取。

2.2 要求

该计划的大部分内容都与已经存在的或正在实施的活动有关。该计划还对其生效日期后美国地质调查局资助的机构做出了其他规定。具体而言，该计划要求在正式出版日期之后的 12 个月内，公众可以免费获取最终接受的原稿或最终出版物的电子副本。支持性数字数据应在出版物出版之前或与出版同时发布，并免费向公众开放。此外，除非机构可以证明该数据属于特殊情况不宜公开的数字研究数据，如涉及濒危物种位置的数据，否则与美国地质调查局资助的研究相关的最终数据都应免费向公众公开。该计划还要求为所有新的研究建议提供正式的数据管理计划。美国地质调查局内部科学家的数据管理计划要求于 2015 年 2 月生效，从 2016 年 1 月起适用于所有美国地质调查局资助的外部科学家。

2.3 适用性

除非法律、法规或政策另有禁止性规定，否则该计划将适用于全部或部分由美国地质调查局资助产生的所有研究成果的出版物和数据。该类信息产品和数据必须免费提供。

目前，美国地质调查局要求所有经批准的且经过同行评审的科学信息产品都可供公众访问（包括相关数据），无论这些科学信息产品是何种传播载体，也无论它们是由美国地质调查局还是由外部实体发布和传播，只要其作者是全职、兼职、志愿或已退休的美国地质调查局机构人员均可访问。

2.4 授权

美国地质调查局科学活动的数据和调查结果的授权发布可追溯到 1879 年 3 月 3 日美国地质调查局成立时签署的《杂项民事法案》（《美国法令全书》第 20 卷），该法案还规定了向公众公布美国地质调查局调查结果的要求。

此外，根据《美国联邦法规汇编》第 2 卷第 200. 315 节“无形资产”规定，美国联邦授权机构有保留免版税、非排他性和不可撤销的权利，可以复制、出版或以其他方式使用任何受版权保护的作品，或由美国联邦授权其他人行使该权利。根据《美国联邦法规汇编》第 2 卷第 215. 36 节“无形资产”规定，美国联邦政府有权：① 获取、复制、出版或以其他方式使用基于美国联邦资助产生的数据；② 授权他人为了满足美国联邦的需要，获取、复制、发布或以其他方式使用基于美国联邦资助产生的数据。

2.5 角色和职责

负责实施该计划中所述行动的美国地质调查局机构包括：

科学质量与诚信办公室：负责维护和实施美国地质调查局基础科学措施，为该计划中阐明的过程提供主要政策依据。

传播和出版办公室：通过美国地质调查局科学出版网，负责美国地质调查局系列出版物的编辑、制作、准备，遵守《美国康复法案》第 508 条规定以及发布工作。

核心科学体系任务区：开发美国地质调查局出版物库、美国地质调查局科学数据目录和 ScienceBase 数据库。该任务区为创建和管理美国地质调查局数据管理网站的数据集成社群提供支持。

事业信息办公室：负责管理部分存储库和档案。

美国地质调查局科学中心主任：负责确保向科学中心提交报告的科学家遵守美国地质调查局基础科学措施的规定。

采购及拨款办公室：负责通过财政援助向美国地质调查局外部科学家提供资金，并严格落实对外部科学家的要求，包括创建和遵守数据管理计划，以及向美国地质调查局交付其已出版的原稿和相关电子版数据。

2.6 实施

美国地质调查局目前已经具备了全面实现公共访问其学术出版物和数字研究数据所需的许多组织资源和技术资源。美国地质调查局基础科学措施也建立了确保公共访问和评估进展的机制。

如图 2.1 所示，对学术出版物和数字研究数据的公开访问，将在该计划生效日期后进行。其中的关键要素包括以下几个方面。

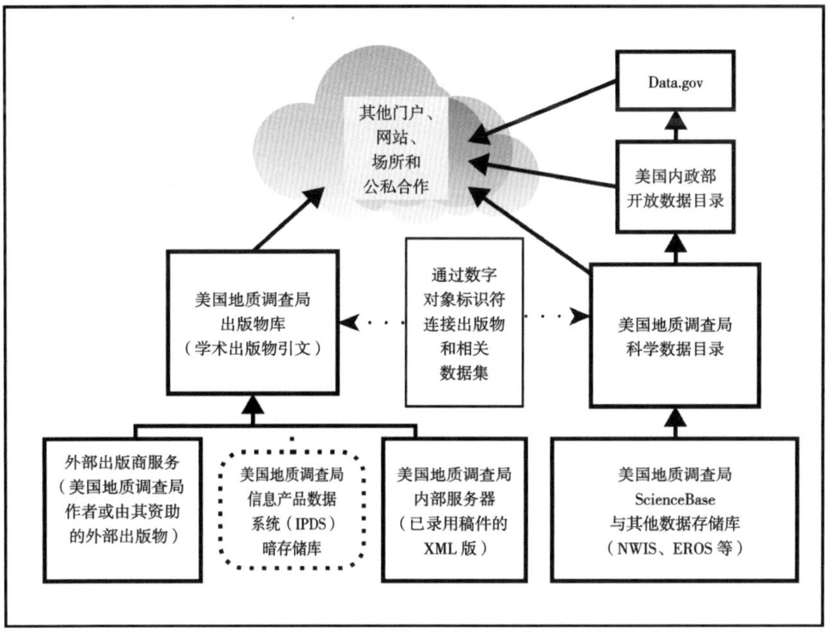

图 2.1 美国地质调查局学术出版物和数字研究数据的公开发布过程示意图

（资料来源：美国地质调查局网站）

美国地质调查局出版物库的元数据符合美国国会图书馆元数据标准，而美国地质调查局科学数据目录元数据符合美国联邦地理数据委员会元数据标准

2.6.1 针对学术出版物

1）在完成同行评审、美国地质调查局批准和制作后，美国地质调查局系列出版物将被提交到出版物库，按照 PDF 和可扩展标记语言格式进行编目并公开发布。

2）作为批准程序的一部分，美国地质调查局所有最终稿件的全文将保存在信息产品数据系统中，该系统是美国国家档案和记录管理局（NARA）认证的存储库，该存储库的一部分作为美国地质调查局资助的所有信息产品的暗存储库，包括由美国地质调查局资助产生的所有出版物的电子版。内部科学家的出版物将由本人输入到信息产品数据系统的暗存储库，而该局资助的外部科学家产生的出版物则需由该局相关责任人输入到信息产品数据系统的暗存储库。

3）学术出版物发布后，所有美国地质调查局系列出版物和外部出版的出版物都将在该局出版物库中进行编目。相关数据将在稿件或备案出版物（不考虑任何时滞期）发布之前或发布时编入该局科学数据目录。无论出版商（美国地质调查局或非美国地质调查局）和获取类型（公众可免费获取或仅订阅者可获取）为何种类型，均需提供所有信息产品的全文链接。

4）作为该计划的一部分，美国地质调查局与美国开放研究信息中心签订合同，后者向美国地质调查局提供正式通知，告知在其网站上发布的由美国地质调查局资助的外部机构出版物信息。这些外部出版物及其元数据将在美国地质调查局出版物库中进行编目，并且在出版商网站上提供文章全文的链接，在时滞期结束后，提供免费的公共访问。

5）对于无法通过美国开放研究信息中心获取或时滞期超过 12 个月的出版物全文，存储在信息产品数据系统暗存储库中的已录用稿件将通过美国地质调查局内部服务器“点亮”，从美国地质调查局出版物库中获取。

2.6.2 针对数字数据

1）与美国地质调查局学术出版物相关的数据可以包含在出版物中，也可以按照《美国地质调查局调查手册》中规定的质量保证、质量控制、正式说明、审查和发布批准等程序完成后，作为单独的数据实体（如数字数据集）进行发布。

2）与美国地质调查局学术出版物相关的数据以及其他数据被批准发布后，提交至最契合其内容、满足所需的数据管理水平和符合必要的传播方式的美国地质调查局内部数据库中。可以使用可信的第三方分发存储库来优化公共访问，但数据的权威版本仍由美国地质调查局维护。为实现统一检索，所有存储库中描述数据的元数据都必须在美国地质调查局科学数据目录中建立索引。

3）根据基础科学措施要求，美国地质调查局数据需经批准后再发布；一旦批准发布，数据将采用合适的形式和格式免费向公众开放，不存在时滞期。

美国地质调查局（用于 ScienceBase 和其他美国地质调查局数据库中的系列出版物及数据集）和期刊出版商（用于外部发布的美国地质调查局学术出版物）分别分配和注册数字对象唯一标识符（DOI），以帮助对相关资源进行唯一识别、引用、记录和交叉引用。

2.7 公共访问学术出版物的目标

以下目标描述了美国地质调查局提供公共访问学术出版物的计划，该计划与美国白宫科学和技术政策办公室备忘录第 3 部分保持一致。

美国地质调查局出版物库（图 2.2）将为符合该计划的所有出版物提供及时搜索、发

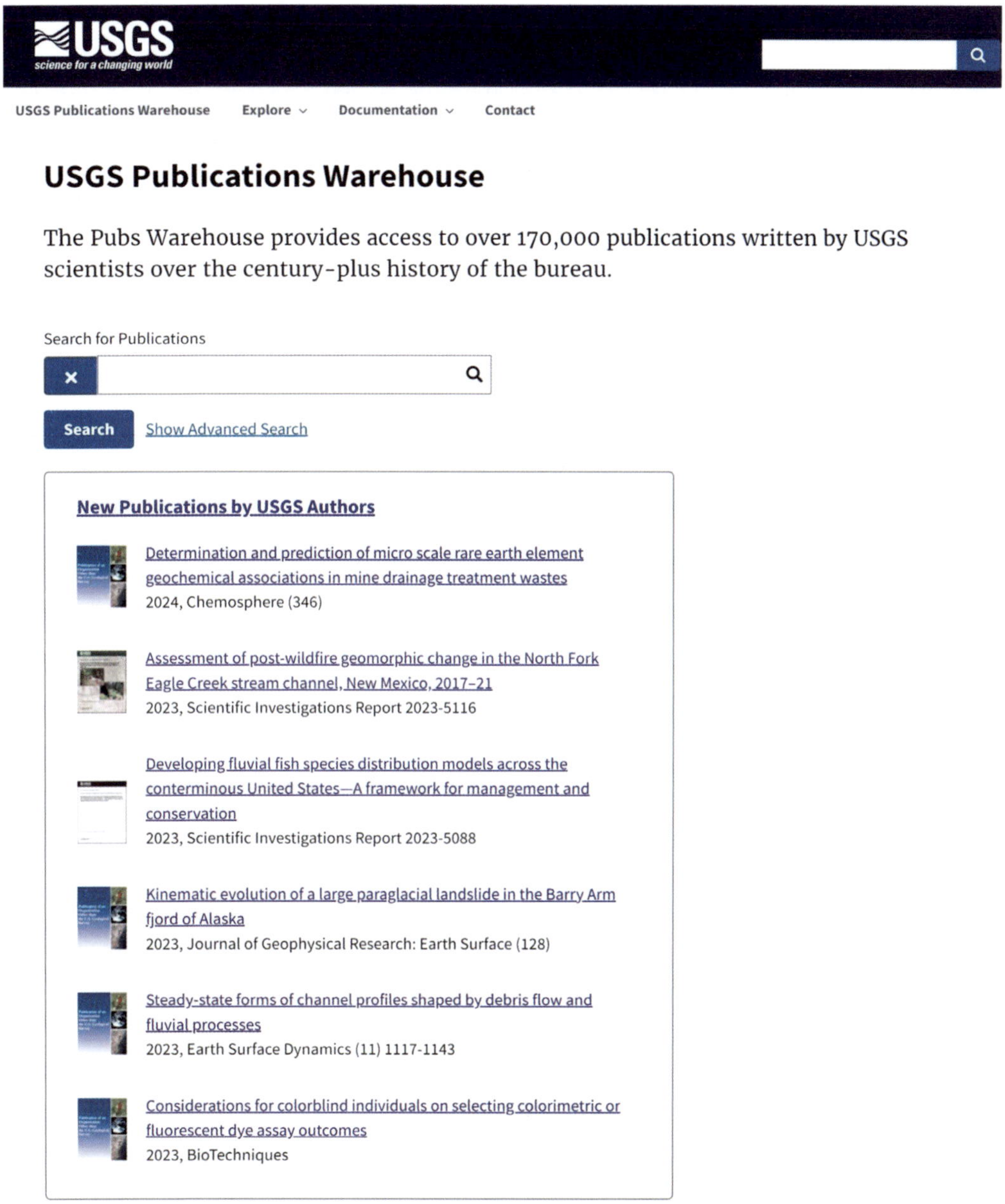

图 2.2　美国地质调查局出版物库网页截图

（资料来源：美国地质调查局网站）

现和获取服务。美国地质调查局系列出版物（包括历史出版物）在公开发布后，将立即通过出版物库以 PDF 格式提供免费公开下载。美国地质调查局的所有学术出版物在期刊上发表后不久，就需在美国地质调查局出版物库中通过合适的书目元数据进行编目，并提供学术出版物的全文链接。在正式出版日期后的 12 个月内，全文将在出版商网站或美国地质调查局网站上免费向公众开放，供公众阅读、下载和分析。无论哪种情况，美国地质调查局都将对其研究产生的所有经同行评审的出版物进行全文存档。

2.7.1 公共搜索、发现和获取

公众可通过美国地质调查局现有的出版物库来搜索、发现和获取所有由美国地质调查局资助的出版物全文。美国地质调查局正在调整科学出版流程，以机器可读的可扩展标记语言格式及人类可读的格式来提供其研究成果的所有出版物，以便通过自动化系统发现和获取这些出版物。以可扩展标记语言格式提供美国地质调查局信息产品及其相关元数据，将加强公共搜索引擎索引，进一步提高发现能力。

在美国地质调查局外部发布的所有由美国地质调查局资助、经同行评审和传播的出版物（例如，期刊文章）将在出版物库中进行编目，并附上适当的元数据，以确保公众能够发现这些出版物。最终接收的经同行评审的原稿全文，将存储在信息产品数据系统中，并在时滞期结束时发布，同时与出版物库中的记录链接。根据现有合同授予条款和财政拨款条款，美国地质调查局资助的科学家在美国地质调查局外部出版的出版物全文，必须以电子方式存储在信息产品数据系统中。为了更好地实现这些功能，美国地质调查局与美国开放研究信息中心达成了合作协议，提供一种确定正式出版日期和时滞期结束的机制，并提供对文章最终版的获取，允许公众在合作出版商的网站上免费访问期刊文章。对于未与美国开放研究信息中心合作或与其合作但不遵守 12 个月（最长）时滞期规定的期刊，信息产品数据系统中保存的原稿将被“点亮”（免费向公众开放）。

上述机制综合起来，将有助于公众及时获取由美国地质调查局资助的经同行评审的学术出版物和研究所产生的相关元数据。它们将允许公众通过机器阅读、下载和分析出版物，并将通过使用机器可读和开放格式、数据标准以及共同核心元数据和可扩展元数据等方式支持信息处理和传播。

作为美国地质调查局出版物库的一部分，美国地质调查局提供了一种接受修改时滞期请求的机制。申请人在网上填写 1 份表格，详细说明其修改时滞期的请求。该申请被提交至美国地质调查局科学质量与诚信办公室进行处理。如果立即发布的申请获得批准，相关出版物则将在作出该决定后的 2 周内公开，以便使美国地质调查局有充足的时间将其从信息产品数据系统暗存储库中迁移到出版物库中。

2.7.2 与出版物及数据相关的元数据

该计划生效后，美国地质调查局系列出版物的元数据，以及由美国地质调查局资助的研究所产生的在外部出版商发表的所有期刊文章的元数据，都将包含在该局出版物库中，并在出版时免费向公众公开。该出版物库将有助于发现美国地质调查局内部和外部的出版物，以及将出版物资源整合到 data. gov 和其他任何专用索引和发现机制中。

与美国地质调查局数据产品相关的元数据在与该数据相关的出版物发布之时或之前，将通过美国地质调查局科学数据目录免费向公众发布，无时滞期。美国地质调查局出版物库和科学数据目录是该局产生或资助的已发布的研究数据和数字数据的权威来源。这两种资源以标准格式提供元数据，并采用符合行业标准的方法。这些方法（如在网页中嵌入结构化元数据）便于使用常见的商业和开源工具（如书目管理软件），促进工业界和全球科学界以创新方式获取研究成果。

2.7.3 公私合作

美国地质调查局鼓励公私合作，允许第三方便捷地获取来自美国地质调查局出版物库和 ScienceBase 中的元数据记录和链接，以便用于外部查找和存储系统。美国地质调查局加入了 CrossRef 和 DataCite 机构，使用数字对象唯一标识符提高对研究出版物和相关数据的访问能力。美国地质调查局的元数据可从第三方各种搜索引擎和图书馆系统供应商处获取，同时也向他们提供元数据。这些元数据交换可以帮助发现美国地质调查局资助的出版物。美国地质调查局提供了多种访问和获取元数据记录的方式，包括通过机器应用程序编程接口（API）和可下载格式（包括 RIS、CSV、TSV、Excel、RSS 和 JSON 等）。

2.7.4 作者、期刊和出版商的归属

运用现有流程，美国地质调查局的系列出版物和通过出版物库获取的所有期刊出版物的元数据，都符合美国国会图书馆现有的元数据编码和发布标准，所以出版物完全归属于相应的作者、期刊和出版商。美国地质调查局会继续沿用现有的流程，并在其发展过程中实施改进的方案。

2.7.5 未经授权的传播

美国地质调查局出版物库或 ScienceBase 均无法提供多个出版物或多个数据集的批量下载服务，这有助于防止未经授权的传播行为。美国地质调查局会对出版物的在线零售商进行监控，以确定该局资助的出版物是否通过在线零售商进行大规模生产和销售。如发现有非法的大规模复制和传播行为，则立即报告美国地质调查局律师办公室，由其与网络销售商联系，要求他们删除此类非法出版物。

2.7.6 归档

目前，美国地质调查局系列出版物存储为符合《美国康复法案》第 508 条规定的文本文件，且可从一个可复制可访问的系统中下载。该系统是美国地质调查局信息产品数据系统，是美国地质调查局记录处置计划的组成部分，满足美国国家档案和记录管理局对数字保存的要求，即将出版物和元数据保存在归档解决方案中，该解决方案提供了长期保存和免费访问的功能。美国地质调查局信息产品数据系统中保留的内部和外部出版物的最终版本在该局的“美国国家档案和记录管理局记录表”中被确定为“永久记录”。目前，美国地质调查局系列出版物的文本和相关数据采用非专有格式存储，无需通过专门的软件来获

取。

自 2001 年以来，美国地质调查局系列出版物的书目元数据和数字内容的获取使用了图书馆和在线访问社群的标准格式和数字服务。美国地质调查局将通过与科学界和其他美国联邦机构协商，持续改善美国联邦各界的互联互通，并促进相关最佳措施和标准的制定，主要包括资源识别、资源描述和引用、条款使用、信息交换、数据集成和可信存储库方面。

2.8　最大程度地提升公共访问数字科学数据的目标

美国地质调查局通过数字下载和更强大的数字服务能力，为公众提供在线获取其研究和监测/观测项目所产生的绝大部分数据。某些数据，例如由美国国家流量测量网（图 2.3）采集的记录，几乎可以实时提供。除了因受安全、隐私、保密和其他法律约束的必须加以限制的情况外，美国地质调查局产生的或由其资助产生的所有数据均应免费向公众开放。

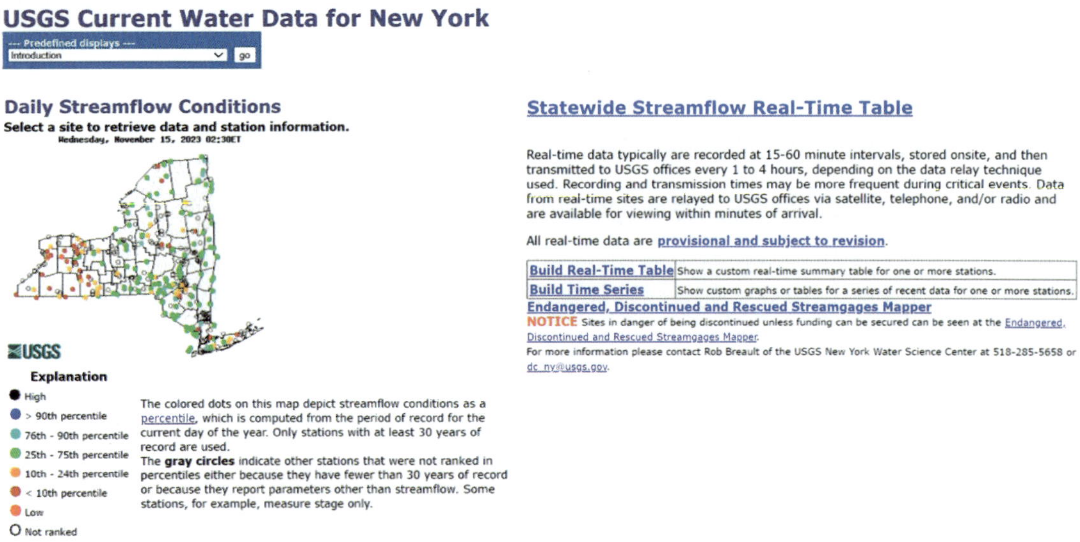

图 2.3　美国当前水资源信息系统每日水流量页面截图

（资料来源：美国地质调查局网站）

美国地质调查局将通过其科学数据目录，促进公众对其所资助研究产生的数字数据的发现和获取。2013 年美国地质调查局科学数据目录的创建，使美国地质调查局数据能按照美国联邦开放数据标准、政策和措施免费向公众开放，公众查找和访问美国地质调查局数据的能力得到明显提升。根据保密协议或专有协议采集的美国地质调查局数据要进行单独管理。保密数据不会向公众发布。所有发布的数据均符合《联邦信息安全管理法》《隐私法》和其他美国当局规定的保障措施要求，以保护数据的保密性和个人隐私，承认所有者权益、商业机密信息和知识产权，从而避免对知识产权、创新和美国竞争力产生重大不利影响。此外，存储的已发布数据应尽可能使用机器可读和开放的格式、数据标准及完整的元数据，以支持下游的信息处理和传播活动。

美国地质调查局将继续与私营部门开展广泛合作，开发和采用创新的数据分发方式，例如通过陆地卫星图像或通过诸如谷歌地球引擎等云服务，从“国家地图”（National Map）导出地理信息文档化系统（GeoPDF）格式的文本。虽然美国地质调查局仍负责其数据的主要分发接口，但为确保接入节点广泛分布，还需与许多合作伙伴进行合作。

2.8.1 数据管理计划

数据管理计划，作为美国地质调查局开展或资助研究的一部分，包含在美国地质调查局基础科学措施对数据采集和管理的要求中。在研究启动前，经批准的内部或外部数据管理计划必须根据美国地质调查局记录处置计划确定数字数据管理、数据发布和妥善保存的相应方法。这些数据管理计划还必须解决数据在长期有效的存储库中的可用性问题，并强调非专有、开放格式对于提高可访问性的重要性。目前，由美国地质调查局资助且经批准发布的数据，无一例外，都需要进行保存和访问。

为进一步明确美国地质调查局外部机构研究人员的职责，在该计划生效之前，需要对美国地质调查局外部机构的资助协议进行修改，并要求美国地质调查局资助的所有科学研究都制定数据管理计划。美国地质调查局内部和外部数据管理计划都将描述在保护隐私、秘密、专有和知识产权的同时，如何实现最大限度的公开访问，并将权衡长期保存的价值和成本。数据管理计划在外部机构资助协议中的表述，将使用与美国国家科学基金在其拨款过程中所使用语言的类似表达。

2.8.2 数据管理成本

美国地质调查局在数据管理方面的基础科学措施，还规定在该计划中评估并包含数据管理和发布的成本，并说明组织机构中不同级别的管理职能与责任，涉及各种数据类型和存储库。在该计划生效后，美国地质调查局将继续推行这些措施。

2.8.3 数据管理计划的评估

美国地质调查局基础科学措施政策还描述了在整体研究评审中，评估数据管理计划的过程。具体过程可参见美国地质调查局数据管理网站（见图 1.3）（详见第 5 章），数据管理网站通过提供解释性文本和检查表，为研究方案评审人员提供详细指导，以确保他们对提交的数据管理计划的价值进行准确评估。

2.8.4 数据管理合规性

目前，美国地质调查局基础科学措施确保了该局内部科学家遵守经其批准的数据管理计划。受资助者和其他美国联邦资助的研究者将被告知，他们有责任在计划实施过程中满足类似的数据管理要求，并将其作为资助协议的一部分。通过资助协议以及美国地质调查局根据《美国联邦法规汇编》第 2 卷第 200. 205 节中的第 c. 3 条所采用的财政资助监督协议中要求的进度报告，来保证受资助者和其他美国联邦资助研究者的合规性。自 2016 年 1 月起，美国地质调查局被要求按照《美国联邦法规汇编》第 2 卷第 200. 212 节的要求，向美国联邦受资助者绩效和完整性信息系统（FAPIIS）填报此类受资助者信息，如出现违约行为，资金将会被扣留。

2.8.5　数据存储库和数据库

长期以来，美国地质调查局一直致力于通过建立和发布集成的数据库和强大的数据系统，促进数据存储在可公开访问的数据库中，从而实现数据的公开获取和使用。例如，可以通过美国水资源信息系统（图 2.4）长期访问美国水资源的可靠数据，也可以利用发布数据增值产品的综合数据库，如美国生物多样性信息系统（BISON）（图 2.5）集成了来自许多离散数据集的数百万个物种的分布记录。这类系统的开发人员已经或正在制定明确的策略和工作流程，以持续提供合适的新数据。目前，美国地质调查局在组织机构的各个层面都提供强大的数字数据存储库服务，包括从能代表全局能力的 ScienceBase 到特定计划的存储库，以及确保公众长期可用的配套政策和程序。由美国地质调查局资助获取的所有内部数据都存储在该局可信存储库或暗存储库中，并进行管理。由美国地质调查局资助的外部机构科学家获取的所有数据也将按照研究方案中的数据管理计划进行存储和管理。此外，针对美国地质调查局采集的由其资助的研究项目所产生的数字数据，可能需要制定一些额外的数据管理规定，以确保符合开放数据政策的要求。

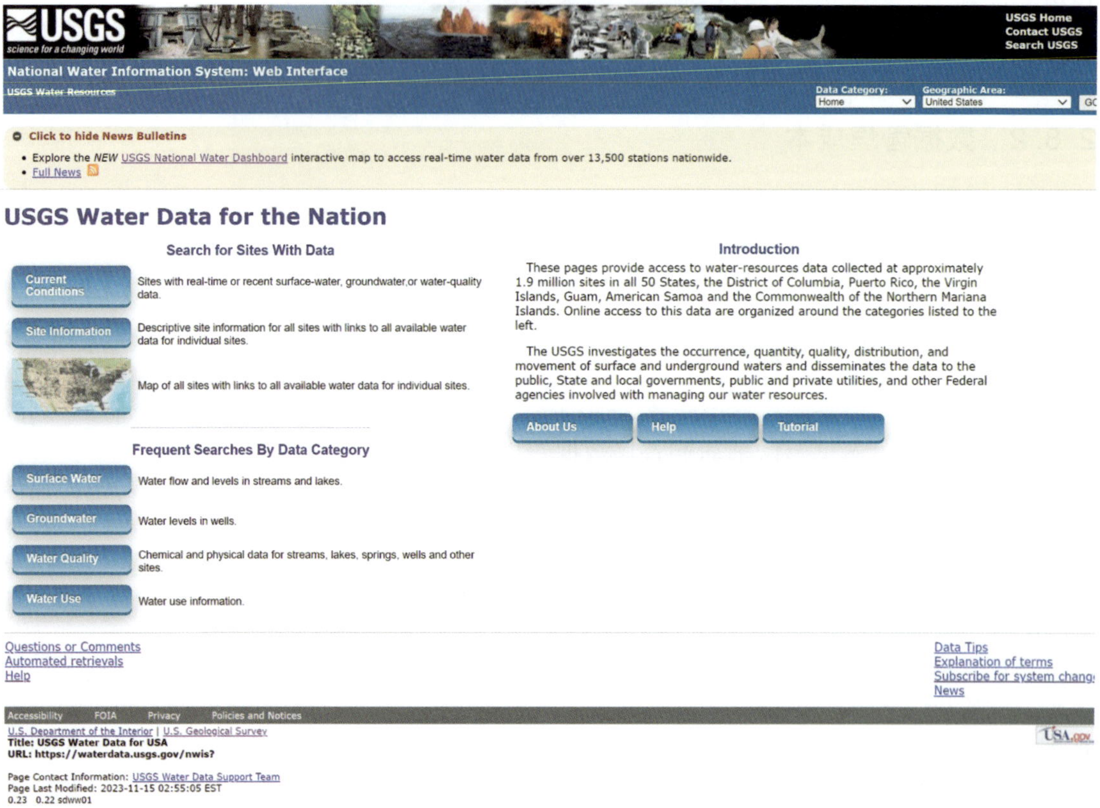

图 2.4　美国水资源信息系统页面截图

（资料来源：美国地质调查局网站）

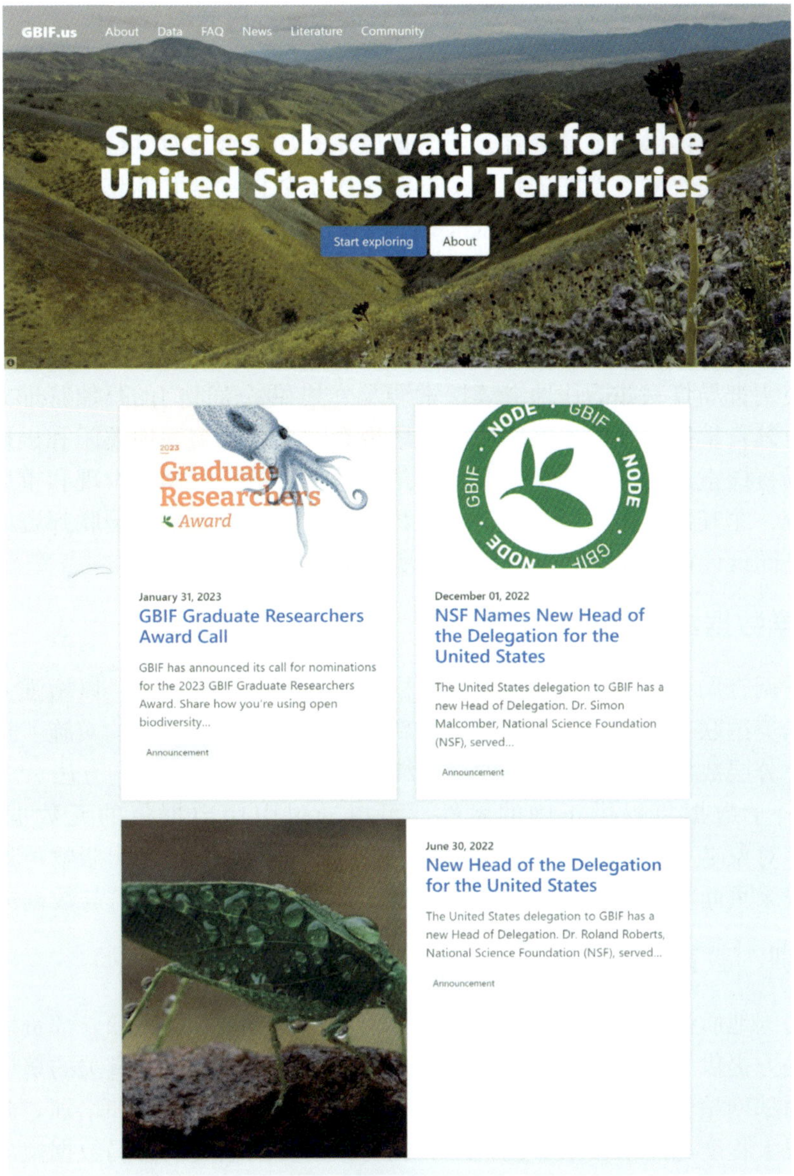

图 2.5 美国生物多样性信息系统页面截图

（资料来源：美国地质调查局网站）

2.8.6 公私合作

美国地质调查局积极参与了与私营部门合作设立的论坛，且还将继续推动其发展。该论坛的重点是改善美国地质调查局和其他美国联邦机构的数据资产的发现、获取和使用。具体的伙伴关系包括地球科学信息合作伙伴联合会（ESIP）、美国国家科学基金会“地球立方”（EarthCube）计划以及美国地质调查局数据集成社群。这些合作有助于产生创新性问题解决方法，能以更相关、更可行的方式提供美国地质调查局数据。作为美国内政部的指定机构，美国地质调查局与 CrossRef 和 DataCite 机构开展合作，为其出版物和数据发布数字对象唯一标识符。

美国地质调查局正在积极研究费用分摊模型、预算计划、新伙伴关系和其他机制，以确保为数据基础设施提供充足的资金。美国地质调查局正努力对其信息化基础设施进行技术创新，并提高管理效率，以促进将更多资源应用于数据管理和信息管理。信息化基础设施包括出版物库、科学数据目录、ScienceBase 和其他项目的数据设施。然而，仅提高效率并不足以容纳许多新的数据资源，因为以往这些数据资源并未按公共访问所需的等级和方式进行管理和分发，也无法满足管理和发布美国地质调查局系列报告所需的新方法，这些都将需要新的思路。

美国地质调查局将一如既往地继续探索涉及公共和私营部门的其他管理方法，以扩大并改善公众对其科学信息和数据的获取。利用现有的系统及与其他部门和机构的关系，美国地质调查局将探索开发数据共享系统，这是一个用于数据存储、发现和重用的研究型数据库联合系统，尤其强调在出版时免费提供数据。这些数据是由美国联邦资助的科学研究所获取的，是同行评审科学出版物给出结论所依据的基础。

2.8.7 科学数据集属性

美国地质调查局将在新数据存储方法和格式方面进行持续改进，以增强元数据的可用性。工作包括美国联邦地理数据委员会对最新地理元数据国际标准的实施、规划和指导，以及参与构建分层数据格式，这是一种将详细属性直接嵌入元数据的方法。

为了给科学数据集提供正确的属性，可以通过引用数据集的元数据中出版物的 CrossRef 数字对象唯一标识符将数据与相应的出版物链接。反之，出版物可通过出版物库中的出版物登录页面和出版物引文中的 DataCite 数字对象唯一标识符与数据链接。

2.8.8 培训、教育及人才培养

目前，美国地质调查局数据管理网站为美国地质调查局科学家和外部资助的调查人员以及其他相关方提供了与数据管理、分析、存储、保存和管理工作有关的培训和教材。基础科学措施内部网站为美国地质调查局科学家提供了进一步的指导和培训。此外，美国地质调查局在很大程度上还依赖于非正式组织机构，如美国地质调查局数据集成社群进行培训，在这些组织中，最佳科学措施通常都要经过检验和推广。美国地质调查局通过美国地质调查局数据集成社群和地球科学信息伙伴联合会等非正式组织的活动，以及制定正式的培训计划，致力于培养一支精通于数据管理政策和实践的队伍。

2.8.9 数据保存

目前，美国地质调查局的政策旨在解决数字数据保存的问题，还与州地质调查机构及美国内政部其他局合作，针对实体数据和材料（例如，岩芯、样品、纸质记录等）开展国家地质和地球物理数据保存计划，同时也进行针对特定数据集和数据资产的其他数据保存行动。美国地质调查局历史悠久，拥有大量的历史数据资产，如野外考察记录，这些记录在国家地质资源的已知信息中占有较高的比例，通过数字形式更容易获取这些信息。美国

地质调查局根据当前的研究需求及公共需求，开展数据抢救和保存行动的项目，不断对保存这些资源的相对成本和收益进行权衡。通过实物产品清单形成的元数据记录，能让更多数据资产在美国地质调查局科学数据目录中被发现，也有助于确定数字化和其他保存行动的优先次序。

2.9　指标、合规和评估

正如美国地质调查局基础科学措施政策所规定的，增加对学术出版物及数据的获取能力是美国地质调查局全体员工的共同职责。根据这些政策，作者和数据制作者均有责任确保其开发的产品有效且可靠。美国地质调查局有责任制定和执行程序，确保其产品的科学质量和完整性，并在《美国地质调查局调查手册》（SM）制定的政策中明确规定。这些行动的要求包含在《美国地质调查局调查手册》和基础科学措施的指导备忘录（IM）中，形成适用于所有人的一系列政策，其中亦详细描述了不遵守政策的后果。美国地质调查局专业技术人员有责任不断提高其学术出版物和数据的可发现性、可访问性及可用性。这些政策可以用来判定和评价符合规定要求的程度，从而实现持续改进。

所有美国联邦财政资助资金均须遵守美国白宫管理与预算局在2013年12月26日通告中所确定的管理要求和成本原则。目前，这些美国联邦法规已被纳入美国地质调查局所有资助资金的管理范畴内，这也就要求获得资助的外部机构研究人员向美国地质调查局提供其相关出版物和数据的副本。此要求的遵守情况将由美国地质调查局采购及拨款办公室进行监督。

此外，根据《美国联邦法规汇编》第2卷第200.205节中第c.3条，美国地质调查局根据资助协议和资金资助监督协议中的要求编写进度报告，确保其符合上述要求。

2.10　公众咨询经历

在2013年5月14日至17日期间，美国地质调查局赞助并参与了由美国国家科学院主办的关于开放获取的会议。该会议议题为“联邦资助的研发数据及出版物的公共访问”，会议的利益相关方包含图书馆、出版商、美国联邦资助研究成果的用户、民间研究小组、美国联邦资助研究人员以及高校。

2.11　机构间协作

在由美国白宫科学和技术政策办公室发起组建的机构间工作组中，美国地质调查局是积极参与者，该工作组致力于促进美国联邦出版物和数据更广泛的开放。这包括与地球科学信息合作伙伴联合会、美国国家科学基金会“地球立方”倡议和美国地质调查局数据集成社群等机构的协作。美国地质调查局还与州地质调查局和美国内政部其他局开展合作，进行数据保存活动。

美国地质调查局还参与了“地球大数据倡议”（BEDI），这是美国白宫科学和技术政策办公室和美国地球观测小组协作完成的一项工作。该倡议旨在推动民用机构地球观测数据系统的可发现性、可访问性和可用性，有可能为推动公共访问计划创造机遇。ScienceBase 平台和 GeoPlatform 平台的潜在合作有望促进数据管理和发布技术的融合。

2.12 计划的更新和重新评估

美国地质调查局公共访问计划将每 3 年进行 1 次评估，主要是确定进展情况并在必要时进行更新。美国地质调查局将于每年 1 月 1 日和 7 月 1 日向美国白宫科学和技术政策办公室和管理与预算局提供该计划实施的最新进展情况，实施时间为该机构最终计划生效日期之后的 2 年。

2.13 实施时间表

实现美国地质调查局公共访问计划的目标所需的所有政策、措施和技术均已准备就绪。目前，该计划确定的大多数要求均已完成，尚未完成的要求将在生效日期之前投入使用。该计划全面实施的生效日期为 2016 年 10 月 1 日。2017 年及以后将包括监测和改进活动。

2.14 资源

美国白宫科学和技术政策办公室备忘录要求“在现有机构预算范围内，确定实施计划所需的资源”。美国地质调查局实施这项计划需要资金预算和人力资源，另外还需查清实施计划所需的其他资源。美国地质调查局学术出版物和数据的公共访问有着悠久的传统，并且正在进行改进政策、措施和技术的活动，这些都将支持该计划的顺利实施。然而，还需要美国地质调查局全局资源来支持将越来越多的数据集放到该局的存储库中。该计划中的大部分内容均已实施、运行，并使用了现有资金，而该计划的另外一些内容，如扩展数字档案和存储库、修改与信息产品数据系统有关的输入输出方式及工作流程，还需要额外的资金支持。

2.15 风险

美国地质调查局已经确定了可能会阻碍本计划实施的若干风险，具体包括：

1）缺乏准确的资源量或美国地质调查局内部各机构间缺乏资源的协调与集成。

2）缺乏成熟的、经批准的、资金充足的、精心策划的以及可靠的局级数据存储库。

2.16 有关公共访问和公开数据的政策

《美国地质调查局调查手册》中很多章节都涉及对公共访问和公开数据的要求，主要规定如表 2.1 所示。

表 2.1 《美国地质调查局调查手册》相关规定

政策	章节号	目的及范围
基础科学措施：基础政策	第 502. 1 章	美国地质调查局杰出、诚信和客观的科学声誉是该局最为重要的资产之一。可靠的科学声誉使数据和研究结果具有权威性，树立并维护长期信誉，确保不辜负公众的信任。本章为一系列基本原则奠定基础，这些基本原则将在相关的政策章节中进行详细说明。这些原则共同构成了美国地质调查局基础科学措施，是美国地质调查局科学活动的基础，维护着美国地质调查局的科学声誉，并强调其使命是提供可靠科学以解决紧迫的社会问题。基础科学措施还促进了美国地质调查局科学活动成果在信息产品（SM 1100. 1）中的广泛发布和传播。本政策适用于美国地质调查局资助的所有员工和科学活动
基础科学措施：计划和进行数据采集与研究	第 502. 2 章	美国地质调查局作为多种用途的长期数据集的生产者有着悠久的历史，其中许多数据集保存在不同的地理位置。这些数据集的部分价值取决于美国地质调查局科学家描述和记录用于采集数据的方法，并使这些数据在信息产品中可访问。正确的文本（包括正确的元数据）和广泛传播确保美国地质调查局数据和研究能得到正确解释，达到最高的科学标准，并且能被科学界广泛使用。本章更新了基础科学措施的政策，用于规划和进行数据采集和研究，以确保科学目标是可实现的，并且符合美国地质调查局的使命；所提出的方法具有实现预期成果的可能性；在适当的情况下，该方法符合公认的标准和程序
基础科学措施：同行评审	第 502. 3 章	同行评审作为科学实践的基础，验证并确保美国地质调查局科学出版物的质量。本政策更新了美国地质调查局信息产品同行评审方面的基础科学措施要求，并适用于美国地质调查局的所有科学和技术信息，无论是由美国地质调查局发布的，还是外部实体发布的
基础科学措施：信息产品的审查、批准和发布	第 502. 4 章	作为一个公共机构，美国地质调查局有责任将其科学调查成果以及时、技术合理和专业的信息产品形式向公众提供。鼓励美国地质调查局科学家以最有效的方式公布其数据和研究结果，从而更好地提高美国地质调查局在科学领域的可靠声誉。本章规定了在信息产品发布之前进行适当的审查和批准的要求和责任。本政策适用于所有美国地质调查局科学信息产品（SM 1100. 1），无论是由美国地质调查局发布的，还是由外部实体发布的。本政策不包括以下信息产品：新闻稿、致编辑的信函（不是写给科学期刊的信）、评论或专栏文章；在科学会议、简报会、研讨会和听证会上用于展示美国地质调查局工作的海报和演示材料；实时危险数据和警报；卫星数据
基础科学措施：保护未发表的美国地质调查局数据、信息和相关科学资料	第 502. 5 章	规定了保护未发表的美国地质调查局科学数据和信息的要求，包括未发布的审议和决策前的信息、专有数据和信息、非美国地质调查局专有数据和信息以及相关的科学材料（例如，实物样本）。本章中的“未发表”指未完成美国地质调查局信息产品的审批和发布而开发或采集的草案、中间或背景数据和材料
基础科学措施：科学数据管理基本原则	第 502. 6 章（指导备忘录 OSQI 2015-01)	提供了根据科学数据生命周期模型制定的美国地质调查局数据管理基本原则的临时性政策
基础科学措施：用于科学数据、软件和其他信息产品的元数据	第 502. 7 章（指导备忘录 OSQI 2015-02)	为美国地质调查局科学数据、软件和其他信息产品提供了对元数据要求的临时政策。它还为遵守美国地质调查局和其他美国联邦标准提供指导，例如由美国联邦地理数据委员会认可的元数据标准，该委员会是一家旨在为所有美国联邦政府科学数据（地理空间和非地理空间）提供元数据指导的跨部门机构

续表

政策	章节号	目的及范围
基础科学措施：科学数据发布的审查和批准	第 502. 8 章（指导备忘录 OSQI 2015–03)	规定了在发布或传播科学数据之前有关审查和批准的临时性要求和程序。适用于所有向公众发布的美国地质调查局科学数据（包括但不限于在数据集、数据库、数据服务和出版物，以及模型输出和衍生产品中的数据）
基础科学措施：数字科学数据的保存要求	第 502. 9 章（指导备忘录 OSQI 2015–04)	规定了适用于美国地质调查局所有数字科学数据及相关信息的保存要求
信息产品批准权限	第 205. 18 章	更新了各种美国地质调查局科学和其他信息产品发布的批准权限（参见 SM 1100. 1 和 SM 500. 5）
出版：信息产品计划	第 1100. 1 章	为信息产品规划制定政策。美国地质调查局每位信息生产者均须制定并遵守信息产品计划。典型计划中要解决的主题将用一般性术语进行描述。本政策适用于美国地质调查局的所有学科、办公室和活动，以及美国地质调查局的所有科学、教育和信息产品，但不包括以下内容：快速交接、时间敏感的产品（例如新闻稿、致编辑的信函和评论稿）以及展示美国地质调查局工作的材料（如海报和非正式会议材料）。在计划、审查和执行每个信息产品时，应参考本政策
出版：美国地质调查局信息产品的作者、致谢和诚信	第 1100. 5 章	为美国地质调查局的作者提供指导，这些作者包括正准备在美国地质调查局或外部组织或期刊发布信息产品（见 SM 1100. 1）的雇员、承包商、合作者、志愿者和退休科学家
科学诚信	第 500. 25 章	制定了美国地质调查局相关政策，以确保在开展科学活动中坚持科学诚信原则，以及关于指控美国地质调查局员工和志愿者的科学不端行为的报告、调查和裁决程序。志愿者包括根据《科学家退休协定工作》的所有科学家
科学和学术活动的诚信	第 305 部分第 3 章（内政部部门手册）	制定了美国内政部相关部门在开展有关科学和学术活动时的诚信政策，这些活动为管理和公共政策决策提供信息。内政部决策中考虑的科学和学术信息必须是可靠的、高质量的，且是通过尽可能严谨的科学和学术过程所产生的成果。最重要的是，这些信息必须是值得信赖的。美国内政部相关部门在其科学和学术活动中建立和保持诚信至关重要，因为自这些活动所产生的信息是制定公共政策决策的关键要素。影响决策的其他因素可能包括经济、预算、体制、社会、文化、法律和环境等

2. 17　公共访问计划更新情况

本章 2. 1~2. 16 节为美国地质调查局 2016 发布的第一版公共访问计划内容，美国地质调查局于 2023 年 4 月 26 日对该计划进行了更新，以符合美国白宫科学和技术政策办公室 2022 年 8 月 25 日发布的新指令的要求。该计划与 2018 年美国《基于证据的政策制定基础法》中规定的目标一致，并考虑了美国地质调查局在数据共享和研究成果交流方面的长期要求和措施。

2. 17. 1　公共访问计划响应美国白宫科学和技术政策办公室新要求的更新内容概要

美国地质调查局公共访问计划具体更新内容见表 2. 2。

表 2.2 公共访问计划更新内容概要列表

美国白宫科学和技术政策办公室要求	美国地质调查局公共访问计划的更新	类别
美国联邦机构应更新或制定新的公共访问计划，以确保在适当且符合适用法律的情况下，默认所有由美国联邦资助的研究产生的、经同行评审的学术出版物，无论是个人还是机构撰写或合著的，都可以在机构指定的资源库中免费提供和公开获取，而不会在出版后出现任何时滞期或延迟的情况	1）删除了先前在 2013 年霍尔德伦备忘录中规定的美国地质调查局撰写和资助的学术出版物的 12 个月时滞期。 2）删除了请求较短时滞期的部分，因为它不再适用。 3）删除了 12 个月时滞期后对使用非营利组织 CHORUS 的数据确定公共访问日期的引用，原因是它不再适用。 4）增加了学术出版物出版后将及时向公众开放的内容。 5）更新了“学术出版物”的定义，具体包括美国地质调查局撰写和资助的期刊文章以及美国地质调查局系列出版物	出版物
各机构的公共访问计划应描述如何公开访问经同行评审的学术出版物	1）保留了现有美国地质调查局出版物库相关内容：所有由美国地质调查局撰写和资助的出版物的在线引文索引，以及出版物公开访问机制的说明。 2）在出版物库引用记录中提供了可以找到公共访问已接受稿件或出版商的公开访问版本记录的链接	出版物
各机构的公共访问计划应描述如何以最公平的方式向公众提供经同行评审的学术出版物，包括免费提供在线访问此类学术出版物的机会，使学术出版物适合机器读取，并通过辅助设备实现更强的访问能力	包含了有关美国地质调查局出版物符合《美国康复法案》第 508 条的信息，还包含用于发布元数据的应用程序接口，以及其他网站和数据库如何使用应用程序接口使出版物更容易被检索到的相关信息	出版物
各机构的公共访问计划应说明在默认情况下使出版物可免费和公开访问所需的条件或前提，包括任何使用和再利用的权利，以及可能适用的范围，包括归属	1）保留了美国地质调查局原公共访问计划中的已有内容：美国地质调查局科学活动的数据和发现的授权可以追溯到 1879 年 3 月 3 日美国地质调查局成立时签署的《杂项民事法案》（《美国通则》第 20 卷，394~395 页）。该法案还规定了向公众报告美国地质调查局调查结果的要求。此外，《美国联邦法规汇编》第 2 卷第 200. 315 节“无形资产”规定，美国联邦资助机构有权保留一项免版权税、非排他性和不可撤销的权利，以复制、出版或以其他方式使用任何受版权保护的已开发作品，或作品所有权是根据美国联邦资助为联邦目的而获得的，并授权他人这样做；根据《美国联邦法规汇编》第 2 卷第 215. 36 节“无形资产”，美国联邦政府有权：① 获取、复制、发布或以其他方式使用由美国联邦资助产生的数据；② 授权他人为联邦义务接收、复制、发布或以其他方式使用此类数据。 2）增加了由美国内政部律师办公室提供的内容：对最终接受的稿件或学术出版物，以及相关数据，在不存在法律、法规或政策禁止其自由和公开发布的情况下，任何非美国地质调查局实体不得主张或试图主张版权或任何其他无形资产产权或知识产权，否则将造成其无法公开发布	数据和出版物
由美国联邦政府资助的研究产生的经同行评审学术出版物的科学数据，在出版时应默认为免费提供和可公开访问，除非受到第 3 部分第 c. i 条规定的限制，并应遵守与本备忘录第 3 部分第 c 条相符的美国联邦机构有关研究人员在数据管理和共享计划方面责任的指南	1）计划中保留的现有内容：要求与学术出版物相关的数据公开、免费发布，无时滞期。 2）计划中保留的现有内容：要求将数据管理计划作为美国地质调查局进行的或资助的所有研究的一部分。 3）更新了“数据”的定义，包括“科学相关”和“满足验证和复制研究成果的质量”，并删除了实验室笔记和个案记录表。这些更新反映了美国白宫科学和技术政策办公室提供的“科学数据”的最新定义	数据

续表

美国白宫科学和技术政策办公室要求	美国地质调查局公共访问计划的更新	类别
美国联邦机构应制定出相应的方法和时间表，以共享其他与经同行评审的学术出版物无关的由美国联邦资助的科学数据	1）将“所有数据，包括与学术出版物无关的数据”纳入公共访问计划的范畴。 2）需注意，数据“必须在项目结束后或按照数据管理计划及时发布”	数据
美国联邦机构还应为研究人员提供指导，确保所使用的数字存储库在可行的范围内与美国国家科学技术委员会题为“美国联邦资助研究的数据存储库的理想特征”的文件保持一致	1）补充了美国地质调查局可信数字存储库认证过程的简要概述。 2）补充了美国地质调查局将保证其可信数字存储库与美国国家科学技术委员会（NSTC）文件一致的内容	数据
机构的公共访问计划和政策应明确美国联邦研究人员必须遵守美国联邦法律和管理与预算局政策，这些政策会影响美国联邦机构的信息管理措施，并对某些类型的数据起到保护作用，由美国联邦研究人员创建、采集、控制、指导或维护的科学数据受这些法律和政策的约束	补充了“数据管理计划的目的是确保由美国地质调查局资助的研究人员能贯彻执行美国地质调查局和美国联邦机构发布的数据和信息管理的有关政策”的内容	数据
公共访问计划应概述用于确定研究人员责任的政策，以描述任何潜在的法律、隐私、伦理、技术、知识产权或安全限制，以及任何其他对数据访问、使用和披露的潜在约束或限制，包括资助协议或奖励条款和条件中所确定的内容，或数据使用协议或机构审查委员会规定的内容	1）内部和外部数据管理计划描述了在保护隐私、机密性、敏感性、专有权和知识产权的前提下，如何最大限度满足访问需求，并在长期保存和获取数据与相关成本和管理负担之间取得平衡。 2）列举数据元数据中包含的元素，如“对数据访问和使用的限制或边界”	数据
公共访问计划应概述用于确定研究人员责任的政策，以最大限度地适当共享本备忘录第3部分第a条中确定的美国联邦资助的科学数据，例如为有限的数据访问提供降低风险的机会	内部和外部数据管理计划描述了在保护隐私、机密性、敏感性、专有权和知识产权的情况下，如何最大限度地开放，并在长期保存和获取数据与相关成本和管理负担之间取得平衡	数据
公共访问计划应该概述用于确定研究人员责任的政策，以确定他们希望存储相关数据的地方	数据管理计划还必须解决在合适的长期存储库中数据提供方面的问题，并强调非专有、开放格式对提高可访问性的重要程度	数据
在与美国管理与预算局协商后，美国联邦机构应允许研究人员将合理的出版费用以及与数据提交、筛选、管理和特殊处理指导相关的成本列入所有研究预算中	在数据管理计划部分和学术出版实施部分补充了“允许研究人员将数据（或出版物）提交、筛选、管理及特殊处理指导相关的成本列入研究预算中”	数据和出版物
美国联邦机构应根据要求向美国白宫科学和技术政策办公室汇报其公共访问计划和政策实施的情况，包括美国联邦机构资助的所有学术出版物的数量以及该机构采集的任何其他相关的统计数据	补充了“根据要求，美国地质调查局将向美国白宫科学和技术政策办公室汇报该计划和政策实施情况，包括由美国地质调查局资助的所有学术出版物和数据的数量”	数据和出版物

2.17.2 公共访问计划中非响应美国白宫科学和技术政策办公室新要求的其他更新内容

1）将科学出版网指定为美国地质调查局发布实体，而不再使用“内部发布”一词。

2）更新了出版物库和科学数据目录的衡量指标。

3）删除了对美国内政部年度研发预算的引用，因为现在所有机构都需要制定一个公共访问计划，而无论其研发预算如何。

4）补充了对美国《证据法》和《开放政府数据法》的引用，因为这两个法案是在最初的公共访问计划起草之后通过的。

5）补充“外部研究”“最终录用稿件”“内部研究”“由美国地质调查局资助”等术语的定义。

6）更新了科学数据目录和出版物库的定义，以与原公共访问计划发布以来的应用程序更改保持一致。

7）删除了对执行备忘录的引用。

8）更新了第 2. 5 节，以阐明美国地质调查局各实体的角色和职责，并补充了基础科学措施咨询委员会。

9）在各要素已经实现的情况下，将表达方式从将来时更新为现在时。

10）删除了对出版物特定文本格式的引用，因为这些格式随着机器可读要求的变化而不断演变。

11）补充了关于在美国地质调查局网站上重点访问出版物库和科学数据目录的声明。

12）重新组织了第 2. 7 和 2. 8 节，以便将有关出版物的信息与有关数据的信息完全分开。在最初的计划中，尽管这两个部分被标记为一个用于出版物、一个用于数据，但仍然存在大量混杂的信息和重复的内容。现在，这两个部分在结构上更加清晰。

13）在最初的公共访问计划中，提供了评估数据管理计划的详细指南，可在数据管理网站上获取。目前该指南并不存在，因此将其更改为将来时态，以表明将在更新计划的生效日期前获得该指南。

14）删除了关于“国家生物多样性信息”项目的引用，因为其已经废止。

15）补充了对自原计划发布以来可用的新数据相关培训的引用（例如，数据集成社群研讨会，ScieneBase 数据发布季度培训，基础科学措施培训）。

2. 17. 3　公共访问计划中更新的具体内容

2. 17. 3. 1　“2. 1 节”中补充的内容

1）数据：是指美国地质调查局资助的与科学相关的数据。根据美国白宫科学和技术政策办公室的定义，“科学数据”包括科学界普遍接受的记录性事实材料，其质量足够验证和重现研究结果。这些科学数据不包括实验室笔记、初始分析、情况报告表、科学论文草稿、未来研究计划、同行评审、与同行的交流，也不包括实物和实际材料，如实验室标本、人工制品或野外记录。

2）外部研究：指在美国地质调查局资助下，由美国地质调查局以外的科学家开展的研究。

3）录用稿件：指已被录用发表的稿件，包括同行评审过程中的所有修改内容，但可能不包括最终记录版本（VOR）的格式。

4）内部研究：指在美国地质调查局资助下，由在美国地质调查局工作的科学家开展的研究。

5）学术出版物：下面定义的任何由美国地质调查局资助的同行评审出版物，介绍了由美国地质调查局资助的研究成果。

美国地质调查局系列出版物是由美国地质调查局制作和出版的一套带有系列编号的信

息产品。每个系列编号都是为了满足特定用户需求而设立的，并在美国地质调查局出版物库中免费公开发布。

外部出版物指由非美国地质调查局实体机构出版的出版物，可能包括出版商确定的最终出版物。虽然很多不同类型的外部出版物都是由美国地质调查局资助的，但公共访问计划只涵盖经同行评审的期刊文章。

6）美国地质调查局资助：指任何属于美国地质调查局的资金，包括拨款和预付款。

7）美国地质调查局信息产品数据系统：是一个基于网络的内部应用程序和暗存储库，用于记录和跟踪遵守美国地质调查局基础科学措施的信息产品的审查、批准和传播情况。信息产品数据系统还向美国地质调查局出版物库提供书目元数据，用于创建引文。此外，信息产品数据系统还临时存储最终接受的稿件。

2. 17. 3. 2 "2. 1 节"中更新的内容

1）信息产品：指以任何媒介（如印刷品、数字、网络）或形式（包括文本、数字、图形、地图和视听）汇编科学知识，如事实、数据或解释，以便向外部受众发布和传播产品。信息产品可以参考美国地质调查局使用的其他术语，包括但不限于科学出版物、数据产品、软件产品和地图产品。

2）美国地质调查局科学数据目录：是一个公开的搜索和发现工具，用于完整记录美国地质调查局科学数据，这些科学数据符合美国联邦地理数据委员会《数字地理空间元数据内容标准》或国际标准化组织的一套元数据标准。元数据记录可通过美国地质调查局科学数据目录获取，这些记录来源于美国地质调查局任务区和项目所托管的存储库与网络数据库。

3）美国地质调查局出版物库：是美国地质调查局图书馆管理的由美国地质调查局撰写和资助的出版物在线引文索引，是美国地质调查局出版物的权威信息来源和获取渠道。每个出版物都有独立的描述性引文页面，该页面是根据美国地质调查局信息产品数据系统、美国地质调查局科学出版网网页和其他目录数据库中存储的信息动态生成的。出版物库的构建方式允许通过网络搜索引擎爬虫技术对其内容进行索引，并提供基本和高级的搜索功能。出版物库还提供在线服务，包括可定制的 RSS 源和应用程序编程接口。美国地质调查局出版物库中的出版物可供用户下载。

2. 17. 3. 3 "2. 4 节"中补充的内容

最终接受的稿件或学术出版物，以及相关数据，在法律、法规和政策未禁止其自由和公开发布的情况下，任何非美国地质调查局实体不得主张或试图主张版权或任何其他无形资产产权或知识产权，以免影响其公开发布。

2. 17. 3. 4 "2. 5 节"中补充的内容

基础科学措施咨询委员会：负责协助确保美国地质调查局科学的规划、开展和传播的最佳措施符合美国地质调查局基础科学措施的政策和指南。基础科学措施咨询委员会是美国地质调查局的常设机构，负责向美国地质调查局的领导层和其他相关人员提供有关基础科学措施的意见和建议。

2.17.3.5 “2.6.1节”中更新的内容

1）在完成同行评审、获得美国地质调查局批准并制作完成后，美国地质调查局系列出版物将提交至美国地质调查局出版物库进行编目和公开发布。

2）出版物库在美国地质调查局网站上有明显的访问入口，以确保公众能对美国地质调查局出版物进行全面搜索。

3）研究人员被允许在研究预算中列入与出版物提交、筛选和管理相关的合理成本、公共访问费和特殊处理说明。

2.17.3.6 “2.6.1节”中补充的内容

1）所有描述数据的元数据都在美国地质调查局科学数据目录中建立了索引，从而实现统一的可发现性。科学数据目录在美国地质调查局网站上有一个明显的访问入口，确保公众知晓美国地质调查局科学数据可以进行全面搜索。

2）为美国地质调查局信息产品（包括出版物和数据）分配全球唯一持久标识符，包括数字对象标识符，有助于唯一标识、引用、记录保存和相关资源间的交叉引用。另外，还指导美国地质调查局研究人员获取符合《美国国家安全总统备忘录》第33号（NSPM-33）实施指南中定义的通用/核心标准的数字持久标识符的方法，并在已发表的研究成果中包含数字持久标识符。研究人员必须向美国地质调查局提供与其发表的所有研究成果相关的元数据，也包括这些标识符。

3）美国地质调查局与其他美国联邦机构合作，为科学研究与发展资助及内部研究协议分配数字持久标识符制定流程，以便能够从与出版物和数据相关的元数据中准确获取资金来源。

2.17.3.7 “2.7.1节”中补充的内容

1）通过现有的美国地质调查局出版物库，美国地质调查局允许公众搜索、发现和访问其研究产生和资助的符合美国《美国康复法案》第508条规定的所有出版物的全文数字版本。这些文本和相关的书目元数据将继续通过美国地质调查局出版物库免费在线发布。出版物库应该在美国地质调查局网站上设置一个明显的访问入口，以确保公众能够全面搜索美国地质调查局出版物。

2）美国地质调查局将为及时访问经同行评审的学术出版物和由美国地质调查局资助的研究直接产生的相关元数据提供便利。它将允许公众利用机器对出版物进行阅读、下载和分析，并通过采用机器可读且开放的格式、数据标准以及通用核心和可扩展元数据来支持下游的信息处理和传播活动。

2.17.3.8 “2.7.2节”中补充的内容

1）美国地质调查局系列出版物和外部出版物的元数据，均存放在美国地质调查局出版物库中，并在出版时免费向公众开放。该目录为查找美国地质调查局内部和外部出版物提供了便利，同时还将出版物资源集合到其他查找机制和专用索引中，如图 2. 1 所示。

2）美国地质调查局出版物库是查找由美国地质调查局资助或发表的研究成果的权威来源。该资源提供标准格式的元数据，并使用符合现有行业标准的方法。这些方法（如在网页中嵌入结构化元数据）便于使用常用的商业工具和开源工具，如书目管理软件，为工业界和全球科学界获取研究成果建立创新途径。

3）出版物的元数据包括所有作者和合著者的姓名、作者所属机构以及符合美国地质调查局作者核心标准的数字持久标识符。元数据还包含出版日期以及分配给出版物的唯一、持久的数字对象标识符。从本计划生效之日起，美国地质调查局还将在出版物的元数据中加入资金来源信息。

2. 17. 3. 9　“2. 7. 5 节”中补充的内容

美国地质调查局出版物库不提供大量下载多个出版物文本的功能，这有助于防止未经授权的分发。

2. 17. 3. 10　“2. 7. 6 节”中更新的内容

目前，美国地质调查局系列出版物以符合《美国康复法案》第 508 条规定的文本文件形式存储，且可从一个可复制可访问的系统中下载。美国地质调查局系列出版物的文本和相关数据目前存储的格式为非专有格式，无需使用专门的软件来进行访问。美国地质调查局出版物库是官方的在线资源，提供对美国地质调查局撰写和资助的出版物的访问。在线数据库提供对其内容的长期保存和免费访问，而不对公众收取费用。美国地质调查局记录处置时间计划收录了出版物库中的出版物。因此，根据美国国家档案和记录管理局对美国联邦记录保存和处置的要求，出版物和元数据被保存在美国国家档案馆。

2. 17. 3. 11　“2. 8 节”中更新的内容

美国地质调查局通过数字下载和更强大的数字服务能力，为公众提供已被批准发布的最终质量受控的数据在线访问，这些数据由美国地质调查局研究项目和监测（观测）项目产生。部分数据几乎是实时提供的，如国家流量测量网采集的数据。除了因安全、隐私、保密和其他法律限制而必须加以限制的情况外，所有被批准发布的、由美国地质调查局产生的或由其资助产生的数据都是公开和免费的。

2. 17. 3. 12　“2. 8 节”中补充的内容

在“2. 8 节”中补充了“及时访问数字数据”小节，补充内容：

1）美国地质调查局科学数据目录将提供对本计划所涉及的所有数据。美国地质调查局科学数据目录是发现美国地质调查局生产或资助的数字数据的权威来源，因此所有描述科学数据的元数据都在美国地质调查局科学数据目录中进行了索引。科学数据目录应在美国地质调查局网站上提供一个明显的访问入口，以确保公众可以对美国地质调查局的科学数据进行全球搜索。美国地质调查局依靠科学数据目录，帮助其资助研究产生的数字数据的发现和获取。科学数据目录提供标准格式的元数据，并使用已有行业标准。随着 2013

年美国地质调查局科学数据目录的创建，美国地质调查局的数据按照《联邦开放数据标准、政策和实践》的要求免费提供。因此，公众发现和获取美国地质调查局数据的能力得到大大提升。

2）与数据有关的元数据。与美国地质调查局数据产品相关的元数据通过美国地质调查局科学数据目录进行发布，在出版时或出版前免费向公众开放，具体情况取决于数据本身或项目结束时间，或依据数据管理计划中的记录，及时发布与学术出版物无关的数据。

为提高元数据的可用性，美国地质调查局继续在新数据文档编制方法和格式方面进行投入。这包括对美国联邦地理数据委员会认可的国际元数据标准的规划指导，以及对创建与数据的数字对象标识符相关的稳健元数据方法的改进。数据的元数据包括出版日期、所有作者和合著者姓名和标识符、作者所属机构、分配给数据产品的数字对象标识符、数据访问和使用限制，以及对其他数字持久标识符的引用。从本计划生效之日起，美国地质调查局还将在数据元数据中加入资金来源信息。

2. 17. 3. 13 “2. 8. 1 节”中更新的内容

美国地质调查局基础科学措施要求把数据管理计划作为美国地质调查局开展的或资助的所有研究项目的一部分，其中包含与数据采集和管理有关的内容。数据管理计划旨在确保由美国地质调查局资助的研究人员能够满足美国地质调查局和美国联邦有关数据和信息管理政策的要求。在研究开始之前，经批准的数据管理计划必须根据美国地质调查局记录处置计划确定数字数据管理、数据发布和保存的适合方法。数据管理计划还必须解决存储库长期提供数据的问题（详见 2. 8. 5 节），并强调非专有、开放格式对改进可访问性的重要意义。目前，在任何情况下批准发布的由美国地质调查局资助产生的数据都需要进行保存和能够访问。

2. 17. 3. 14 “2. 8. 2 节”中更新的内容

美国地质调查局基础科学措施中有关数据管理的政策，要求在计划中加入估算的管理和发布成本，明确各种数据类型和存储库中各级管理职能和职责。允许研究人员在研究预算中列入与数据提交、分享、管理和特殊处理说明相关的合理费用。美国地质调查局将制定标准，提供长期保存和可访问的信息，帮助评估存储库数据对于科学研究的持续价值、可用性和相关性。

2. 17. 3. 15 “2. 8. 5 节”中更新的内容

1）这些系统的开发人员已经或正在为能够持续提供合适的新数据制定明确的策略和工作流程。美国地质调查局采用了可信数字存储库认证流程，该流程与 CoreTrustSeal 国际认证机构的流程一致，该机构建立了可信数字存储库的国际标准，并且也符合美国地质调查局基础科学措施的要求。美国地质调查局已将多个存储库认证为可信数字存储库，如 ScienceBase 和美国地质调查局阿拉斯加科学中心数据存储库。美国地质调查局将确保其可信数字存储库符合美国国家科学技术委员会（NSTC）发布的《联邦资助研究的数据存储库的理想特征指南》。

2）在美国地质调查局采集研究所产生的数字数据时，可能需要对数据管理提出额外要求，以确保符合美国《开放数据政策》和《循证决策基础法案》的要求。

2.17.3.16 “2.8.6 节”中更新的内容

美国地质调查局鼓励公私合作，允许第三方从美国地质调查局科学数据目录和美国地质调查局存储库（如 ScienceBase）中轻松获取元数据记录和链接，这些元数据记录和链接可用于外部发现和存储库系统。美国地质调查局为访问和提取元数据记录提供了多种选择，包括通过应用程序编程接口。作为数字对象标识符分配机构，美国地质调查局与 DataCite 机构合作，发布数据的唯一数字对象标识符。

2.17.3.17 “2.10 节和 2.11 节”中更新的内容

1）将 2.10 节和 2.11 节合并为一节，标题更新为“与部落政府、外部组织、跨机构和公众的接触”。

2）美国地质调查局与美国联邦政府承认的原住民部落进行正式（如根据《美国地质调查局调查手册》第 500.6 章进行政府间磋商）和非正式（如在技术培训或教育活动期间）的接触，以确定原住民部落对科学数据的需求。鼓励研究人员与其所在地区的原住民部落联络员或任务区的原住民部落顾问讨论原住民部落参与计划。

3）美国地质调查局还通过各种方式与各种外部组织和公众进行交流，包括共同主办和策划向公众开放的会议、全国性会议以及有关公众访问和开放数据等主题的社群听证会。参加这些会议的利益相关者包括图书馆、出版商、美国联邦资助研究成果的用户、民间社会团体、美国联邦资助的研究人员和高校。

2.17.3.18 “2.16 节”中更新的内容

“2.16 节”中更新的内容如表 2.3 所示。

表 2.3 更新的《美国地质调查局调查手册》相关规定

政策	章节号	目的及范围
基础科学措施：科学数据管理基本原则	第 502.6 章	本章基于科学数据生命周期模型，确立了美国地质调查局科学数据管理的总体要求。该模型为美国地质调查局数据采集、数据处理和数据传播活动提供了高层视角
基础科学措施：针对科学数据、软件和其他信息产品的元数据	第 502.7 章	本章对经美国地质调查局批准发布的美国地质调查局科学信息产品（包括美国地质调查局系列出版物和期刊文章等外部学术出版物）和科学数据（包括数据集和数据库中的数据）的元数据进行了规定。本章还提供了关于如何遵守适用美国地质调查局和其他美国联邦标准的指南，如美国联邦地理数据委员会认可的元数据标准，该委员会是为所有美国联邦政府科学数据提供元数据指导的跨部门机构
基础科学措施：科学数据发布的审查和批准	第 502.8 章	本章阐述了美国地质调查局发布科学数据前的审查和批准的相关要求和程序。本章适用于美国地质调查局批准的所有向公众发布的科学数据和原始科学数据。这些数据包括但不限于在数据集、数据库和数据服务中提供的：① 地理空间和非地理空间数据；② 与其他信息产品出版物有关联的数据；③ 模型输出结果；④ 成为美国地质调查局数据集、数据库或数据服务部分的其他来源的数据

续表

政策	章节号	目的及范围
基础科学措施：数字科学数据的保存要求	第 502. 9 章	本章提供了保存所有美国地质调查局数字科学数据和相关元数据的要求和程序。其他科学信息产品、非数字数据、包含数据或描述数据的纸质记录或实物样品的保存要求可参考《美国地质调查局调查手册》的其他章节
基础科学措施：美国地质调查局的科学信息产品的作者身份	第 502. 10 章	美国地质调查局的作者身份，为创作科学信息产品内容的个人带来了荣誉和责任。本政策为准备和发布美国地质调查局科学信息产品的人员提供了相关要求和指南。当这些产品的作者所属机构为美国地质调查局时，该政策适用于由美国地质调查局和外部实体发布的所有科学信息产品（包括数据发布和软件发布）
出版：美国地质调查局出版系列	第 1100. 3 章	本章描述了美国地质调查局用于发布该局科学研究项目成果的系列出版物
出版：使用的外部出版物，包括摘要	第 1100. 4 章	本章描述了包括摘要在内的外部出版物的使用情况，这些出版物是发布美国地质调查局信息产品的合适平台
科学诚信	第 500. 25 章	本章更新了美国地质调查局的科学诚信政策（包括科学行为准则和报告、调查和裁决科学不端行为的程序），并为执行和遵守《美国内政部部门手册》第 305 部分第 3 章、《科学和学术活动中的诚信》、《科学诚信程序手册》及其手册附录提供指导。美国地质调查局基础科学措施要求执行本章的部分内容，并支持美国地质调查局活动的科学完整性。本章适用于所有美国地质调查局员工，包括政府任命的官员和志愿者，也包括退休人员（当他们通过利用、参与、监督、管理或影响科学活动来制定和支持美国内政部和美国地质调查局的政策、管理和监管决策时，或者当他们公开传播有关科学活动信息时）。协助开发或应用科学和学术活动成果的承包商、合作者、合作伙伴、许可人、承租方、受让方和其他外部各方必须遵守本章和《美国内政部部门手册》第 305 部分第 3 章中包含的原则

3　美国地质调查局数据符合 FAIR 原则的路线图

FAIR 原则是指科学数据具备可发现（Findable）、可访问（Accessible）、可互操作（Interoperable）、可重用（Reusable）的管理原则。美国地质调查局审查了当前政策和措施与 FAIR 原则的符合程度，确定了全面推行 FAIR 原则的行动，以提高研究效率、效果及数据的实用性，形成了美国地质调查局数据符合 FAIR 原则的路线图。该路线图将 88 项拟议行动联系在一起，这些行动包括美国地质调查局和科学中心管理层、核心科学体系任务区、基础科学措施咨询委员会、数据集成社群、人力资源办公室和员工发展办公室以及新提议成立的协调与沟通委员会等团体采取的行动，其目的是监督美国地质调查局更好地符合 FAIR 原则的进程。该路线图为美国地质调查局人员提供发布研究数据、数据系统和存储库所需的认识、信息、工具和支持，以生产和维护符合 FAIR 原则的数字资源。

3.1　FAIR 原则

2016 年《Scientific Data》期刊发表了一篇题为“科学数据管理的 FAIR 指导原则”的文章，探讨了 FAIR 原则的具体内容，引起国际科学界的关注。FAIR 原则的目标是在数据量持续增加、发现与访问数据能力不足、数据重复使用率低下的情况下，传递用于管理得当、机器可操作的数据和元数据的标准。对于其每个基本要素（可发现、可访问、可互操作和可重用），该文作者威尔金森等提出了数据和元数据的具体指导原则（图 3.1），试图让组织机构和研究人员将数据集和软件作为科学记录的重要成果。

在美国联邦政府内部，科学数据管理措施包括美国白宫科学和技术政策办公室备忘录《增加获取联邦资助的科学研究成果的机会》和《循证决策基础法案（2018 年）》。2017 年在美国地质调查局组织的“美国地质调查整合科学的重大挑战”研讨会上提出，需要改进数据管理来支持新的研究工作。科学界接受 FAIR 原则主要体现在美国地球物理联盟 2019 年修订的关于数据立场的声明中。该声明指出：“地球和空间科学数据是珍贵的世界遗产，是科学生态系统的重要组成部分。科学生态系统中的所有参与者，如研究人员、知识库、出版商、资助者和机构均应尽力确保相关科学证据的处理、共享和使用均符合道德规范，并确保其具备可用、可保存、有记录和可信的。”

FAIR 原则为那些认为需要改进其方针和政策，以实现更好的数据管理的机构、资助者、协会、出版商和研究人员提供了明确的目标，这些目标包括有意义的数据管理计划、支持研究人员的工具和平台，以及支持数据保存和再利用的存储库。

国际科学界已经接受了符合 FAIR 原则的数据，并将重点措施放在跨领域和跨区域上。

FAIR 原则有助于科学家能通过复制研究方法，验证和学习已发表的科学成果。FAIR 原则也帮助政府努力解决决策中使用的科研成果的公开透明度问题，也让人们认识到研究人员在原始数据采集和分析的前后都需花大量时间获取、准备和整合数据。一些人认为，符合 FAIR 原则是一项被认可但没有回报的工作，但如果美国地质调查局接受 FAIR 原则，研究人员则可以通过数据引用获得这项工作的认可。同时也证明，当同一位科学家或另一位研究人员发现可以更容易、更快地将这些准备充分的数据用于新的研究时，投入数据管理的时间是值得的。

可发现（F）：

F1. 数据和元数据被分配了同一个全球唯一和持久的标识符。

F2. 数据用丰富的元数据描述（由下面的 R1 定义）。

F3. 元数据明确包含描述数据的标识符。

F4. 数据和元数据在可搜索的资源中记录或编制索引。

可访问（A）：

A1. 数据和元数据使用标准化的通信协议，通过其标识符进行检索。

A1. 1. 该协议是开放的、自由的、可普遍实现的。

A1. 2. 该协议允许在必要时进行身份验证和授权。

A2. 元数据是可访问的，即使数据不再可用。

可互操作（I）：

I1. 数据和元数据使用正式、可访问、共享和广泛适用的语言来表述知识。

I2. 数据和元数据使用遵循 FAIR 原则的词汇表。

I3. 数据和元数据包含引用其他数据和元数据的限定。

可重用（R）：

R1. 数据和元数据用多个准确和相关的属性进行了充分描述。

R1. 1. 数据和元数据发布时要有明确且可访问的数据使用权限。

R1. 2. 数据和元数据有详细的数据来源信息。

R1. 3. 数据和元数据符合相关领域的标准。

图 3. 1　FAIR 指导原则

（资料来源：Lightsom et al.，2022）

虽然 FAIR 原则并未要求数据可以免费获取并向所有人开放，但国际研究界鼓励将大量数据共享作为研究理念的一部分。开放且符合 FAIR 原则的数据和软件可以优化数据利用和研究效率。但如果数据必须得到保护（不能免费获取），这些数据仍需要符合 FAIR 原则。国际上正在推行 FAIR 研究产品的创新，这可以为美国地质调查局提供示范和工具。主要实践包括：

1）地球和空间科学数据出版联盟：推出了一个启用符合 FAIR 原则的数据项目，其中包括指导方针、目标、资源和承诺声明等内容。美国地质调查局是签署该联盟承诺的 100 多个组织中的一员。

2）作为 2020 欧洲地平线工作的一部分，欧盟委员会发布了一份专家报告《将 FAIR 变为现实：欧盟委员会 FAIR 数据专家组的最终报告和行动计划》。在这份报告中，来自世界各地在 FAIR 原则方面的专家起草了一份指南，供所有国家和科学领域使用，旨在发起必要的变革以纳入 FAIR 原则。

3）美国地质调查局是开放地理空间联盟（OGC）的成员，该联盟作为地理空间数据服务的开放标准机构，其宗旨是“使位置信息可查找、可访问、可互操作和可重用”。

4）澳大利亚研究数据共享空间要求应用 FAIR 原则，并提供指导，以帮助研究人员生成符合 FAIR 原则的数据。

5）最初的 FAIR 原则指导文件的部分作者获得了欧洲政府和组织的资助，以创建 GO FAIR 实践社群，该社群提供培训、跨领域共享和进度指标等服务。

3.2 美国地质调查局当前符合 FAIR 原则的相关措施

为了制定美国地质调查局 FAIR 原则发展路线图，需要评估当前的政策和措施符合 FAIR 原则的程度。

美国地质调查局在数据符合 FAIR 原则方面已经取得许多成功，这表明当前美国地质调查局有关开放科学数据和数据质量方面的政策、程序和指导方针是有效的。美国地质调查局已提供了一些符合 FAIR 原则的数据和信息产品的示例：

1）为出版物和公开可用的科学数据分配全球唯一的和持久的标识符。

2）要求按照美国联邦地理数据委员会批准的内容标准，用详细的元数据记录描述已发布的数据。

3）要求元数据记录包含数据的数字对象唯一标识符，并在美国地质调查局科学数据目录中进行记录和索引，以便在搜索平台上能够被发现。

4）发布用于记录和维护对数据和元数据版本进行访问的策略和工具。

5）开发数据传输系统，如 ScienceBase，以提高美国地质调查局数据的可访问性和可重用性，并降低研究项目发布其数据的工作难度。

美国地质调查局内部社群，如数据集成社群，在支持 FAIR 原则的组织机构文化建设方面取得成功，数据集成社群通过研判数据管理不断发展的需求，推动政策的更新，并促进知识共享。该社群的交流、培训和推广活动可以证明美国地质调查局要求与学术出版物一起发布数据集和元数据这一举措的价值。“数据文化”的转变要求科学家在实现研究目标的同时，承担起日益增加和更加明确的数据管理责任。因此，研究人员编制了更好的元数据文档，这些文档被纳入美国地质调查局科学数据目录中，提高了数据的可查找性。编制更好的文档有助于改进数据发现以及更好地评估和理解数据的可重用性。

尽管美国地质调查局在支持整合科学研究方面取得了长足的进步，但在基础设施和支撑服务方面依然有改进的空间，以让数据更易发现、更易访问、可在各种平台上使用以及更易理解。美国地质调查局需要改进的领域包括：

1）加强制定标准的社团之间的协作，提高类似学科（如地震学和火山学）之间数据标准的一致性，以及不同项目产生的类型相似的数据（例如生物数据）的一致性。这可以通过构建基础设施来实现，该基础设施采用相关标准并管理美国地质调查局产生的各种类型数据和相关元数据，具有通用性，同时也保持着灵活性，可以满足新型数据和政策的需求。

2）在有关记录和共享数据质量的信息、确定数据的可用性及适合重复使用所需的其他信息的技术方面缺乏充分指导。

3）改进可以帮助识别、描述和发现实物样品和其他科学藏品的措施，以提高可访问性和研究透明度。

4）为了提高可重复性和透明度，研究人员在使用来自不断更新的动态存储库的数据时，需要能轻松地共享分析数据快照。

5）尽管美国地质调查局改进了用于已知项目的搜索方法，如对已知特定的作者或产品的搜索，但仍需要更强大的功能帮助人类和机器可靠地发现和访问该局提供的全部数据和信息。

6）加大对整个科学数据生命周期内不同角色员工的教育和培训的投入，有助于持续培养能支持和促进符合 FAIR 原则的数据管理措施和工具的文化理念。

美国地质调查局还确定了更好遵循该原则所面临的挑战及解决方案。

面临的挑战主要有：

1）美国地质调查局提供的系统不断更新数据，可能导致之前访问和使用的数据和元数据版本在之后难以获取，可能会引发科学发现的可重复性和透明度出现问题。

2）目前的信息技术基础设施不具备足够的计算能力，无法支持大数据的高效集成与应用。

3）目前机构没有充分认识到一些本地管理系统已达到企业级水平。这些系统在全局范围内的使用量不断增加，而且这些系统能使遵守政策规定成为可能。对这些企业级系统认知不足，可能会造成资金投入和人员配备的不稳定。

主要的解决方案为：

1）为了符合 FAIR 原则，在数据创建、管理和分发过程中发挥作用的各级组织机构应把遵守政策规定作为优先事项。为确保政策规定的落实，需加强交流和培训，这将有助于美国地质调查局相关科学中心的工作人员对这些政策和其职责有深入的了解。

2）需要持续发展与数据相关的指南来支持科学创新，并提供适度的灵活性，以支持各种复杂项目和数据类型。

3.3　实现 FAIR 原则路线图的目标

1）领导能力。美国地质调查局各级领导传递符合 FAIR 原则的科学产品的价值，以完成美国地质调查局使命，并为必要的行动提供资源。

2）政策。《美国地质调查局调查手册》和相关的政策为开展生产和维护符合 FAIR 原则的科学产品的工作提供一致、详细的指导。

3）组织机构文化。美国地质调查局的研究和支持人员应不断加深对符合 FAIR 原则的科学产品价值的理解，以助力该局使命的实现，并为他们在必要行动中的出色表现感到自豪。

4）信息和培训。美国地质调查局的工作人员可以获得创造和维护符合 FAIR 原则的科学产品所需的现行指导方针和最佳措施。

5）工具。美国地质调查局为研究团队、支持人员及企业级系统提供工具和服务，以加快与 FAIR 原则接轨的进程。

6）研究和发展。美国地质调查局与相关科学界合作，对工具、服务和标准进行改进，以加快与 FAIR 原则保持一致的步伐。

7）存储库和增值数据系统。美国地质调查局的企业级系统可接收、公开和维护科学产品，以此实现可发现性、可互操作性和可重用性。

3.4 促进更好符合 FAIR 原则的策略

美国地调局的数据在许多情况下都具备可发现、可访问和可互操作的特点，以此实现数据的重用。然而这些数据并非完全符合 FAIR 原则。FAIR 原则以及符合 FAIR 原则的路线图所提出的策略比美国地质调查局目前的数据管理措施更加深入，推动了为实现数据重用所需要的一致的、跨学科的、集成的数据基础。该策略通过机器学习、人工智能和开展的其他科学研究技术，实现自动化处理。该路线图的数据、基础设施和管理策略可以为之前采集的数据带来新的和意想不到的科学发现。构成这些策略的 88 项独特但相互关联的行动为美国地质调查局提供了明确措施，通过更有效的与 FAIR 原则相关的工作流程和措施，来扩大美国地质调查局的综合科学能力。该路线图的行动为美国地质调查局数据提供了通往符合 FAIR 原则的基本途径。尽管每个行动本身都能扩展美国地质调查局数据的潜在价值，但协调发展完整路线图将最大限度地发挥这一潜力，并确保美国地质调查局的数据随时可供分析并适合重复使用。图 3.2 概述了美国地质调查局拟议的行动，这些行动构成 9 项策略，可分为 3 个领域，即数据、基础设施和行政管理。

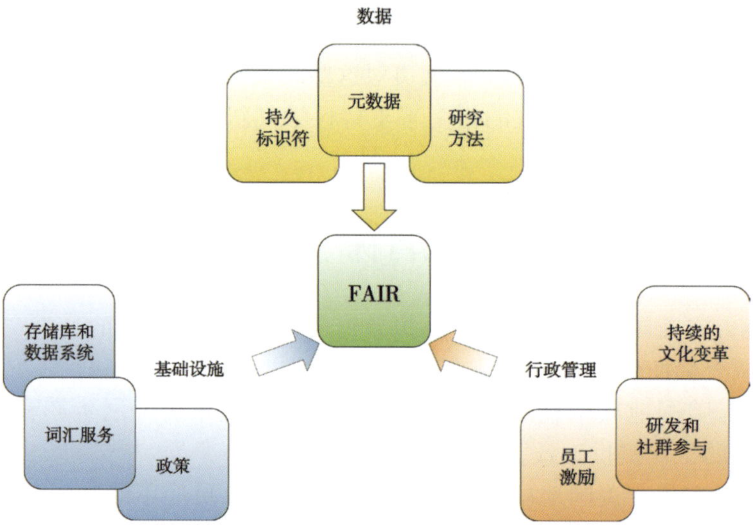

图 3.2　美国地质调查局创建和维护符合 FAIR 原则的科学产品的 9 项策略

（资料来源：Lightsom et al.，2022）

表 3.1 列出了美国地质调查局提议的 9 项策略和每项策略的行动数量以及表的编号。每项策略将在后面的表中详细描述，其中列出了提议的行动以及行动的优先级。优先级种类包括：

1）基本的行动是取得成功的第一步。

2）重要的行动对于成功是必要的，但在许多情况下取决于事先完成的一项或多项基本行动。

3）有用的行动是可选的，可以在以后进行，以改善美国地质调查局产品与 FAIR 原则的一致性。

表 3.1 美国地质调查局提出的 9 项符合 FAIR 原则的策略和每项策略中提议的行动数量以及表的编号

领域	策略内容	行动数量 / 个	表的编号
数据	机器可操作的元数据可以改进数据的发现和重用	20	表 3.2
	研究生成可互操作和可重用数据的方法	8	表 3.3
	持久性标识符链接研究产品，实现自动发现和访问	6	表 3.4
基础设施	存储库和数据系统通过统一、兼容的方法实现发现和访问	22	表 3.5
	词汇维护有助于对可使用的适用性的发现和评估	7	表 3.6
	政策规定可以提高产品的一致性	6	表 3.7
行政管理	通过知识交流实现持续的文化变革，鼓励改进符合 FAIR 原则的行动和技术	13	表 3.8
	员工激励措施可提高符合 FAIR 原则的数据生产	3	表 3.9
	研究、发展并参与专业社群，提高符合 FAIR 原则的能力	3	表 3.10

每个行动都有一个编号，该编号包括表号和行动在表格中的位置。例如，编号 2–6 指表 3.2 的第 6 项行动。

表 3.2 “机器可操作的元数据可以改进数据的发现和重用”策略提议的行动及其优先级

编号	行动	优先级
2-1	明确制定清晰的和机器可访问的数据使用权限策略	基本的
2-2	美国地质调查局元数据开发的一种标准化方法，以确保每个记录都充分明确访问数据的程序、在线位置和要求	基本的
2-3	确定在元数据记录中包含适当的数字对象唯一标识符的标准化方法	基本的
2-4	制定能够确定美国地质调查局元数据与其他元数据或数据的关系的标准化方法	重要的
2-5	为美国地质调查局元数据记录中的地理空间字段制定标准化方法，从而能够在目录和存储库中进行统一和准确的地理空间检索	重要的
2-6	改进数据目录检索应用程序编程接口和人工检索功能，以提供对特定元数据字段的搜索，如位置关键字、作者标识符、相关出版物或网站、资金来源或项目	重要的
2-7	创建一个团队，负责编制国际标准化组织《地理空间元数据标准》的使用方法，以增强互操作性和可重用性，同时保持美国地质调查局当前采集的元数据价值	重要的

续表

编号	行动	优先级
2-8	开展研发工作，高效和准确地将其他标准的元数据转化为美国地质调查局要求的标准元数据	重要的
2-9	通过标准数据集搜索服务，如 data. gov 和谷歌数据集搜索，维护美国地质调查局数据符合发现要求的流程	重要的
2-10	开发并建立流程，即使数据不再可获取，元数据也能保持可访问	重要的
2-11	制定策略，要求即使数据不再可获取，元数据也能保持可访问	重要的
2-12	创建团队，制定动态创建重用所需的元数据元素的改进措施，包括：① 分析步骤；② 使用的方法、再处理和新的数据版本的来源；③ 再利用数据的方法	重要的
2-13	链接美国地质调查局的信息系统（如 BASIS+、信息产品数据系统、出版物库、ScienceBase 和美国地质调查局数字对象唯一标识符数据发布工具），提取和共享公共信息元素，减少工作流程中的冗余部分	重要的
2-14	为元数据记录中的表达方式开发标准模板，包括美国地质调查局访问和使用限制	有用的
2-15	制定可提供数据和元数据详细来源信息的标准方法	有用的
2-16	与元数据审查实践社群合作，为作者提供互操作所需填充关键信息的简化清单	有用的
2-17	创建团队，开发准备用于集成的元数据工具	有用的
2-18	创建团队来开发程序，相当于美国国家航空航天局的处理水平，以确定适合特殊用途的最合适的数据版本，从而实现文档化和自动访问	有用的
2-19	创建工具和程序，以便为数字对象类型（如项目、数据模型、发布、服务或软件）或数据生成过程（如模型、观察或分析）进行分类和术语分配	有用的
2-20	与 data. gov 和其他美国联邦系统合作，以实现高级查询能力，例如使用地理空间和时间元数据	有用的

3. 4. 1　数据领域的策略

FAIR 原则描述了数据和其他数字产品的特征，这些数字产品将集成到可自动提供预测能力的系统中。美国地质调查局数据行动的 FAIR 原则路线图体现该局对数据生产者的支持，以便能创建更加符合 FAIR 原则的数据。此行动包含 3 项策略共 34 项行动。

3. 4. 1. 1　元数据策略

表 3. 2 列出了有助于“机器可操作的元数据可以改进数据的发现和重用”策略的 20 项行动。自动化系统需要可机器操作的元数据，才能实现可发现和可重用。数据重用的一个基本行动是明确所有数据的策略要求，以指定一个清晰的、机器可访问的数据使用权限（见图 3. 1 中的原则 R1. 1）（表 3. 2 中的编号 2–1）。其他基本行动可以提高元数据字段的一致性和机器可访问性，这些是符合 FAIR 原则所必需的行动。这些行动可以开发标准化方法，提供有关数据访问的信息（表 3. 2 中的编号 2–2）、产品的持久标识符（表 3. 2 中的编号 2–3）、相关产品的适当引用（表 3. 2 中的编号 2–4）以及研究区的地理空间位置（表 3. 2 中的编号 2–5）。由此得到的美国地质调查局元数据记录中的地理空间字段的标准化方法，可以在目录和存储库中进行统一和准确的地理空间检索。因此，提议的路线

图行动是改进地理空间搜索的接口和应用程序编程接口（表 3. 2 中的编号 2–6）。

使用国际标准化组织（ISO）的元数据内容标准，可以促进元数据的标准化和机器可操作性，因此，拟议的发展路线图可为美国地质调查局向这些标准过渡做好规划（表 3. 2 中的编号 2–7）。

提议的几个重要的行动可以优化流程和服务。当美国地质调查局向国际标准化组织标准过渡时，提供在标准之间高效准确地转换元数据的服务将是必不可少的。与此同时，这些服务将确保美国地质调查局的数据可以在美国联邦大多数系统中被找到（表 3. 2 中的编号 2–8）。帮助创建元数据标签，可以使美国地质调查局数据更容易被各种潜在用户群发现（表 3. 2 中的编号 2–9）。此外，需要一个流程可确保数据不再可用后，仍可发现和访问（见图 3. 1 中的原则 A. 2）（表 3. 2 中的编号 2–10）；配套行动是制定控制这种情况的指导方针（表 3. 2 中的编号 2–11）。通过创建项目团队来开发元数据元素自动生成工具，使元数据质量和元数据的生产效率得到提高（表 3. 2 中的编号 2–12），包括重复使用美国地质调查局信息系统中已经存在的信息，如预算和科学信息系统（BASIS+）和信息产品数据系统（表 3. 2 中的编号 2–13）。

其他几个有用的行动的提议，可以帮助美国地质调查局的数据符合 FAIR 原则，或为美国地质调查局的元数据提供者提供以下指导: ① 有关访问和使用限制的标准语言（表 3. 2 中的编号 2–14）；② 提供来源信息的方法（表 3. 2 中的编号 2–15）；③ 对互操作很重要的其他元数据字段（表 3. 2 中的编号 2–16）。可以组建项目团队，开发在自动化流程中进行元数据集成的工具（表 3. 2 中的编号 2–17）。为了提高美国地质调查局数据的可重用性，其他团队可以开发已定义的数据处理层，以帮助识别是否适合使用（表 3. 2 中的编号 2–18），创建可以对数字对象类型（如项目、数据模型、出版、服务和软件）进行分类的工具和程序（表 3. 2 中的编号 2–19），开发为数据生成过程或方法创建和分配标准化术语（如模型、观察和分析）的工具（表 3. 2 中的编号 2–19）。另外的潜在行动是与美国联邦合作伙伴合作，在提高元数据记录的地理空间信息标准化的基础上，将地理空间搜索添加到美国联邦 data. gov 等数据系统中（表 3. 2 中的编号 2–20）。

3. 4. 1. 2 研究方法策略

“研究生成可互操作和可重用数据的方法”策略包含表 3. 3 中列出的 8 项行动。其中最重要的一点是确保野外工作、数据处理和数据分析人员在整个科学数据生命周期中能获取丰富的元数据工具，以便在每个项目结束时，生成更有用和可靠的元数据记录。一般情况下，这些工具将由美国地质调查局科学项目或科学中心开发（表 3. 3 中的编号 3–1）。

在洪水、火山爆发和石油泄漏等事件中，美国地质调查局会迅速做出响应，采集能帮助保护生命和财产的数据。当美国地质调查局团队应对紧急情况时，如果数据产品处于能即时访问和互操作的状态，并能快速生成有用信息，那么这些数据产品是最有价值的。但这是一项具有挑战性的任务，因为在紧急情况下，除了需要快速处理、分析和分发数据外，通常还会失去之前的通信技术（如互联网接入）。解决这一挑战所需的数据可以由快速组建的项目团队立即与其他数据进行集成，为应急人员提供可操作的信息。一个提议的路线图行动是创建一个这样的团队，负责开发和实施规范的操作程序和技能培训行动，以支持应急响应情况下的数据管理（表 3. 3 中的编号 3–2）。另一个提议的行动是审查美国地质调查局的临时数据发布政策，以确保其满足突发事件期间对数据生产和发布的需求（表 3. 3 中的编号 3–3）。

该策略提议的其他相关行动侧重于更准确地描述美国地质调查局的研究方法，以鼓励数据的可重用性：创建信息系统，促进标准方法使用，并在元数据中实现统一的机器可操作引用（表 3. 3 中的编号 3–5），特别是标准研究方法的注册表（表 3. 3 中的编号 3–4）和标准数据字典的注册表（表 3. 3 中的编号 3–6）。培训行动（表 3. 3 中的编号 3–7）强调在整个研究生命周期中理解并采用创建和维护可互操作数据的技术和标准的重要性。除了具体的培训外，美国地质调查局还努力让员工了解相关领域的数据和元数据的行业标准，特别是那些能使美国地质调查局数据与来自相关科学团体和利益相关者的数据兼容的标准（表 3. 3 中的编号 3–8）。

表 3. 3　“研究生成可互操作和可重用数据的方法”策略提议的行动及其优先级

编号	行动	优先级
3 - 1	科学任务领导层确保相应人员（现场工作人员、主要调查人员）能够访问和使用有助于在数据采集、处理和分析过程中捕获丰富元数据的工具。这可以确保在项目结束时提供更有用和更可靠的元数据记录	基本的
3 - 2	创建团队，开发和实施标准操作程序，实施技能培训行动，以支持应急响应情况下的数据管理	重要的
3 - 3	检查临时数据发布政策，以实现更快速的数据发布，以帮助急救人员以及应急管理部门的决策者	有用的
3 - 4	创建开发规范研究方法注册表的团队，鼓励使用并在元数据中引用注册表	有用的
3 - 5	为推荐的工具和标准创建基于网络的注册表，以帮助美国地质调查局的工作人员生成可互操作的数据	有用的
3 - 6	创建开发或发现标准数据字典的团队，并提供网上服务，鼓励在元数据中使用和引用数据字典	有用的
3 - 7	为科学家提供有关在整个研究生命周期中创建可互操作数据的方法培训	有用的
3 - 8	让美国地质调查局了解相关领域的数据和元数据的各种标准，特别是那些能够将美国地质调查局数据与合作伙伴数据相兼容的标准	有用的

3. 4. 1. 3　持久性标识符策略

表 3. 4 列出了提议的 6 项行动，构成“持久性标识符链接研究产品，实现自动发现和访问”策略。在 FAIR 原则中持久性标识符被明确为必不可少的，它能确保研究产品具有唯一持久标识符，并且始终是可发现和可访问的。为数字数据产品和出版物分配持久标识符并进行妥善管理，可确保与这些对象的链接能被正确解析。通过采用术语和词汇表，持久标识符可以实现自动识别和匹配，从而实现互操作性和可重用性。目前，美国地质调查局策略需要多种类型的持久标识符，包括：用于作者识别的开放研究者与贡献者身份标识符（ORCID）；用于出版物和数据发布的数字对象唯一标识符；用于元数据文本的美国地质调查局元数据标识符。提议的 FAIR 原则路线图行动将扩展美国地质调查局的政策，并提供工具来持续发现其他相关的科学数据、对象（如实物样品）、采集信息及辅助信息（如

野外记录）。建议采取 3 项基本行动，制定标准和政策以解决：必须分配持久标识符的对象范围（表 3. 4 中的编号 4–1）；针对特定对象使用的标识符类型（表 3. 4 中的编号 4–2）；确保访问已标识对象的持久统一资源定位符（URL）（表 3. 4 中的编号 4–3）。其他基本行动是开发支持发现的工具，以帮助科学家生成和分配新的持久标识符和持久统一资源定位符（表 3. 4 中的编号 4–4），并更新美国地质调查局实物样品采集政策，包括为实物样品分配持久标识符，以确保实物样品可通过数字方式进行查找，并保存样品、子样品、派生数据和出版物来源之间的关系（表 3. 4 中的编号 4–5）。开放研究者与贡献者身份标识符需由科学家个人进行管理，所以最后有一个重要行动是培训和推广，以帮助科学家创建和正确管理他们的开放研究者与贡献者身份标识符（表 3. 4 中的编号 4–6）。

表 3. 4 “持久标识符链接研究产品，实现自动发现和访问”策略提议的行动及其优先级

编号	行动	优先级
4 - 1	制定标准和策略，明确需要具有持久标识符的科学数据、对象、集合和辅助信息	基本的
4 - 2	除了开放研究者与贡献者身份标识符和数字对象唯一标识符之外，还制定合适的持久标识符地址分配策略，允许通过标准通信协议进行检索	基本的
4 - 3	为持久统一资源定位符制定美国地质调查局的标准和政策，允许在线连续访问数据、元数据、相关文档和其他数字产品	基本的
4 - 4	开发适合的、标准化的持久标识符工具，以支持研究对象的可发现	基本的
4 - 5	更新美国地质调查局的实物样品采集政策，包括给实物样品分配持久标识符，确保样品可发现，并保留样品、子样品和出版物之间的关系	基本的
4 - 6	编制其他培训和推广材料，指导科学家了解创建和正确管理开放研究者与贡献者身份识别码标识符的重要性	重要的

3. 4. 2 基础设施领域的策略

3 项提议策略中的 35 个行动与基础设施有关。与上述数据策略相比，基础设施策略更多地与信息系统和美国地质调查局政策有关，可以使其更好地符合 FAIR 原则。

3. 4. 2. 1 存储库和数据系统策略

基础设施策略中提议行动最多的是“存储库和数据系统通过统一、兼容的方法实现发现和访问”。该项策略重要的第一步是确定政策和指导方针，以便为美国地质调查局存储库提供更统一、更兼容的方法（表 3. 5 中的编号 5–1）。总体上，该项行动的作用是将各种存储库的监管方法提升至美国地质调查局政策中所描述方法的水平，并在全局范围内统一遵守。1 项基本行动是为美国地质调查局保存实物样品的设施提供资金投入和充足的人员配备（表 3. 5 中的编号 5–2）。为了提供查找和访问美国地质调查局数据的机器可操作途径，并促进互操作性，该局的每个公共数据系统或存储库均需配备可公开获取的机器可操作技术文档，用于识别和链接数据模型与应用程序编程接口的操作系统参数（表 3.5 中的编号 5–3），而形成该文档需经共同努力。1 项重要的提议行动是开发一个系统，该系统提供一个全面的、基于云计算的数据存储技术，链接现有的美国地质调查局数据目录、存储库和相关服务（表 3.5 中的编号 5–4）。数据存储可以直接提高可发现性和可访问性，而参与数据存储还可以为存储库管理人员提供有效数据集成和再利用的相关标准和服务指导。

该提议策略中的许多行动都间接地利用现有的存储库和数据系统；然而，该路线图明确了持续为存储库和数据系统提供资金和人员的必要性（表 3.5 中的编号 5–5）。美国地质调查局数据管理需要持续的资金和人员投入，以使其存储库、数据库和暗存储库能被美国地质调查局认证为可信任数字存储库（表 3.5 中的编号 5–6、编号 5–9）。这一认证可确认这些系统是可靠的、权威的、高效的、机器对机器的访问，符合长期数据管理的国际标准（表 3.5 中的编号 5–7）。1 项具体的行动是为项目和科学中心提供资金和人员的支持，用于实物样品保存及实物和数字对象存档（表 3.5 中的编号 5–8）。

以下 3 个提议的行动涉及美国地质调查局各存储库之间的合作，用于开发可帮助查找和访问数据的功能。首先，用户可以从使用美国地质调查局网站链接数据目录和存储库的接口功能中获益，除了按主题和时间查找数据外，还可以按地理空间查找数据（表 3.5 中的编号 5–10）。其次，美国地质调查局提供统一搜索功能和访问服务，以改善用户访问其在线产品中数据的体验（表 3.5 中的编号 5–11）。再次，如果由于数据公开发布时未包含敏感信息而影响数据重用，则可以通过发布通告来提高存储库中数据的可重用性（表 3.5 中的编号 5–12）。理想情况下，这些通告应该在登录页面上使用人类可读的语言表述，也应该在元数据中使用机器可读的语言，以便用户快速发现数据发布中未包含敏感信息。

该路线图还提议成立两个团队来设计和改进美国地质调查局的数据搜索。一个团队可以探索开发一个统一的搜索界面，使其能更深入地发现包含在美国地质调查局的所有公共数据系统和存储库中的数据（表 3.5 中的编号 5–13）。另一个团队可以探索提供交互式查询和数据可视化检查功能的设计方法，多个存储库可使用这些服务来帮助查找和评估数据（表 3.5 中的编号 5–14）。另一项行动是提供一种方法，通过实现数据长期完整所需的格式转换和媒介转换来保存数字数据（表 3.5 中的编号 5–15）。该路线图建议对美国地质调查局存储库操作人员开展培训和推广活动，以实现受限数据的重用（表 3.5 中的编号 5–16），向数据生产者和存储库提供数据重用者和集成商当前使用的数据格式和交付协议信息（表 3.5 中的编号 5–17），并以多种文本格式提供数据（表 3.5 中的编号 5–21）。

表 3.5 中提议的有益行动涉及存储库中遗留数据的可重用性。其中 1 项行动解决了一些遗留数据可能对未来多个项目起到重要作用的问题，包括可信数字存储库在内的合作行动可以设计和实施 1 个流程，以确定并优先考虑在改善遗留数据方面的投入，识别那些旧数据和附带的元数据，如果这些数据更符合 FAIR 原则，可能对研究团体具有最高价值（表 3.5 中的编号 5–18）。另外两项有益的行动提议，要求项目团队针对尚未符合 FAIR 原则的数据实现互操作性和可重用性的自动化操作。这些项目团队可以探索技术的发展，利用人工智能或机器学习，让机器能够判断数据的格式和组织方式，以便机器可以操作并实现数据的互操作性和可重用性（表 3.5 中的编号 5–19），并研究通过转换数据包的形式，来帮助用户用多种格式访问数据包的设计（表 3.5 中的编号 5–20）。表 3.5 中最后提议的行动呼吁发展数据管理人员和传播工作人员之间的伙伴关系，直接从社交媒体和新闻稿中获取数据，以促进发现和获取美国地质调查局数据的其他途径（表 3.5 中的编号 5–22）。

表 3.5 “存储库和数据系统通过统一、兼容的方法实现发现和访问”策略提议的行动及其优先级

编号	行动	优先级
5-1	明确有关存储库中标准化管理方法的政策和指南，包括集合和单个项目的数据和元数据	基本的
5-2	为美国地质调查局的设施提供资金投入和充足的人员配备，以保存用于产生科学结论的实物样品	基本的
5-3	为美国地质调查局每个公共数据系统或存储库公开提供一套机器可操作的技术文档，用于发现和链接到数据模型、应用程序编程接口和其他详细信息的操作系统参数，以促进互操作性	重要的
5-4	开发一个全面的、基于云计算的数据存储技术，作为一项增值行动，以构建和链接到现有的美国地质调查局数据目录、存储库和相关服务，并提供有关标准和服务方面的指导，来支持其有效集成和使用	重要的
5-5	提供资金投入和充足的人员配备，以确保美国地质调查局的存储库、数据库和暗存储系统是可信、可靠、精心挑选且高效的	重要的
5-6	为美国地质调查局可信数字存储库提供资金投入和充足的人员配备，以确保数据的持久性（和可发现性），包括更新废弃的文本格式，确保数据的完整性和可用性	重要的
5-7	支持美国地质调查局数据系统成为美国地质调查局可信数字存储库，以确保采用标准化措施，并且系统符合长期数据管理的国际标准	重要的
5-8	为研究项目和科学中心提供持续的资金投入和充足的人员配备，用于保存其正在用于研究的实物和数字对象	重要的
5-9	为美国地质调查局的数据系统提供资金投入和充足的人员配备，使其能够对其中包含的数据提供机器对机器的访问	有用的
5-10	利用美国地质调查局网站上的工具，实现数据目录和存储库之间的接口功能，以便能够发现地理空间、主题、时间数据	有用的
5-11	为美国地质调查局的数字在线产品提供持续更新的美国联邦搜索和访问服务，这些产品可存放在单个数据库和存储库中，机器和人都可以访问	有用的
5-12	通过在登录页面上开发人类可读的语言，以及在元数据中开发机器可读的语言，来提高存储库中数据的可重用性，以便快速识别数据发布中未包含的元素，如敏感位置信息	有用的
5-13	创建团队来负责设计一个统一的搜索界面，以便发现包含在所有美国地质调查局公共数据系统和存储库中的数据	有用的
5-14	创建团队来负责研究和推荐提供交互式查询和数据可视化检查服务的设计方法，以便多个存储库可以利用这些服务来帮助查找和评估数据	有用的
5-15	为存储库提供通过格式和媒介转换来保存数字数据的方法	有用的
5-16	开展关于允许适当重用受限数据的培训和推广活动	有用的
5-17	向数据生产者和存储库提供数据重用者和集成商当前使用的数据格式和交付协议信息	有用的
5-18	设计和推行一个流程，用于识别和确定优先考虑的投资，以改善旧数据及其附带的元数据符合 FAIR 原则	有用的
5-19	创建团队，开发使用人工智能或机器学习的技术，使机器能够识别数据的格式和结构（例如，表格、ASCII），以便互操作性和可重用性是机器可操作的	有用的
5-20	创建设计服务团队，通过数据包转换来帮助用户，以便用户能够用多种格式访问数据，从而满足用户的需求	有用的
5-21	增加多种文本格式和协议的数据发布	有用的
5-22	在数据管理人员和传播人员之间建立伙伴关系，提供社交媒体和新闻稿的可查找性	有用的

3.4.2.2 词汇服务策略

表 3.6 列出了与第二大基础设施策略“词汇维护有助于对可使用的适用性的发现和评估”相关的 7 项拟议行动。FAIR 原则规定，为了实现互操作性，元数据应使用符合 FAIR 原则的词汇表（见图 3.1 中的原则 I1 和 I2）。此外，当前美国地质调查局分散的数据系统需要发展可以跨平台进行高效联合检索和数据访问的能力。该局稳定和扩展的词表将是此项能力的基础，以便查找跨系统数据。该局使用符合 FAIR 原则的标准词表的第一个基本行动是，建立由该局批准的受控词表和本体的可操作目录，用于元数据关键字字段（表 3.6 中的编号 6–1），这需要多个小组的协调配合。

表 3.6 “词汇维护有助于对可使用的适用性的发现和评估”策略提议的行动及其优先级

编号	行动	优先级
6－1	建立一个由美国地质调查局批准的、支持应用程序编程接口的受控词表和本体的可操作目录，用于元数据关键字字段	基本的
6－2	制定有关在元数据中包含来自美国地质调查局批准的受控词表的关键字指南。明确批准词汇表的责任	基本的
6－3	开发一种标准化的方法，确保美国地质调查局元数据始终包含目录和存储库使用的受控词表和本体中的术语和关键字，尤其是位置名称，包括对受控词表统一引用的指导	重要的
6－4	提供对美国地质调查局批准的符合 FAIR 原则词汇表和本体的访问，以便以计算机能够理解的方式提供所有必要的信息，而无需人工干预	重要的
6－5	改进数据目录搜索功能，使其能够使用由美国地质调查局批准的受控词表和本体进行成功搜索（例如，通过自动搜索类似的术语和同义词）	重要的
6－6	创建团队来开发新的词汇表服务，通过使用替代的搜索词（例如，历史地名和相关的观测点）来实现查找	有用的
6－7	制定在数据发布中确定数据值的术语使用政策，这些术语来自由美国地质调查局批准的数据字典中的词表或本体（其本身是可发现、可访问、可互操作和可重用的）	有用的

第 2 项基本行动提议是，制定美国地质调查局元数据指南，规定使用已批准词表中的关键字，并明确指定负责识别和认可这些词表的责任主体（表 3.6 中的编号 6–2）。该行动提议还包括另外 2 项相互关联的重要行动：① 开发一种标准化方法，确保该局元数据始终包含目录和存储库使用的受控词汇表中的术语和关键字，尤其是命名的地点（表 3.6 中的编号 6–3）；② 创建在线系统，提供对已批准的词汇表和本体的机器可操作访问（表 3.6 中的编号 6–4）。

如果得到实施，这些行动可以通过统一使用美国地质调查局批准的受控词汇表和本体，来提高数据目录和存储库搜索能力。

未来发展前景是自动链接同义词，特别是单个地点的替代名称，如历史上使用过的地名或在不同的环境中使用的名称（表 3.6 中的编号 6–5 和编号 6–6）。提议的最后一项行动是制定使用美国地质调查局批准的词汇表或本体数据字典的术语策略，如果能够实现，将支持机器对发布的数据值的理解（表 3.6 中的编号 6–7）。

3.4.2.3 政策策略

“政策规定可以提高产品一致性”策略的 6 个提议行动（表 3.7）都建议制定指导基

础设施的相关政策，使其符合 FAIR 原则。提议的第一项是审查软件发布政策，以确保符合 FAIR 原则（表 3.7 中的编号 7–1）。以下两项提议的行动也很重要：将支持可查找性的计划添加到研究项目的数据管理计划的拟解决问题中（表 3.7 中的编号 7–2），并确保美国地质调查局数据新旧版本控制政策都具有可访问性（表 3.7 中的编号 7–3）。美国地质调查局可以与美国国家档案和记录管理局合作，审查和更新美国地质调查局的科学记录时间表，使保留数据符合 FAIR 原则（表 3.7 中的编号 7–4）。美国地质调查局还可以制定指导方针，根据 FAIR 原则调整文件管理对保存和文档的要求（表 3.7 中的编号 7–5）。最后，该策略提出更新的政策和指南，以明确美国地质调查局项目应遵循该局基础科学措施中有关数据管理和文档方面的要求，而不考虑其资金来源（表 3.7 中的编号 7–6）。

表 3.7 “政策规定可以提高产品一致性”策略提议的行动及其优先级

编号	行动	优先级
7 - 1	审查和更新美国地质调查局的软件政策，以符合 FAIR 原则	基本的
7 - 2	在项目开始时，更新数据管理计划策略，以具体说明项目如何实现数据的可查找性	重要的
7 - 3	制定有关数据版本可访问策略	重要的
7 - 4	与美国国家档案和记录管理局合作，审查和更新美国地质调查局科学记录时间表，使保留数据符合 FAIR 原则	重要的
7 - 5	与美国地质调查局记录管理计划合作，制定指导方针，使文件管理的保存和文档要求符合 FAIR 原则（例如，作为确保数据发现和来源而分配的持久标识符）	重要的
7 - 6	更新政策和指南，以明确美国地质调查局项目应遵循该局基础科学措施有关数据管理和文档方面的规定，而不考虑其资金来源	有用的

3.4.3 行政管理领域的策略

美国地质调查局的工作人员负责创建和管理数据及基础设施，为此提议的 3 项策略包含 19 个行动，涉及支持和鼓励具备符合 FAIR 原则的人力和管理能力。目前，数据集成社群、约翰 · 韦斯利 · 鲍威尔分析和综合中心，以及美国地质调查局一些计划和项目工作，都在努力营造一种支持促进数据重用的文化。这些提议的行动策略体现了美国地质调查局提供进一步支持 FAIR 原则的机会，并为美国地质调查局员工提供有关符合 FAIR 原则的益处和方法方面的相关信息。

3.4.3.1 持续的文化变革策略

表 3.8 列出“通过知识交流实现持续的文化变革，鼓励改进符合 FAIR 原则的行动和技术”策略的 13 项行动，并满足美国地质调查局 FAIR 原则文化的可持续发展的需要。第一个提议的基本行动是，建立协调委员会，以促进美国地质调查局在实施和维护行动方面的交流与合作，使其科学产品更符合 FAIR 原则（表 3.8 中的编号 8–1）。早期提议的 1 项重要行动是，FAIR 原则协调委员会让执行领导团队参与指导持续的文化变革，并强调其对个别科学家和组织机构所起的重要作用（表 3.8 中的编号 8–2）。对该路线图成功

至关重要的是，管理层对 FAIR 原则的支持和信息传递，是未来影响美国地质调查局科学领域声誉的关键，也是该局有效提供可解决重要社会问题的复杂信息能力的关键。提议的另 1 项基本行动是，评估和查清现有培训模块在 FAIR 原则方面存在的综合性问题和质量问题，并合作更新或编制新的培训材料（表 3.8 中的编号 8–3）。美国地质调查局制定了《科学工作馆藏管理办法》的新政策，其中的 1 项基本行动是为实物样品及其相关数据、元数据和其他制品提供指导和培训（表 3.8 中的编号 8–4）。美国地质调查局数据管理网站是数据管理详细指导和培训的信息来源。该路线图建议扩大网站上可用的信息和资源，包括与 FAIR 原则相关的指导（表 3.8 中的编号 8–5）。

表 3.8 “通过知识交流实现持续的文化变革，鼓励改进符合 FAIR 原则的行动和技术”策略提议的行动及其优先级

编号	行动	优先级
8 - 1	建立一个协调委员会，以促进美国地质调查局内部的沟通和协作，以便更好地符合 FAIR 原则，并为实施和维护行动提供所需的支持	基本的
8 - 2	让美国地质调查局的执行领导团队参与领导持续的文化变革，强调 FAIR 原则作为适用于科学家个人和组织机构的基础科学措施关键部分的重要性	基本的
8 - 3	评估、识别差距，并与员工发展办公室合作，更新或创建新的培训模块，涉及诸如基础科学措施、FAIR 原则和其他数据相关责任等方面	基本的
8 - 4	制定指导和培训政策，以支持《美国地质调查局调查手册》指导备忘录（CSS 2019–01），以确保对实物样品及其相关数据、元数据和其他制品的适当保护	基本的
8 - 5	扩展现有的美国地质调查局数据管理公共网站，加入与 FAIR 原则相关的信息和资源	重要的
8 - 6	开发推广材料，提高科学家在其整个研究项目中对数据管理角色和价值的认识	重要的
8 - 7	通过基础科学措施常见问题网页提高政策的透明度，阐释为实现可发现性、可再现性和使用的适应性提供相关的来源信息的必要性	重要的
8 - 8	建立程序并进行实施，监测基于可重用指标生产符合 FAIR 原则的数据的效果	重要的
8 - 9	创建检查表，评估美国地质调查局工作流程符合 FAIR 原则的情况，帮助开发符合公平原则的研究方法	有用的
8 - 10	创建团队，探索元数据的多种用途，提高对 FAIR 原则和开放数据的重要性的认识，其中可能包括美国地质调查局元数据类型和用途的概念模型	有用的
8 - 11	确立责任并提供资源，确保 FAIR 原则培训模块保持最新，并在美国地质调查局的数据管理公共网站上进行提供	有用的
8 - 12	让数据管理专业人员继续利用、扩展和提供广泛可用的数据管理指导、培训、最佳措施和标准，以进一步推行 FAIR 原则	有用的
8 - 13	与传播和出版办公室合作，加强或展示建立在与 FAIR 原则相关的数据基础上的科学行动，包括对数据提供者的认可。主要受众群体包括科学中心主任、研究人员、现场和实验室技术人员	有用的

美国地质调查局可以制作宣传材料，以提高科学家对数据管理角色的认识和理解，以及这些行动对研究项目交付产品的重要性（表 3.8 中的编号 8–6）。该路线图提议改善策略使之更简明易懂，阐释为实现再现性和确定适用性而提供相关来源信息的必要性（见图 3.1 中的原则 R1.2）（表 3.8 中的编号 8–7）。

该路线图包括两项提议的评估行动。在美国地质调查局局级管理层面，为使该局科学产品符合 FAIR 原则所需的持续文化的变革，需建立相关程序，基于可重用指标来评估美国地质调查局生产符合 FAIR 原则的数据的效果（表 3. 8 中的编号 8–8）。在研究项目层面，创建检查表，并开展评估，可以帮助项目、科学中心和研究团队设计符合 FAIR 原则的研究方法和工作流程（表 3. 8 中的编号 8–9）。

该路线图提议组建 1 个团队，以探索和加强对元数据多种用途的认识，以及对 FAIR 原则和开放数据的重要性的认识，并为美国地质调查局的元数据类型和用途提供概念模型（表 3. 8 中的编号 8–10）。此外，明确责任有助于在美国地质调查局数据管理网站上发布最新的与 FAIR 相关的培训模块（表 3. 8 中的编号 8–11）。随着时间的推移，还有利于与数据管理专业人员建立密切关系，继续利用、扩展及提供广泛可用的数据管理指导、培训、最佳措施和标准，以更好地符合 FAIR 原则（表 3. 8 中的编号 8–12），并与传播和出版办公室合作，加强或展示建立在符合 FAIR 原则的数据基础上的科学行动，包括对数据提供者的认可（表 3. 8 中的编号 8–13）。

3. 4. 3. 2 员工激励策略

表 3. 9 中列出了 3 项提议的行动，旨在鼓励科学家和其他人采用和推进符合 FAIR 原则的数据生产和管理行动，并为“员工激励措施可提高符合 FAIR 原则的数据生产”策略做出贡献。尽管数据管理者所执行的许多任务已被充分理解，但美国政府直到最近才承认数据管理是一种职业。美国地质调查局为数据管理人员提供职业发展机会的行动，有助于加强与 FAIR 原则相关的数据管理措施的实施（表 3. 9 中的编号 9–1）。另一项重要的行动可能是让团队思考美国地质调查局的研究和数据管理文化，并探究针对不同角色的良好数据管理可能的激励措施（表 3. 9 中的编号 9–2）。此外，与 FAIR 原则的相关任务有关的因素和标准可以根据实际情况酌情添加到员工绩效评估计划中（表 3. 9 中的编号 9–3）。

表 3. 9 “员工激励措施提高符合 FAIR 原则的数据生产”策略提议的行动及其优先级

编号	行动	优先级
9 - 1	通过为数据管理人员提供专业的职业发展机会来激励员工，继续建立专业和组织文化，并确保在美国地质调查局数据管理中 FAIR 原则的持久性	重要的
9 - 2	创建团队，确定激励各种角色（例如，美国地质调查局研究型和非研究型科学家）的方法，以进行良好数据管理	重要的
9 - 3	将符合 FAIR 原则的因素纳入员工绩效评估计划，以推进该原则的实施	有用的

3. 4. 3. 3 研发和社群参与战略

“研究、发展并参与专业社群，提高符合 FAIR 原则的能力”策略包括 3 项提议的行动，以了解可支持美国地质调查局使命的新数据管理能力（表 3. 10）。支持美国地质调查局参加专门讨论有关 FAIR 原则的新兴技术、基础设施和技术方法的国家和国际会议、论坛和培训，这对于确保美国地质调查局的数据能够公开、可访问并随时可进行分析至关重要（表 3. 10 中的 10–1）。创建试点项目是 1 项提议的行动，旨在确定使用基于云的资源来提高数据密集型科学的多个领域或多个组织机构的数据可访问性、可互操作性和可重用性的效益和效率（表 3. 10 中的 10–2）。最后提出的一项行动是，参与并支持开放源代码社群，特别是开放地理空间联盟，作为学习和实现支持 FAIR 原则新功能的一种方式（表 3. 10 中的编号 10–3）。

表 3. 10 “研究、发展并参与专业社群，提高符合 FAIR 原则的能力”策略提议的行动及其优先级

编号	行动	优先级
10 - 1	通过参与会议、国家和国际论坛以及培训，了解利用发现服务来查找数据所需的新程序	重要的
10 - 2	创建试点项目，以确定使用基于云的资源来提高多个领域或多个组织机构的数据可访问性、可互操作性和可重用性的效益和效率	重要的
10 - 3	倡导、支持并协调美国地质调查局与开放地理空间联盟以及其他对美国地质调查局任务至关重要的开源计划的合作	有用的

3. 5 美国地质调查局符合 FAIR 原则采取的初步措施

实施并遵循符合 FAIR 原则的路线图的早期重要举措是成立 FAIR 原则协调委员会（表 3. 8 中的编号 8–1），FAIR 原则协调委员会可以帮助评估优先事项、方法和潜在的合作伙伴。委员会可以协调临时行动，如培训活动、工具开发等。

FAIR 原则协调委员会优先考虑以下 3 项基本行动：

1）协同行动，建立可用于元数据工具的机器可操作的受控词表和本体目录，以生成统一的关键字（表 3. 6 中的编号 6–1）。

2）与领导团队合作，为持续的文化变革提供支持（表 3. 8 中的编号 8–2）。

3）责成美国地质调查局员工发展办公室，针对变革的目的和价值，补充和完善培训计划（表 3. 8 中的编号 8–3）。

制定政策和指南对于通过实现美国地质调查局产品的一致性来更好地符合 FAIR 原则非常重要。以下是建议的基本行动：

1）制定元数据中数据使用权限的政策（表 3. 2 中的编号 2–1）。

2）制定用于所选定的科学数据、对象、集合、元数据和其他数字产品的持久标识符和统一资源定位符的使用和要求政策（表 3. 4 中的编号 4–1、编号 4–2、编号 4–3）。

3）制定有关美国地质调查局数字存储库管理方法的政策（表 3. 5 中的编号 5–1）。

4）制定用于创建和支持机器可操作的已获批准的词表和本体目录，并在元数据中使用这些来源的关键字的策略和程序（表 3. 6 中的编号 6–2）。

5）审查美国地质调查局的软件政策，以使其符合 FAIR 原则（表 3. 7 中的编号 7–1）。

当这些基本行动完成后，重要的是制定美国地质调查局的行动（表 3. 8 中的编号 8–8）策略，并编制程序来评估该局符合 FAIR 原则的数据生产的改进效果。该路线图的全面实施需要制定流程，以便对该局不断提供的符合 FAIR 原则的数字产品方面的进展进行持续的定性和定量评估。

提议的元数据专家的主要职责是，指导美国地质调查局员工使用《美国地质调查局调查手册》第 502. 7 章规定的元数据内容标准，以生成统一且信息丰富的元数据。以下两项行动应优先考虑：

1）制定统一方法来提供有关数据访问的信息（表 3. 2 中的编号 2–2）。

2）确定元数据中数字对象唯一标识符的位置（表 3. 2 中的编号 2–3）。

对于开发数据管理工具的人员而言，其主要职责是提议开发持久标识符工具（表 3. 4 中的编号 4–4）。

美国地质调查局数据采集策略的管理者，在协调该局与 FAIR 原则方面发挥着重要作用。以下重要行动具高优先级：

1）更新策略，使美国地质调查局信息产品包含永久标识符（表 3. 4 中的编号 4–5）。

2）提供指导和培训，以确保妥善保管实物样品及相关数据（表 3. 8 中的编号 8–4）。

美国地质调查局管理者通过领导持续的文化变革，在促进该局更好地符合 FAIR 原则方面发挥了至关重要的作用。提议的首要基本行动是确保保存的实物样品的设施有足够的资金投入和充足的人员配备（表 3. 5 中的编号 5–2）。此外，在整个项目期间，科学任务领导者在为其员工配备获取数据文件的工具方面也发挥着至关重要的作用（表 3. 3 中的编号 3–1）。

作为一个领先的美国联邦科学组织，美国地质调查局已认识到以科学标准应对科学数据挑战的重要性。FAIR 原则作为国际标准，通过自动化流程能够使数据更容易被发现、访问、互操作和重用，促进更有效的数据密集型科学的发展。符合 FAIR 原则的路线图提议的 9 项策略，旨在使美国地质调查局科学数据更加符合 FAIR 原则。

实施 FAIR 原则路线图将形成与之有关的数据策略、存储库、服务、方法和工具，推动美国地质调查局更有效地生产和传播先进的科学产品与科学认知，更好地服务于美国。实施 FAIR 原则路线图将需要协调美国地质调查局各个部门。科学家和数据生产者、数据存储库和目录、应用程序以及增值服务都需要美国地质调查局在管理、人力资源和信息技术人员等方面给予支持。实施该路线图将有助于推动美国地质调查局重视科学产品有效重用的文化建设，并结合不断变化的新信息产生新的认识。

符合 FAIR 原则的数据属于开放的数据，原因在于它们很容易被发现和获取，并且对各类用户都具实用价值。符合 FAIR 原则的数据也与开放数据运动相契合，这有助于提高美国联邦政府资助的科学研究的透明度。重要的是，促使美国地质调查局的数据更加符合 FAIR 原则，有助于这些数据更容易被科学界、合作伙伴和利益相关者使用，有助于提升美国地质调查局所生产的数据作为可信数据源的声誉。

4 美国地质调查局基础科学措施

美国地质调查局基础科学措施是一套基础标准，对于该局开展科学行动以及审查、批准和发布其产生的信息产品和数据至关重要。美国地质调查局基础科学措施涵盖研究调查的所有要素，包括数据采集、实验、分析、编写成果、同行评审、管理评审以及信息产品的批准和发布。基础科学措施把如何进行科学研究以及如何生产和传播产品作为工作重点。美国地质调查局的实力和未来依赖于基础科学措施政策。

4.1 基础科学措施的形成

美国地质调查局提供的科学是客观且公正的。公正和卓越的声誉是其最重要的资产之一，为了保护这一重要资产，2004 年，美国地质调查局高层管理团队受局长委托，制定了一套基础科学措施和操作规范，作为该局所有研究和监测行动的基础。在美国地质调查局的“基础科学措施”文件中（https: //www. usgs. gov/office-of-science-quality-and-integrity/fundamental-science-practices），高层管理团队制定了一套基本规范。该文件指出，保护美国地质调查局科学在质量和客观性方面的声誉需要以下关键要素：

1）明确阐述美国地质调查局的基础科学措施。

2）各级组织机构达成共识，即美国地质调查局未来健康发展依赖于基础科学措施政策。

3）在预算、时间和人员方面的投入可维护美国地质调查局的声誉和高质量标准。

2006 年，在已有政策和文件基础上，美国地质调查局制定了基础科学措施，随后被纳入《美国地质调查局调查手册》中。制定基础科学措施，其目的是接受并结合美国地质调查局当前的最佳措施，获得科学的最佳总体规划。2009 年，美国地质调查局开始全面实施基础科学措施，旨在统一和规范该局多个科学任务领域和学科领域的科学任务。基础科学措施咨询委员会是为保证美国地质调查局科学信息产品的客观性和质量而成立的常务委员会，为全面实施基础科学措施提供支持。基础科学措施相关信息可通过美国地质调查局网站进行查询：

1）基础科学措施内部网站供美国地质调查局员工使用，特别是该局的科学家、管理者、业务负责人、审查人员、审批官员和出版专业人士。内部网站帮助美国地质调查局员工找到需要的信息和指南，以确保持续保持该局科学的客观性和高质量，以及信息产品的开发、审查、批准和发布。

2）基础科学措施互联网网站是美国地质调查局利益相关者、合作伙伴和公众获取基础科学措施信息的主要来源。该网站为用户提供了对基础科学措施的政策、程序和指导材料的导航。

4.2 基础科学措施的角色和职责

基础科学措施是美国地质调查局所有人的共同责任。指定的官员和办公室在制定这些措施时具有特定的角色、权力和职责。

1）美国地质调查局局长对基础科学措施以及卓越、完整和客观的美国地质调查局科学及信息产品拥有绝对权威和责任。

2）美国地质调查局副局长为开展科学调查、研究和活动，以及发布和传播信息产品的审查和批准方面制定政策，负责管理基础科学措施的流程和政策。他们与各区域主任合作，解决与基础科学措施相关的问题或采取相应的纠正措施。

3）美国地质调查局科学质量与诚信办公室实施基础科学措施，包括任命批准发布信息产品的官员。该办公室与副局长和区域主任合作，解决执行基础科学措施遇到的相关问题或采取的相应纠正措施，并维护基础科学措施文件和程序。

根据基础科学措施审查和批准的美国地质调查局信息产品遵循标准工作流程，其中包括以下具体角色和职责：

1）科学中心主任或同等级别人员确保信息产品符合科学质量标准，即规范是有据可查的，并且使用可普遍接受的元数据标准。确定所计划的产品是否能作为有影响力的科学信息或极具影响力的科学成果，因此必须遵守美国白宫管理与预算办公室对有影响力产品进行同行评审的要求。确保只有经过同行评审的产品才会转给美国地质调查局局审批官员（适用于包含新解释性信息的产品），并提醒这些官员关注备受瞩目的产品或政策中可能存在的敏感问题。美国地质调查局授权科学中心主任或同等级别人员审批美国地质调查局不包含新的解释信息的产品、所有摘要（扩展摘要除外）以及向公众传播或留给会议主办方的所有海报和演示材料。他们还确保信息产品符合美国地质调查局的发布要求，并将官方文件保存在科学中心或信息产品数据系统文档库中。

2）局审批官员负责在局内使用一致和统一的措施进行信息产品审查和审批。确保信息产品经过同行评审，确保作者充分考虑并回应同行评审的意见，确保产品的介绍是清楚的，且考虑了目标群体；确保科学与公共政策保持高度的客观性，从而维护美国地质调查局高质量科学来源的声誉；提醒相关官员和办公室注意政策敏感或备受瞩目信息产品的进展；局审批官员相互间以及与副局长和区域主任进行有效沟通，分享与审查、批准和发布与措施相关的知识；代表局长进行审批，共同承担审批责任。局审批官员具备广泛的科学背景，在美国地质调查局科学质量与诚信办公室工作，为其所服务的科学中心的工作人员提供新的解释性信息产品的审查和批准，以及提供基础科学措施的相关指导。局审批官员精通基础科学措施的要求，为其服务的科学中心作者提供丰富经验。美国地质调查局基础科学措施咨询委员会和局审批官员共同努力，确保基础科学措施是有生命力的政策，能够适应未来科学与出版发展的需求，并进行基础科学措施培训。

3）美国地质调查局的责任作者（或合作的外部出版物第一作者）负责确保在公开发布之前，对信息产品进行审查和批准。如果修改产品草稿，需要在出版前进行进一步的审查和批准，由作者推荐同行评审员，并通知其主管和审批官员。

4）美国地质调查局责任作者主管与科学中心主任合作，确定计划的信息产品是否可作为有影响力的科学信息或具有高影响力的科学成果。责任作者主管接受作者推荐的同行评审员或确定其他合格的评审员，并为原稿传送给同行评审员提供帮助。责任作者主管还需确保同行评审是符合要求的，所有审查意见都由作者回应，并将原稿转发给科学中心主任或同等级别人员。

5）基础科学措施咨询委员会向局长办公室报告，并与美国地质调查局科学质量与诚信办公室密切合作。基础科学措施咨询委员会成立于 2008 年，是美国地质调查局常设咨询委员会，负责监督基础科学措施的全面实施。基础科学措施咨询委员会的成员包括科学家、科学中心主任、局审批官员和出版商。该委员会有意扩大成员范围，为美国地质调查局提供最好帮助，并确保基础科学措施的持续性。该委员会是解决有关基础科学措施问题和疑虑的主要联系人，为美国地质调查局管理资源，通过提供建议和意见，帮助该局继续生产高质量、客观的科学信息产品。

4.3 基础科学措施和相关政策指令

基础科学措施包括：① 计划和进行数据采集和研究（第 502. 2 章）；② 同行评审（第 502. 3 章）；③ 信息产品的审查、批准和发布（第 502. 4 章）；④ 保护未发表的美国地质调查局数据、信息和相关科学材料（第 502. 5 章）；⑤ 科学数据管理（第 502. 6 章）；⑥ 包括数据在内的美国地质调查局科学信息产品的元数据（第 502. 7 章）；⑦ 发布的科学数据的审查和批准（第 502. 8 章）和科学软件的审查和批准（《美国地质调查局调查手册》指导备忘录（OSQI 2019-01））；⑧ 数字科学数据的保存要求（第 502. 9 章）；⑨ 美国地质调查局科学信息产品作者（第 502. 10 章）。

4.3.1 计划和进行数据采集和研究

基础科学措施要求美国地质调查局的数据采集和科学研究行动都在项目工作计划中予以记录，这些计划可能是项目申请的一部分，由相应的专家进行审查，并由科学中心主任或同等级别的管理人员批准。项目工作计划应要求以客观和可复制的方式进行数据采集和研究，并通过严格和公开的同行评审程序进行审查，确保取得最好的结果，即数据没有错误，结论是正确的，所使用的方法必须在相关研究的出版物中全部记录，以便研究结果具有可重复性，并使用质量保证程序。这些方法必须在任何相关出版物中公布或引用。作为项目工作计划的一部分，数据管理计划明确记录了数据采集和研究产生的预期成果的出版方式，以及向公众免费发布数据的方法。《美国地质调查局调查手册》第 502. 2 章描述了基础科学措施对科学研究规划要求的更多细节。

4.3.2 同行评审

同行评审作为基础科学措施的基础，确保美国地质调查局已发表的科学成果的客观性。基础科学措施对美国地质调查局信息产品同行评审的要求，适用于美国地质调查局的所有科学信息（无论是美国地质调查局还是外部实体发布的科学信息）。美国地质调查局的所有学术出版物都必须经过至少两次由具备资格且不存在利益冲突的同行进行的科学评审。《美国地质调查局调查手册》第 502.3 章中描述了基础科学措施对同行评审要求的更多细节。美国地质调查局基础科学措施中的同行评审的规定符合 2004 年美国白宫管理与预算办公室发布的《同行评审公告》中对美国联邦政府信息产品的要求，该信息产品包含有影响力的科学信息和极具影响力的科学成果。

4.3.3 信息产品的审查、批准和发布

除同行评审外，所有科学信息产品必须经过审查和批准，方可正式发布和传播（图 4.1）。这是美国地质调查局的内部流程，无论是由美国地质调查局发布的产品，还是外部组织发布的产品，都需要使用该流程。不论美国地质调查局作者身份（例如，全职、兼职、志愿者或美国地质调查局与其他实体组织之间存在共同的隶属关系）或作者排名顺序如何，这一级别的审查要求均适用。使用这种级别的审查有助于确保美国地质调查局的信息保持中立。

图 4.1 美国地质调查局研究结果发布过程

（资料来源：The Fundamental Science Practices Advisory Council, U.S. Geological Survey, 2023）

美国地质调查局将公开发布的批准过程称为局批准过程，由美国地质调查局科学质量与诚信办公室（OSQI）的局审批官员（BAO）或科学中心主任负责，具体由谁负责审批主要取决于发布的产品类型。在其他美国联邦机构中，等同于美国地质调查局的审批通常被视为该机构的发布许可。《美国地质调查局调查手册》第 502.4 章描述了基础科学措施中对局审批要求的其他细节。获得美国地质调查局的审批，即表明美国地质调查局对其公布的科学产品负责。

4.3.4 保护未发表的美国地质调查局数据、信息和相关科学材料

未发表的美国地质调查局数据包括决策前、专有、临时或初始科学信息（包括数据和软件）以及相关材料。“未发表”一词指的是开发或采集的草拟、临时或相关背景信息和材料，这些信息和材料可用作最终批准和发布的美国地质调查局科学信息产品。美国地质

调查局开展相关行动和提供科学研究成果是为了最好地服务于公众，而不是为了满足任何特定团体、公司、个人或其他实体组织的利益。因此，基础科学措施要求保护美国地质调查局员工、志愿者和承担美国地质调查局工作的承包商所生产的未发表的科学信息和相关材料，并禁止在最终向公众发布之前，向任何团体或个人公开或披露信息和材料。该政策唯一的例外是：使用受限的美国联邦机构报告文件，允许美国地质调查局将可能存在的敏感或机密信息分发给另一个美国联邦机构或国外政府供内部使用。而一旦接收这些信息的美国联邦机构有机会参考这些信息，并将信息合理合法地纳入其决策中，这些报告中的信息通常可供公众使用。《美国地质调查局调查手册》第 502. 5 章描述了基础科学措施中保护未发表的数据和材料的有关要求及其例外情况的具体细节。

4. 3. 5　科学数据管理

基础科学措施规定，美国地质调查局在其整个科学数据生命周期中进行科学数据管理，项目工作计划或提案中应包含符合美国地质调查局科学数据生命周期模型的数据管理计划。有关科学数据管理和实施的具体细节参见《美国地质调查局调查手册》第 502. 6 章和美国地质调查局数据管理网站（https: //www. usgs. gov/data-management）。

4. 3. 6　包括数据在内的美国地质调查局科学信息产品的元数据

美国地质调查局提供所有科学数据和其他信息产品，同时附上相应的元数据。元数据的内容和格式取决于所描述的数据或信息产品的类型。当以数字方式发布数据和其他信息产品时，元数据会包含适合该产品的持久标识符，例如数字对象唯一标识符。科学数据的元数据记录符合联邦地理数据委员会《数字地理空间元数据内容标准》、国际标准化组织系列标准或美国地质调查局认可的美国联邦地理数据委员会的其他标准。出版物元数据包括与作者身份、标题、来源相关的办公室或科学中心名称、产品类型和编号，以及相关数据的引用（如适用）。《美国地质调查局调查手册》第 502. 7 章还描述了其他细节。

4. 3. 7　发布的科学数据的审查和批准

基础科学措施规定，公众可以及时和免费访问美国地质调查局的科学数据。美国地质调查局发布批准和临时（即初始）的科学数据。批准发布的科学数据符合《美国地质调查局调查手册》第 502. 7 章所述的元数据要求，这些元数据存储在美国地质调查局科学数据目录中，并通过该目录进行共享。经批准的科学数据和临时或初始数据均附带免责声明。在数据获得批准之前，需对科学数据和相关元数据进行审查。美国地质调查局批准发布的数据通过数据存储库进行管理，确保这些数据可保存、可发现、可访问和可重用。科学数据发布由科学中心主任或其指定的人员批准。有关科学数据发布审查和批准的更多信息参见《美国地质调查局调查手册》第 502. 8 章。

4. 3. 8　科学软件的审查和批准

美国地质调查局的科学研究越来越复杂，开发可运行模型或进行统计分析的特有软件变得愈发重要。为此，美国地质调查局发布了临时的软件和批准的软件。作为美国地质调查局科学信息产品，经批准和发布的科学软件必须符合相应的基础科学措施规定。科学软件需受到两种类型的审查，即软件代码审查和域名审查。此级别的审查有助于确保软件代码是稳健的，并且不会侵犯其他软件开发人员的工作。《美国地质调查局调查手册》指导备忘录（OSQI 2019–01）描述了批准和发布软件的其他要求，美国地质调查局软件管理网站（https: //www. usgs. gov/products/software/software–management）提供了有关实施的详细信息。

4.3.9 数字科学数据的保存要求

基础科学措施要求对美国地质调查局计划资助的科学数据和相关元数据进行保存。这些数据必须按照美国地质调查局档案处理要求和美国《联邦档案法》（第 36 篇第 1220. 14 条）来保存。美国地质调查局数字数据及相关元数据，必须存储在美国地质调查局批准的数字存储库中。有关数字科学数据保存要求的更多详细信息，请参见《美国地质调查局调查手册》第 502. 9 章。遵守这些规定有助于确保美国地质调查局科学家采集的数据得到妥善保管并提供永久访问。

4.3.10 美国地质调查局科学信息产品作者

基础科学措施描述了美国地质调查局作者的署名权，并明确了科学信息产品作者的责任分配。该政策适用于美国地质调查局及外部实体发布的所有科学信息产品（包括数据发布和软件发布）。有关美国地质调查局信息产品作者的更多信息，请参阅《美国地质调查局调查手册》第 502. 10 章。

4.4 科学信息产品的基础科学措施免责声明指南

《美国地质调查局调查手册》第 502. 4 章“基础科学措施：审查、批准、美国地质调查局信息产品发布”中规定：“向公众发布的信息产品不得包含任何表明产品不符合美国地质调查局科学卓越、诚信和客观标准的声明。但可能会使用与科学质量无关的某些信息声明或免责声明。”

根据《美国地质调查局调查手册》第 502. 4 章、美国地质调查局其他政策和调查手册指导备忘录，美国地质调查局科学信息产品中可以包含与科学质量无关的免责声明或信息声明，并且这些声明可以在美国地质调查局批准之前或之后进行分发或发布，以便向产品接收者传达特定信息。以下提供的免责声明已经过美国地质调查局科学质量与诚信办公室的局审批官员审查和批准。

这些声明中包含但不限于以下几个方面：① 传播新的解释性信息；② 其他不受美国地质调查局管辖的实体组织的要求；③ 缺乏使用产品和应用程序的保证。使用免责声明的指导标准是，可以表明美国地质调查局在产品开发或传播过程中行使的控制权，但不能使用暗示总体质量不足的语言。

局审批官员将继续对局内使用的免责声明进行评估，以确保免责声明传达的信息恰当无误。

1）向公众发布的获批数据免责声明。

“除非另有说明，否则所有数据、元数据和相关材料均被视为符合与数据采集目的相关的质量标准。尽管美国地质调查局已对这些数据和相关元数据进行了准确性和完整性审查，并已批准发布，但对用于其他目的或在计算机系统上进行显示或使用的数据，不提供任何明示或暗示的保证，分发行为也不构成任何保证。”

2）提交同行评审的原稿的免责声明（参考《美国地质调查局调查手册》第502.3章及美国白宫管理与预算办公室同行评审公告）。

“此原稿草稿仅用于科学同行评审。其内容是经过深思熟虑和预先确定的，因此审查人员不得披露或发布。由于该原稿尚未获得美国地质调查局的批准出版，因此它不代表美国地质调查局的任何官方调查结果或政策。”

3）未得到认可的商业产品和服务的免责声明（《美国地质调查局调查手册》第1100.3章附录A）。

“任何商业、公司或产品名称的使用仅用于描述目的，并不意味着美国政府的认可。”

4）美国地质调查局信息产品中使用的版权材料的免责声明（《美国地质调查局调查手册》第1100.6章）。

“虽然此信息产品大部分属于公共领域，但也可能包含文本中所述的受版权保护的材料。复制受版权保护的材料必须获得版权所有者的许可。”

5）数据库和软件的免责声明（参考《美国地质调查局调查手册》第502.8章和《美国地质调查局调查手册》指导备忘录（OSQI 2019-01））。

获批的数据库——“该数据库已获美国地质调查局批准发布。尽管此数据库经过了严格审查且基本完整，但美国地质调查局保留根据进一步分析和审查来修改数据的权利。此外，发布该数据库的前提是，美国地质调查局和美国政府均不对其授权或未经授权的使用所导致的任何损害负责。”

临时数据库——“从美国地质调查局数据库获取的数据尚未获得该局的批准，因此这些数据是临时的，可能会进行修改。发布这些数据的前提是，美国地质调查局或美国政府均不对其授权或未授权使用所导致的任何损害负责。”

获批的软件——“该软件已获美国地质调查局批准发布。虽然该软件已经过严格审查，但美国地质调查局保留根据进一步分析和审查来更新软件的权利。美国地质调查局或美国政府不对软件和相关材料的功能做出任何明示或暗示的保证，软件发布也不构成任何保证。此外，发布软件的前提是，美国地质调查局或美国政府均不对其授权或未授权使用所导致的任何损害负责。”

处理数据——“尽管数据已由美国地质调查局计算机系统成功处理，但对于用于其他目的或在计算机系统上进行显示或使用的数据，不做出任何明示或暗示的保证，数据分发行为也不构成任何保证。美国地质调查局或美国政府不对此处所述和（或）所含数据的不当或不正确使用负责。”

6）报告和地图产品的免责声明。

地图判读以防误用——“禁止用于导航。”

根据合同或拨款编制的地图或报告——“本报告（地图）是根据美国地质调查局的（合

同)/(拨款)编制的。此处表达的观点和结论不一定代表美国地质调查局的观点和结论。”

提供洪水淹没信息产品——“所示淹没区域不得用于导航、监管、许可或其他法律目的。美国地质调查局‘按原样’提供这些地图，仅作为应急规划快速参考的工具，对因使用此信息而产生的任何法律责任或义务概不负责。”

提供自然危害信息产品——请注意，以下免责声明可通过插入适当的措辞进行修改，以适用于任何自然灾害（如地震、滑坡、泥石流、雪崩和火山灾害）。

“本（信息或地图产品）中包含的建议和插图旨在提高对（危险名称）的认识和预防，但是，它们不能保证个人或建筑物的安全。本产品的贡献者和赞助商对（危险名称）造成的任何伤害、死亡、财产损失或其他影响不承担责任。”

7）未经美国地质调查局审查和批准的论文集。

“本卷中非美国地质调查局作者的贡献在提交时公布。完全由非美国地质调查局编写者的贡献并不代表美国地质调查局或美国政府的观点或立场，仅作为本卷的一部分出版。”

“本报告总结了（活动名称）上的讨论。该活动由美国地质调查局和（共同赞助机构名称）共同赞助。非美国地质调查局的发言人发表的评论并不代表美国地质调查局的观点或立场。”

8）美国地质调查局作者发表在合作机构出版物上的免责声明。

美国鱼类和野生动物局、美国环境保护局、美国国家海洋和大气管理局等合作机构的出版物通常要求在其报告的开头包含免责声明。以下免责声明并未否定美国地质调查局对与该局作者合著的且经该局批准的信息产品内容的支持。因此，这些免责声明是允许的。

示例 1——“本出版物不一定代表（合作机构名称）的观点。”

示例 2——“本出版物代表作者的观点，不一定代表（合作机构名称）的观点。”

示例 3——“报告内容不一定反映（合作机构名称）的观点和政策。”

9）合作机构在与美国地质调查局科学家合著的外部出版物中可能需要的免责声明。

外部出版物指期刊、会议记录、书籍等，而非合作产品。对于这些出版物，免责声明不能暗示美国地质调查局不支持由美国地质调查局作者合著且经该局批准的信息产品。当合作机构要求在免责声明中暗示缺乏机构支持时，美国地质调查局作者应与其审批官员和要求免责的外部机构作者合作，修改免责声明，使其不包含美国地质调查局合著者。如果无法达成协议，请在机构免责声明后添加以下内容：“本产品（文章、论文等）已经同行评审并批准出版，符合美国地质调查局基本科学措施的要求”。该声明看似包含美国地质调查局的作者。

10）提交供“礼节性”审查的原稿的免责声明。

“本原稿草稿仅供‘礼节性’审查，收到的意见将酌情处理，以确保不存在利益冲突。其内容是经过深思熟虑和预先决定的，因此不得由审查人员披露或发布。由于该原稿尚未获美国地质调查局批准出版，因此不代表美国地质调查局的任何官方调查发现或政策。”

11）初始（临时）数据、信息或软件的免责声明。

“此数据是初始的或临时数据，可能会进行修订。提供此数据是为了满足及时获取最佳科学研究的需要。此数据尚未得到美国地质调查局的最终批准，提供这些数据的前提条件是，美国地质调查局和美国政府均不对因授权或未授权使用数据而导致的任何损害负责。”

“此信息为初始或临时信息，可能会进行修订。提供此信息是为了满足及时获得最佳科学研究的需要。此信息尚未获得美国地质调查局的最终批准，提供这些信息的前提条件是，美国地质调查局和美国政府均不对因授权或未授权使用信息而导致的任何损害负责。”

“本软件是初始的或临时软件，可能会进行修订。提供该软件是为了满足及时获取最佳科学的需要。该软件尚未获得美国地质调查局的最终批准。美国地质调查局或美国政府不对软件和相关材料的功能做出任何明示或暗示的保证，软件发布也不构成任何保证。提供该软件的条件是，美国地质调查局和美国政府均不对因授权或未授权使用该软件而导致的任何损害负责。”

12）演示材料——海报展示和幻灯片演示中使用的张贴画的免责声明（参考《美国地质调查局调查手册》第 205. 18 章）。

海报展示和演示文稿标题幻灯片——“此信息为初始信息，可能会进行修订。提供此信息是为了满足及时进行最佳科学研究的需要。提供信息的前提条件是，美国地质调查局和美国政府均不对因授权或未授权使用信息而导致的任何损害负责。”

所有后续演示幻灯片——“初始信息可能会修改。不用于引用或分发。”

13）发布在美国地质调查局网页上的由外部人员编写的进展报告封面的免责声明。

“由美国地质调查局支持的研究，编号为（插入项目编号）。本文包含的观点和结论不是美国地质调查局作者的观点和结果，不应被理解为一定代表美国政府的观点或官方政策，无论是明示还是暗示的。”

14）发布在美国地质调查局网页上的外部人员编写的进展报告的免责声明。

“此处发布的进展报告文件中包含的观点和结论不是美国地质调查局作者的观点和结果，不应被理解为一定代表美国政府的观点或官方政策，无论是明示还是暗示的。”

4.5 科学数据管理相关的基础科学措施指南

4.5.1 基础科学措施数据发布指南（有或无配套出版物）

4.5.1.1 目的

该指南旨在帮助美国地质调查局科学家和科学中心数据管理人员满足并理解基础科学措施和数据发布的要求，其中包括在传播科学成果之前或同时发布的与这些成果相关的数据，这些数据必须包含在配套的学术出版物中。如果没有公布美国地质调查局研究成果使用的数据，则该研究成果将无法重用，因此必须公布数据。项目启动时，应明确数据所有权和数据发布责任，并将其纳入数据管理计划。学术出版物特指期刊论文、美国地质调查局系列出版物以及合作者报告。该指南补充了美国地质调查局作者必须遵守的数据相关要求，这些要求可在美国白宫科学和技术政策办公室和管理与预算办公室的指令、《基于循证决策的基础法案》第二篇“开放政府数据法”、美国地质调查局公共访问计划和基础科学措施中找到。

4.5.1.2 背景和概述

在历史上，美国地质调查局资助产生的数据，通常会作为与美国地质调查局系列出版物相关的补充文件进行发布，或作为辅助材料包含在期刊论文等外部出版物中。但是，自2016年10月1日起，为了遵守美国白宫科学和技术政策办公室和管理与预算办公室的公共访问和开放数据指令，这种做法不再被允许。总之，这些指令要求向公众免费提供美国联邦政府撰写和（或）资助的学术出版物中用于支持结论的数据。美国白宫科学和技术政策办公室和管理与预算办公室批准的美国地质调查局公共访问计划提供了详细信息，规定在公布相关学术成果之前或同时，应向公众免费提供学术成果所依据的数据。

《基于循证决策的基础法案》涵盖了美国联邦政府在循证行动、公开政府数据、保密信息保护及统计效率方面的法定权限。《基于循证决策的基础法案》第二篇“开放政府数据法”中，包含了与信息质量、访问、保护和使用相关的其他美国联邦政策需求，以及数据基础设施投资的要求，并在法律中规定美国联邦政府开放数据计划的许多关键方面。基础科学措施进一步解决了美国地质调查局有关科学数据发布的具体要求，详情见《美国地质调查局调查手册》第502.8章所述。

在全球科学界，以及美国联邦政府，向公众提供支持学术成果的数据的做法不仅受到欢迎，而且通常也是必需的。在美国地质调查局，这一规定可能形成两个过程，即发布同行评审的学术出版物，以及预先或同时发布与这些学术出版物相关的数据。这两个过程有不同的要求、选项和时间表，但对于未来数据的重复使用和支持学术出版物的结论都是至关重要的。管理与美国地质调查局科学出版物相关的科学数据生命周期计划，必须在数据管理计划中进行详细说明，并作为项目工作计划的一部分，如《美国地质调查局调查手册》第502.6章和第502.2章所述，数据管理计划是一份“活”文档，在整个项目期间会根据需要进行更新。

美国地质调查局资助所产生的科学数据，是基于美国联邦拨款所采集的数据，因此需遵守美国地质调查局的数据发布要求（参阅《美国地质调查局调查手册》第502.8章）。反之，美国地质调查局科学家在其他美国联邦机构或非美国联邦机构的资助下，为支持学术结论而采集的科学数据，则不视为获美国地质地质调查局资助的数据。然而，无论如何，美国地质调查局采集的所有数据，在交付给资助的合作机构之前必须进行质量检查。在与其他机构或合作者签订的合同或合作协议中，以及美国地质调查局项目的数据管理计划中，都应明确规定公开发布这些数据的责任。倘若拥有数据的非美国地质调查局资助机构尚未发布数据，则可接受以下几种选择：① 美国地质调查局可以鼓励该机构发布数据；② 美国地质调查局可以在获得数据所有者书面许可的情况下发布数据（参考《美国地质调查局调查手册》第502.5章）；③ 可在出版物中添加免责声明，说明数据不公开的原因。

4.5.1.3 数据发布类别

美国地质调查局数据发布可分为两类：

1）美国地质调查局发布的数据，没有相关学术出版物。

2）美国地质调查局发布的与配套学术出版物相关的数据。

如《美国地质调查局调查手册》第 502. 7 章所述，这两个类别都需要有用且完整的元数据。

4. 5. 1. 4　美国地质调查局数据（无配套出版物）

美国地质调查局资助的数据被视作是非解释性数据，可在没有配套出版物的情况下进行发布（参考《美国地质调查局调查手册》第 502. 8 章）。

4. 5. 1. 5　美国地质调查局与配套出版物相关的数据

1）美国地质调查局数据必须在配套出版物发布之前或同时发布在经认可的美国地质调查局存储库或外部存储库中。如果数据已经发布，则不需要再发布新数据。

2）数据不能仅在正文、附录、补充材料或待发布的学术出版物中提供。数据必须按照《美国地质调查局调查手册》第 502. 8 章的规定，通过经认可的美国地质调查局存储库或外部存储库发布。当然，也可以根据需要在配套出版物中引用数据。

3）数据发布时，引文（包括数字对象唯一标识符）必须包含在配套出版物中。引文必须始终包含在美国地质调查局内部信息产品数据系统的书目数据选项字段中，也可以添加到注释选项字段中。此外，美国地质调查局系列出版物需要引用的参考资料，建议在期刊出版物中也进行引用。如果引文无法包含在期刊中，则可将其包含在信息产品数据系统的注释选项字段中。

4）如果数据无法公开发布，则需使用以下声明（在信息产品数据系统和配套出版物中）说明数据不可用的原因。

“目前无法从资助组织 ××（组织机构名称）获得数据。请与该组织（××）联系以获取进一步信息”或“由于限制（说明限制的原因，如所有权或敏感性问题），数据要么不可用，要么可用性有限。请联系（××）了解更多信息”。

4. 5. 1. 6　数据发布责任

美国地质调查局资助采集的数据与其他机构资助采集的数据的责任不同。

1）由美国地质调查局资助形成的数据，若美国地质调查局科学家是主要研究者或配套出版物的第一作者，则数据需要由美国地质调查局发布。而之前发布的数据或从认可的存储库中公开获取的数据，若用于支持出版物中的学术结论，则无需进行新的数据发布。

2）由美国地质调查局资助形成的数据，若美国地质调查局的科学家不是主要研究者，而是配套出版物的合著者，则该数据需要由美国地质调查局发布。数据管理计划应明确规定谁负责发布这些数据，并且要求在学术产品发布的同时或发布之前进行发布。

3）由美国联邦机构（非美国地质调查局）资助所形成的数据，若美国地质调查局科学家是主要研究者或配套出版物的第一作者，则美国联邦资助机构对发布数据负有主要责任，除非数据管理计划中明确规定了发布的替代方法，即要求美国地质调查局负责并发布数据。

4）由美国联邦政府（非美国地质调查局）资助形成的数据，若美国地质调查局的科学家不是主要研究者，而是配套出版物的合著者，美国联邦资助机构对发布数据负有主要责任，除非数据管理计划中明确规定了发布的替代方法，即要求美国地质调查局负责并发布数据。

5）由州、地方、非政府组织或私营部门资助形成的数据，即使美国地质调查局的科学家是主要研究者或配套出版物的第一作者，州、地方、非政府组织或私营部门仍需对发布数据负有主要责任，除非数据管理计划中明确规定了发布的替代方法，即要求美国地质调查局负责并发布数据。

6）由州、地方、非政府组织或私营部门资助形成的数据，若美国地质调查局科学家不是主要研究者，而是配套出版物的共同作者，则州、地方、非政府组织或私营部门需对发布数据负有主要责任，除非数据管理计划中明确规定了发布的替代方法，即要求美国地质调查局负责并发布数据。

4.5.2　科学数字数据发布修订记录指南

4.5.2.1　目的

该指南介绍了作为美国地质调查局信息产品发布的科学数字数据集（以下简称数据）及相关元数据的修订流程。该指南是对《美国地质调查局调查手册》第502.7章和第502.8章中基础科学措施对元数据和数据发布要求的补充。

发布数据的修订可分为1~5级，这与美国地质调查局出版物系列信息产品的修订级别类似（表4.1）。记录发布数据修订程序会因所需修订的级别而有所不同。

表4.1　修订级别说明

操作指南	1级	2级	3级	4级	5级
信息产品数据系统（IPDS）					
在信息产品数据系统中创建新的数据发布记录，并在该系统中完成对新数据发布记录的审核和批准		×	×	×	×
数字对象唯一标识符（DOI）					
保留数字对象唯一标识符。在数字对象唯一标识符工具中更新修订数据发布的原始数字对象唯一标识符信息（例如，版本发布日期）	×	×	×		
为新版本创建一个新的数字对象唯一标识符（确保链接到以前版本的数字对象唯一标识符）				×*	×
在数字对象唯一标识符工具中更新原始数字对象唯一标识符（确保链接到新数字对象唯一标识符）				×	×**
版本号					
为修订后的数据集分配版本号或更新元数据、数字对象唯一标识符和登录页面中的现有版本号		×	×	×	
登录页面					
保持原始登录页面	×	×	×	×	×
将修改后的文件上传到原始登录页面	×	×	×		

续表

操作指南	1级	2级	3级	4级	5级
为修改后的版本创建一个新的登录页面；添加历史版本号			×	×	
更新原始登录页面上的引文和标题；添加历史版本信息，包括指向新版本数据的链接		×	×	×	
原始登录页面变成没有数据的“无效页面”（原始元数据保留在“无效页面”上）					×
添加获取以前版本的说明		×	×		×**
元数据					
修改和替换以前版本的元数据记录；记录和更新版本的链接	×	×	×	×	
为新的登录页面创建新的元数据记录；以前版本的元数据保留在原始登录页面上				×	×
修改已知数据以传递更新的标题，例如通过增加新版本号和 / 或修改日期		×	×	×	
确保元数据记录中的元数据日期是通过以前的版本进行更新的，并且最新版本提供给了美国地质调查局科学数据目录	×	×	×	×	
其他要求					
根据记录管理和诉讼要求，保留数据集和元数据的以前版本，以防需要该版本来理解基于它的任何信息	×	×	×	×	×
若修订可能会影响美国地质调查局现有撰写的出版物中的科学结论，请咨询指定的局审批官员	×	×	×	×	×

注：*（4级）创建一个新的数字对象唯一标识符（确保能链接到旧的数字对象唯一标识符）：在与以前版本相关联的登录页面上，指出有更新版本的数据可用，并将数字对象唯一标识符链接提供给新版本。通知还应说明前一版本将继续提供的时间期限。

**（5级）在数字对象唯一标识符工具中更新原始数字对象唯一标识符（确保链接到新的数字对象唯一标识符，并添加获取以前版本的说明）：在这种情况下，“原始数字对象唯一标识符”指提取数据的数字对象唯一标识符。撤回（替换）数据的登录页面详细说明了撤回数据的原因，链接到替换数据集的登录页面，并说明如何访问以前的数据。新的登录页面应该为被替换的数据集提供索引。

该指南包含了之前发布的美国地质调查局数据，但不包含《美国地质调查局调查手册》第502.8章中定义的美国地质调查局批准的数据库和数据服务，因为它们具有其他已批准的修订流程，包括在将数据上传到数据库系统或数据服务之前进行的数据质量评估。

4.5.2.2 确定修订级别的标准

修订级别（1~5）取决于修改是否会影响数据使用结果（包括自动访问）以及需要修改的数据量。数据作者、主管、数据经理和科学中心主任应共同协作，确定所需的修订级别。2~5级需要科学中心主任批准。以下是确定修订级别的标准：

1）1级修订：不会更改数据本身。

2）2级修订：是预计不会对数据使用产生重大影响的变更，并且仅适用于少数数据值。

3）3级修订：是附加数据修订，通常在不改变数据结构的情况下，添加新的数据记录。如果添加新数据会导致自动访问先前可用数据出现问题，参阅4级修订。

4）4级修订：是对数据结构的更改，预计会导致现有数据使用的自动化流程出现问题。

5）5 级修订：是预计会对数据的使用产生重大影响的变更，因此必须撤回初始数据。

下文提供了每个修订级别的具体指南，简化每个级别说明的表格见表 4. 1。

4. 5. 2. 3 1 级修订

1 级修订不会更改数据。包括对元数据记录的更改，但不会影响对数据的理解；对不涉及修改数据本身的数据文件更改；或更改数据登录页面。

以下是 1 级修订的示例：

1）对元数据记录进行更改，添加新的关键字、联系信息，或对元数据中的处理步骤进行说明，或链接到新的出版物。

2）更改数据文件中的数据标题或位置名称中的拼写错误。

3）更改数据登录页面中的标题或摘要的拼写错误，或修改列出的联系人。

可以通过替换或更新错误文件或文本，以及更新元数据记录和其他支持文档的方式进行修订。

4. 5. 2. 4 2 级修订

2 级修订需要创建已发布数据集的新版本。但 2 级修订的更改不应明显影响数据的使用。

以下是 2 级修订的示例：

1）添加初始发布数据集中缺少的 5 个数据值。

2）更正元数据记录中地理空间位置的经纬度转换。

3）通过稍微移动一条线，修改多边形 shapefile 文件，使其与随后发布的另一个多边形 shapefile 文件中的边界重合。

4. 5. 2. 5 3 级修订

3 级修订会更新已发布的数据集，使其包含可能来自新时间段、地点或现场活动的其他数据。所需的操作取决于先前版本的预期状态和持久性。表 4. 1 列出的 3 级修订操作是假定数据作者已决定用户将无法访问先前版本的数据。

以下是 3 级修订的示例：

1）分阶段发布数据以满足项目时间表，并增加信息产品中提供的数据量。

2）向时间序列数据集追加 1 年的数据。

如果数据作者确定应继续访问先前版本，需按照表 4. 1 中 4 级修订的说明进行操作。

4. 5. 2. 6 4 级修订

4 级修订修改数据的修改方式可能会导致以前启用的对发布数据集的自动访问停止，例如通过服务、工作流和应用程序编程接口。这可能会破坏现有的下游服务和流程。表 4. 1 列出的 4 级修订假定将保留对先前版本的访问权限，并且将提供数据的修订版本。

4 级修订可以包括：

1）修改数据结构来更改列的格式。

2）更改列标题名称。

4.5.2.7　5 级修订

对于 5 级修订，发布的数据发生了重大且实质性的变化，预计将对数据的使用产生重大影响。因此，必须撤回这些数据以及所有的先前版本，并且发布的新版本将是具有新数字对象唯一标识符的新数据。

以下是 5 级修订的示例：

1）在发现 1 列计算数字的算法存在错误时，更正大量数据值。

2）纠正处理步骤中的错误，例如，在使用潮汐校正处理发现错误后，准备发布新水深网格数据。

3）更正底层数据源的错误。

4.5.2.8　版本编号

版本编号由两部分组成——主要部分和次要部分，用句号分隔。最初发布的数据被视为 1.0 版，但除非进行修订，否则不会使用版本注释。当发布新版本时，版本号的主要部分或次要部分都会增加。

例如，在“1.3 版”中，左侧的数字“1”是主要部分，右侧的数字“3”是次要部分，代表单独的2级修订次数。2级修订，无论修订多少次，都不会更改版本号的主要部分。例如，如果发布的数据进行 7 次单独的 2 级修订，则新版本将编号为“1.7 版”。

对于“2.0 版”，是完成了 3 级修订，因此主要部分编号（“2”）增加了一个编号，次要部分重置为零（“0”）。

4.5.2.9　保留已撤回的数据版本

已撤回的数据版本将不再公开提供，但可根据用户要求进行提供。由于以前版本可能已用于支持相关出版物或决策的科学结论，因此保存这些版本对于确定科学结论的出处至关重要。潜在的保存位置可能包括存储库中的暗存储库（用于保存的离线位置）或非公开网页。先前版本的登录页面应清楚说明数据已被取代。如果频繁地对大型数据文件进行微小修订，科学中心或项目应考虑购买版本管理自动化系统，该系统可以通过生成标准的修订历史文件，重新自动创建先前版本，而不是对每个版本进行手动存档。

4.5.3　为数字资产建立可信存储库的基础科学措施标准

该标准旨在帮助选择、指定、构建、操作或增强美国地质调查局数字科学资产的可信存储库。该标准（表 4.2）供美国地质调查局科学家和管理层（与信息技术人员合作）在对保存数字资产的系统进行技术评估时使用。该表确立了可信数字存储库的美国地质调查局最低标准。表中所列标准是基于美国国会图书馆建立的国家数字化管理联盟的材料。这些标准不涵盖实物资料，也不涉及保存政策、资金或组织能力和持久性等方面的内容，尽管这些因素对数据保存至关重要，但超出了本标准的范围。

就该标准而言，与美国地质调查局数字资产保护相关的重要定义如下：

长期：指的是足够长的一段时间，在这段时间里人们会担心存储库中数字信息的完整性受到影响，包括存储介质的老化、技术的变革、对新旧介质和数据格式的支持，以及用户群体的变化等。这一时期可无限延续。

可持续格式：指在整个生命周期中访问电子记录的能力，而不受创建电子记录所使用的技术的限制。可持续格式意味增加未来访问记录的可能性。

表 4.2 数字资产保存级别

要素	1 级	2 级	3 级	4 级
存储与地理位置	1）在物理位置上彼此分开存储的 2 份完整副本。 2）将数字内容从临时介质转移到已建立的存储系统中。 3）安装存储管理系统	1）3 份完整的副本。 2）至少有 1 份副本存储在不同的地理位置（该位置必须符合美国国家档案和记录管理局《档案存储标准》（NARA 1571））。 3）记录存储系统和存储介质	1）至少 1 份副本存储在不同灾害威胁的地理位置（例如，飓风区与地震区）。 2）制定了存储系统和介质报废监控流程	1）至少有 3 份副本存储在有不同灾难威胁的不同地理位置。 2）全面落实 1 项将文件和元数据保存在当前可访问系统及介质上的计划
数据完整性	如果提供了校验和，则验证所有接收数据的校验和；如果没有提供校验和，则创建校验和，并对所有内容进行病毒检查	1）验证所有接收数据的校验和。 2）当使用原始介质工作时，采用只读操作规程	1）定期对校验和进行验证。 2）保留校验和日志，以便按要求提供审核信息。 3）有用于检测坏数据的程序。 4）对所有内容进行病毒检查	1）当响应特定事件或行动时，需验证所有内容的校验和。 2）有更新或修复受损数据的程序。 3）确保任何人都无法对所有副本拥有写入权限。 4）创建、存储和验证所有内容的第二个不同的校验和
信息安全	1）确定谁有权限读、写、移动和删除文件。 2）对单个文件的授权进行限制	对内容的文档访问限制	保留对文件进行操作的日志，包括删除和保存操作	实施日志审核
元数据	1）内容清单及其存储位置。 2）确保清单信息的备份和物理隔离。 3）遵守当前美国地质调查局元数据标准	1）存储所有相关的数据库管理信息。 2）存储描述数据结构或格式变化的信息，包括变化发生的时间。 3）提供对所有形式元数据的访问权限	有关标准技术、描述和保存的元数据	与 3 级相同
文件格式	鼓励使用经过认证的公开文件格式、编解码方法、压缩方案和封装方案	列出正在使用的文件格式	监控文件格式过时问题	执行格式迁移、模拟（以前操作系统或过程的虚拟实例）以及类似的行动
物理介质	详细记录所有使用的物理介质，包括硬盘	1）制定 1 份利用商业研究来评估适合于美国地质调查局用途的存储介质的计划。 2）开始对保存时间 ≥ 10 年的介质进行更换	所有不推荐的介质已在更换后妥善处理	1）根据行业分析选择所有介质。 2）所有信息每 3~5 年从旧介质迁移到新介质，包括硬盘

校验和：校验和是用于检测文件内容中的意外更改，它是简单的文件摘要计算方法，如果文件中的任何字段发生变化，校验和就会发生变化。包括美国地质调查局在内的美国

联邦机构应为新系统使用以下美国国家标准与技术研究所（NIST）批准的校验和：SHA-224、SHA-256、SHA-384 和 SHA-512。MD5 和 SHA-1 校验和被广泛使用，但未被批准用于新系统。

4.5.3.1　数字资产保存应考虑的要素

在考虑如何保护数字资产时，应该解决以下技术要素，表 4.2 提供了这些要素的标准：

1）存储与地理位置：存储系统、位置和防止丢失的数据备份。

2）数据完整性：预防、检测并恢复意外或有意的更改。

3）信息安全：防止人为损坏、删除和未经授权访问的程序。

4）元数据：增强相关背景的理解和长期可用的文献记录。

5）文件格式：文件类型、结构和命名规则，有助于长期保存和重复使用。

6）物理介质：降低威胁物理介质读取风险的基本建议。

4.5.3.2　数字资产保护水平

数字资产保存有 4 个级别：

1）1 级：在研究项目的整个生命周期中维护数字资产所需的最低标准和行动。

2）2 级：为了继续改进存储库功能，在具备所有 1 级要素后执行 2 级要素。

3）3 级：在具备所有 2 级要素后执行 3 级要素。这是美国地质调查局对所有长期保存记录的可信数字存储库的最低标准。

4）4 级：美国地质调查局应努力达到的最佳水平。

数字资产保存级别表（表 4.2）描述了 6 个要素在 4 个保存级别的标准，其他要求包括：

1）每个级别都在前一级别的基础上增加了要求。

2）要增强现有数字数据存储库，将所有元素升级到同一级别。

3）要被指定为可信数字存储库，该存储库必须至少达到 3 级标准。

4）为了最大限度地保障数据保存，需将所有元素指定为第 4 级。

4.5.4　信息质量指南

美国地质调查局所提供的科学信息公正且客观，其他实体组织可以据此作出判断。自 1879 年成立以来，美国地质调查局始终保持全面的内部和外部程序，以确保数据、分析和科学结论的质量、客观性、实用性和完整性。信息质量指南囊括了美国地质调查局采用任何媒介制作的所有信息，其中有美国地质调查局出版的信息产品或外部实体出版物中的数据集、网页、地图、视听演示。此外，该指南还提供了行政管理程序，用于试图纠正由美国地质调查局维护和传播的错误信息。

信息质量指南旨在提高美国地质调查局行动的管理水平，以满足美国白宫管理与预算办公室对信息质量的要求。

4.5.4.1　数据采集和研究

美国地质调查局以统一、客观和可复制的方式开展数据采集和研究行动，并通过积极和公开的同行评审来进行审查，确保取得最佳结果，同时避免数据或结论中出现不足或错误。美国地质调查局的科学信息在数据（采集研究）方法方面拥有高度透明度，这有助于其他科学家对这些信息进行再现。为出版而采集的数据必须形成记录文件，记录文件描述了：①采集、处理和分析数据的方法或技术；②数据输出结构；③准确度和精确度说明；④元数据标准；⑤质量保证程序。如果由于隐私保护、商业秘密、知识产权和其他机密保护等重要权益而无法访问数据和方法，美国地质调查局将在可行的范围内对信息和文件进行核实，以确保采取了质量保证措施（参考《美国地质调查局调查手册》第502.2章）。

4.5.4.2 美国地质调查局审批流程

美国地质调查局的信息通过多种媒介发布。鉴于信息的科学性，信息在批准和发布之前，这些信息会经过诸多质量审查，例如严格的同行审查，以保障信息的可靠性、客观性和完整性。《美国地质调查局调查手册》第502.3章和第502.4章提出了审批标准和要求。

4.5.4.3 文书消减法

所有美国地质调查局办公室都将采用美国白宫管理与预算办公室的文书消减法（PRA）的审批流程，有助于提高美国地质调查局采集的、向公众传播的信息质量。所有提交至美国白宫管理与预算办公室的拟定文书消减法批准文件，均须证明拟定的信息采集将按照美国白宫管理与预算办公室和美国内政部质量指南的要求进行采集、维护和使用信息。

4.5.4.4 美国地质调查局第三方数据

美国地质调查局采取措施，以确保外部提供的数据和信息在质量和透明度方面足以满足预期的使用需求。引用和使用第三方数据和信息是一项非常复杂的工作，这需要与科技界及其他外部数据提供者进行广泛合作。第三方数据可能在准确性方面存在问题，这是因为通常无法对数据内容进行检查，也无法控制其准确性。若引用的信息无法得到核实，那么信息来源将向公众公开，此类信息则不受该指南的约束。

元数据描述（表征和描述数据的信息，包括方法、时间和采集人等）是美国地质调查局用以最大限度地提高信息质量、实用性、客观性以及第三方数据透明度的一种手段。元数据在描述具体遵循的质量程序以及记录其研究中所使用的方法和技术方面起着关键作用。美国地质调查局符合已有的国家和国际元数据标准，如美国联邦地理数据委员会《地理空间元数据标准》。

4.6 说明基础科学措施步骤的数据发布流程

数据发布流程（图4.2）详细说明了需要完成的基础科学措施步骤，以及美国地质调查局数据发布过程中的每个步骤的负责人。数据发布所涉及的人员包括作者、监督人、元数据评审员、数据评审员、科学中心主任、网络管理员、元数据协调员和负责人。数据发布具体通过13个步骤来完成：①创建数据产品；②在信息产品数据系统（IPDS）中将产品标记为数据发布；③进行流程审查；④开展元数据审查；⑤开展数据审查；⑥如有必要，修订元数据，并对数据审查进行校正；⑦ 提交产品包；⑧ 过程审批证明；⑨ 科学中心审批；⑩分配统一资源定位系统；⑪ 发布数字对象唯一标识符；⑫ 在美国地质调查局科学数据目录中记录元数据；⑬ 保存数据产品和元数据。

基础科学措施中的政策和程序，能对美国地质调查局科学家予以帮助和指导，确保美国地质调查局在不同任务和科学主题中的所有科学工作都具备的统一性、高质量和全面性。基础科学措施体现了美国地质调查局为实现 21 世纪使命而遵循的原则和程序。建立并遵守基础科学措施，有助于美国地质调查局更好地为国家服务，并提供优质的科学信息产品。

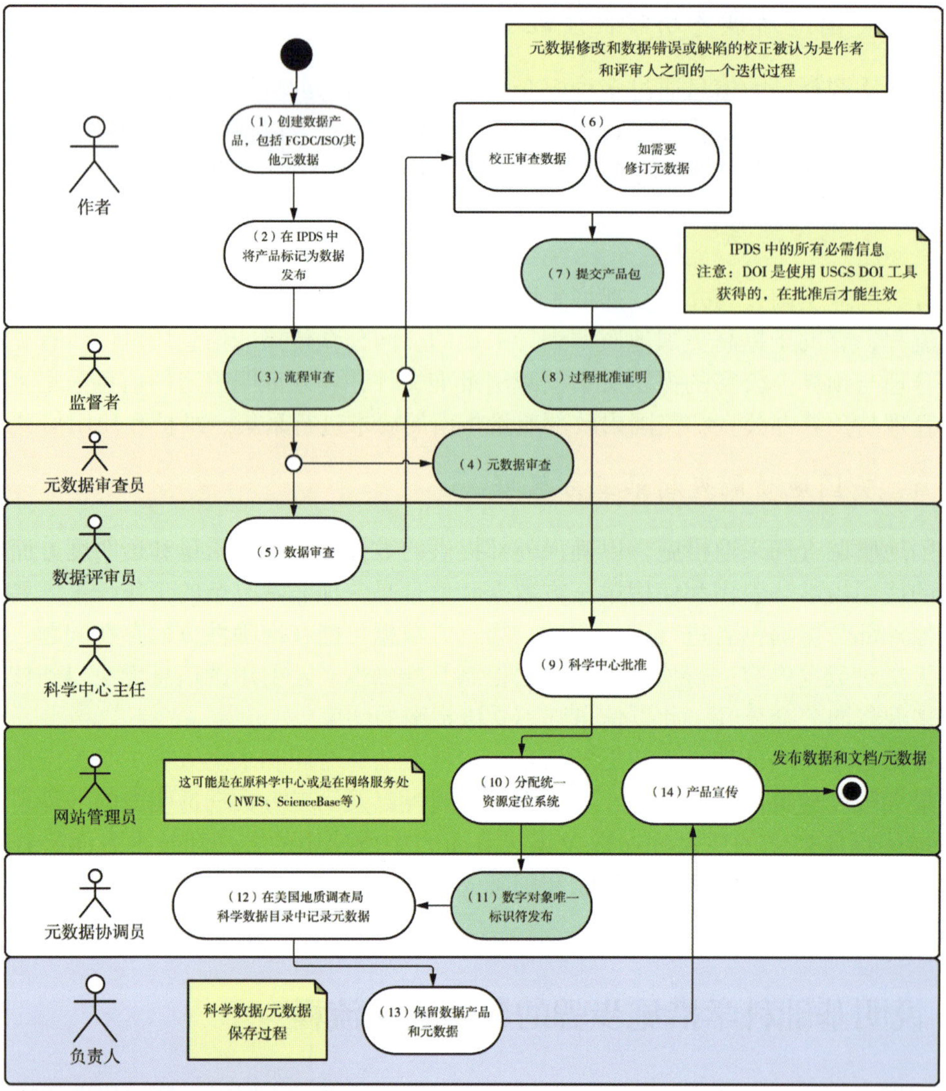

请注意，此图中的步骤已编号，确保按照正确的顺序。

1）非解释性信息产品可由科学中心主任审批。

2）网站管理员、元数据协调员和资料保管员担当数据管理角色，可以由科学中心主任酌情委托给同一个人或不同的个人，或者用类似于美国地质调查局 ScienceBase 的网络服务来承担这些角色。

图 4.2　美国地质调查局数据发布流程

（资料来源：美国地质调查局网站）

5 美国地质调查局数据管理办法

美国地质调查局数据是按照该局科学数据生命周期模型进行管理的，该模型描述了数据管理的各个阶段以及研究项目全过程中的数据流程。

5.1 数据管理概述

良好的数据管理可以实现数据查找、共享和重用，还能减少数据冗余。良好的数据管理还可以降低时间成本和金钱成本。

5.1.1 数据管理的必要性

当数据被完整地记录下来时，用户可轻松查找信息，并得到预期的结果。准确的数据符合法律和科学的要求，可以帮助数据所属机构减少所面临的诉讼和申诉。

5.1.1.1 数据集成

良好的数据管理的优势体现在数据集成方面，易于访问且记录完善的数据更容易集成到现有项目或数据中，从而减少冗余工作并增加其价值。

5.1.1.2 数据管理理念

作为永久保存资源，美国地质调查局采集和使用的数据至关重要。美国地质调查局向合作者和客户提供的数据成为他们之间的联系纽带。美国地质调查局最有价值的资源离不开良好、准确、可靠、有用和及时的数据。此外，纳税人和美国地质调查局的客户已支付了费用，他们有权了解美国地质调查局决策的依据（即做出这些决策所依赖的数据）。

数据管理最佳措施试图形成统一的标准和程序。其目标是消除浪费和滥用纳税人的资金，同时提供项目高效运转所需的信息资源，需要认识到美国地质调查局是为纳税人进行数据采集的。

5.1.1.3 数据管理的价值

DataONE 的总监比尔 · 米切纳（Bill Michener）根据调查结果以及对数据管理方面的科学家的访谈，使用“80–20 规则”，得出“科学家们 80% 的精力都耗费在数据的发现、获取、记录、转换和整合，而仅有 20% 的精力用于更能激发思考的事情上，如分析、可视化和新发现”的结论。国际咨询公司总裁兼负责人拉里 · P · 英格利希（Larry P. English）认为，低劣的数据质量可能会使公司损失 15%~25% 的运营预算。

5.1.2 数据的生命周期

数据属于美国地质调查局资产，其价值超出了美国地质调查局当前的需求价值，数据应该在整个科学数据生命周期中进行管理。科学数据生命周期的每个阶段都需要能回答与文档、存储、质量保证和所有权等相关的问题。

5.1.2.1 科学数据生命周期模型

美国地质调查局通过提供科学信息服务国家，因此，数据是美国地质调查局的核心资产。2013 年 2 月 22 日，美国白宫科学和技术政策办公室备忘录指出“由美国联邦政府支持的科学研究带动了创新突破，推动了经济发展”。这些研究成果成为创新的源泉，是健康、能源、环境、农业和国家安全等领域持续发展的重要资产。

美国地质调查局的基础科学措施鼓励“美国地质调查局的科学家……以最有效的方式发布他们的数据和调查发现，最大程度地提高该局在可靠科学方面的声誉”。正确管理美国地质调查局科学数据是该局科学家和工作人员的职责。数据管理和数据集成已被美国地质调查局科学战略确定为关键领域，对未来成功理解和应用美国地质调查局科学至关重要。科学数据生命周期模型的实施有助于美国地质调查局科学家理解和管理数据及信息产品的生命周期。

数据管理的原则和措施是项目研究复杂过程中的重要组成部分。数据生命周期模型对在不同阶段必须进行的独立行为、操作或过程做了高度概括（图 1.3）。该模型作为一种可视化工具，可以帮助科学家预计和规划在管理数据的每个阶段所需采取的具体活动，从而保证数据管理方法的及时、全面和安全。由此通过精心管理数据资源，研究人员可以重复利用这些资源，这对于整合科学和扩展数据价值至关重要。该模型是为美国地质调查局科学数据管理而开发的，是促进共同认识和理解有关记录、保护和提供美国地质调查局有价值数据资产等必要步骤的一种方法。

5.1.2.2 模型主要要素

计划（Plan），是模型的第 1 个要素，旨在帮助科学家考虑与项目数据资产处理有关的所有活动，这个阶段包括从项目开始到出版和存档的过程。在此阶段，应该评估、处理和记录模型的所有要素。项目团队应考虑数据生命周期每个阶段的方法、所需资源（包括资金和人员）以及预定的输出。数据管理计划是科学数据生命周期模型推荐的输出项。

获取（Acquire），是模型的第 2 个要素，表示采集、生成或考虑和评估新的或现有的数据，以用于数据重用的活动。流量测量数据、历史图件、地震传感器输出结果、生物记录和卫星观测都属于获取数据和信息的范畴，这些数据和信息代表美国地质调查局研究中输入的各种科学数据。科学家们擅长设计数据采集技术来解决研究方面的问题。在美国地质调查局内部，此要素还强调了该局相关政策和最佳措施的重要性，这些相关政策和最佳措施维护了美国地质调查局信息产品的数据来源和完整性。项目的数据输入是此要素的输出项。

处理（Process），是模型的第 3 个要素，表示与新的或以前采集数据输入准备相关的各种活动。处理输入的数据可能需要：① 定义数据元素；② 集成不同的数据集；③ 进行提取、转换和加载操作；④ 校准分析所需的数据。模型中的“处理”要素提醒科学家，美国地质调查局的标准和工具不仅可以满足项目要求，还能为综合科学构筑全局范围的数据基础。准备好进行集成和分析的数据集是该要素的输出项。

分析（Analyze），是模型的第 4 个要素，表示与数据处理相关的勘查和解释活动，在这些活动中会验证假设、获得发现并得出结论。分析活动包括总结、绘图、统计分析、空间分析和建模，进而产生科学结果和信息。在此要素中，将会生成新数据、跟踪版本并记录流程。分析过程中的数据管理不仅提高了数据分析活动的效率，还保存了对科学完整性至关重要的文档，为未来的研究奠定了基础。解释结果或新数据集是该要素的输出项，该输出项通常以书面报告或机器可读格式（如地图层或数值模拟结果）进行发布。

保存（Preserve），是模型的第 5 个要素，表示与存储长期使用和可访问数据相关的活动。通常保存是在项目的最后阶段才被考虑，由于项目预算和时间安排上的压力可能会忽略保存。有意将此要素放置在模型中的“发布 / 分享”之前，这是一个提醒，即美国联邦资助的科学家必须规划好长期保存数据、元数据、附属产品、与应用程序无关的存储格式和其他文档的工作，以确保其可用性和重用性。

发布 / 共享（Publish/Share），是模型的第 6 个要素，该要素将美国地质调查局传统的经同行评审的出版观念与通过网站、数据目录、社交媒体和其他地方发布数据相结合。为增加获取美国联邦资助研究成果的机会，美国地质调查局把数据和信息的发布与传播作为其主要任务，这也是近期美国联邦政府指令的关键点。此要素提醒科学家，数据和传统出版物一样，都是研究产品。

5.1.2.3 模型交叉要素

模型的每个主要要素都涉及该阶段特有的活动和输出；然而，其他关键活动必须在生命周期的各个阶段持续进行，以便为有效的数据管理提供支持。

描述（元数据，文档）（Describe（metadata，documentation）），是第 1 个交叉要素，强调在科学数据生命周期中分阶段存档的重要性。从数据管理计划开始，此要素就着重强调对生命周期的各个阶段都要进行详细记录，以便其他科学家可以通过重复工作来验证研究结果，评估结果的有效性，并确定数据对未来研究的可用性。这有助于确保所创建、编辑、处理和共享的科学数据的准确性和易懂性。基于标准的元数据和文档，如软件代码注释、数据模型和工作流程，有助于数据的索引、访问、理解和未来使用。虽然良好记录的数据并不能完全防止对数据的错误解释或误用，但它可以帮助揭示这些错误并及时加以纠正。“描述”要素体现了美国地质调查局数据和信息的来源和权威性。

质量管理（Manage quality），是第 2 个交叉要素，提醒科学家在项目开始时，就要规划好数据的质量保证措施，然后在科学数据生命周期的后续阶段，持续进行质量控制监测与调整，以验证这些措施在项目实施过程中是否按要求执行。此要素与美国地质调查局所强调的只发布最高质量科学产品理念相一致。

备份和安全（Backup and secure），是第 3 个交叉要素，涉及在整个科学数据生命周期中预防数据面临的物理风险，同时确保数据是可访问的。此要素提醒科学家，在数据最终保存之前，定期备份至关重要，可防止因硬件或软件问题、自然灾害或人为错误造成的数据丢失。损失防范措施适用于原始的和处理的研究数据、原始科学计划、数据管理计划、数据获取策略、处理程序、版本控制、分析方法、已发布产品和相关元数据。此要素鼓励科学家为安全的数据共享服务制定计划，特别是当项目的科学家在多个机构工作时。

5.1.2.4 研究项目中的数据管理角色和职责

美国地质调查局科学数据生命周期模型包括具有专业知识和技能的数据管理活动，以及有关方法和标准的持续教育培训。该模型鼓励研究人员为项目团队规划两种不同角色——研究人员和数据管理员。根据员工的专业知识，研究人员和数据管理员角色可能在生命周期的一个或多个阶段由一个人承担，也可能由多个具有不同职责的人共同承担。尽管可能有多名人员负责监督不同的科学数据生命周期要素，但项目负责人要确保在项目整个生命周期中处理好每个要素。

5.1.3 法律依据及相关要求

5.1.3.1 数据管理的法律依据

有关数据管理的法律和行政命令如下：

依据《信息质量法》制定的美国地质调查局信息质量指南允许公众审查和质疑美国地质调查局发布的数据，并为这些质疑提供审查程序。

《克林格 · 科恩法》设立了首席信息官的职位，负责监督信息质量和信息化建设。其要求各机构开发企业级信息架构，以提高企业绩效和数据可移植性。参见《美国地质调查局信息技术战略计划：2007—2011 财年》。

《隐私法》制定了“公平信息实践准则”，对美国联邦机构保存在记录系统中的个人身份信息的采集、维护、使用和传播进行管理。

《政府绩效与结果法（GPRA）》是一系列旨在改善政府项目管理的法律之一，要求各机构参与项目管理工作，如设定目标、评定结果和报告进度。为了遵守该法案，各机构要制定战略规划、绩效计划，并对项目进行差距分析。

《计算机匹配与个人隐私法》扩展了《隐私法》的保障范围，以确保在合并或整合数据时不会发生侵犯隐私的行为。

《政府文书消减法》规定，在可行的情况下，美国联邦机构使用电子表格、电子档案和电子签名的方式与公众开展办公业务。

《减少文书工作法》为将信息作为一种资源进行管理提供了基础，要求各机构采取措施提高其数据质量和数据共享能力。

《信息自由法》是一项美国联邦法律，允许全部或部分披露美国政府掌握的未发布的信息和文件，规定了需公开的机构档案，概述了强制性信息披露程序，并给予法律豁免。

第 12906 号行政命令（地理空间数据）指示美国联邦地理数据委员会建立国家空间数据基础设施（NSDI），以获取、处理、存储、分发地理空间数据，并提高地理空间数据的利用率。

5.1.3.2 《美国地质调查局调查手册》对数据管理的要求

《美国地质调查局调查手册》第 502.6 章“基础科学措施：科学数据管理”做了如下要求：“美国地质调查局的数据属于单位资产，其潜在价值超出任何研究的用途，因此需要在其整个科学数据生命周期内进行说明和妥善管理……通过应用科学数据生命周期模型中的模块，美国地质调查局的科学家可以确保数据是可发现的、准确的且可保存的，以便在项目生命周期结束之后进行访问和使用。科学数据生命周期模型还可作为一种体系架构，在必要时帮助评估和改进管理美国地质调查局科学数据的要求和措施，并确定需要新工具和标准的领域。”

5.2 计划

计划中最主要的输出项是数据管理计划。数据管理计划由一系列既定活动记录构成，包括用于发现和获取资源，以及采集、维护、保护和利用数据资产所采取的活动记录。计划还包括全生命周期数据管理的资金申请以及技术和人力资源的支持。一旦确定了数据需求，就可以开发一个系统来管理数据。

5.2.1 数据管理计划

数据管理计划描述了研究期间获取或产生的数据的管理、描述和存储方式与使用的标准，以及在项目进行期间和结束后处理和保护数据的方法。数据管理计划清单是对美国地质调查局数据管理计划的最基本要求。各科学中心编制制定各自的数据管理策略，为数据管理计划提供指导。

5.2.1.1 数据管理计划清单

自 2016 年 10 月 1 日起，美国地质调查局所有新的项目必须包含一份数据管理计划，作为由科学中心主任批准的项目工作计划的一部分。该清单提供在项目启动时制定数据管理计划所必须考虑的事项，以满足美国地质调查局基础科学措施。美国地质调查局的数据管理计划清单（表 5.1）为制定所有新项目数据管理计划时必须考虑的事项提供指导。

表 5.1 美国地质调查局数据管理计划清单

要素	考虑的事项
计划 （Plan）	为项目提供基本标识信息（例如，项目名称、项目跟踪编号、联络点）
	提供项目和数据采集活动的时间范围（例如，项目和数据采集的开始和结束日期）
	为参与项目的员工和合作伙伴提供联系方式
	确定负责与项目相关的数据获取、处理、质量控制、文件编制和保存的全面数据管理工作的组织（美国地质调查局、合作伙伴或合作者）
	* 提供数据管理活动的预算

续表

要素	考虑的事项
计划（Plan）	* 如适用，注明确定数据获取 / 共享的角色和责任的数据共享协议、谅解备忘录或协议备忘录
获取（Acquire）	为每个数据集提供基本的识别信息（例如，标题、描述、来源、联络点）
	在项目中描述每个数据集的用途
	确定使用数据集的所有固有限制
	* 确定每个数据集的格式
	* 确定每个数据集的存储需求
处理和分析（Process and analyze）	* 通过数据转换、合成操作或其他处理步骤生成数据集。如果可能，使用工作流程软件，如 VisTrails 或其他
	* 描述将用于数据处理的技术、能力或模型
	* 对于模型、软件和代码，需列出数据输入、数据输出和校准细节
保存（Preserve）	记录负责保存所有批准发布数据的人员
	* 在提交数据保存时，说明计划使用的开放数据格式
	* 包括已批准发布的数据的预计存储量
	* 确定批准发布数据的长期保存位置；说明计划使用的可信数字存储库；列出其他提供批准数据、软件、模型或代码的网站
出版 / 共享（Publish / Share）	提供项目出版物的初始识别信息（例如，标题、说明、作者名单）
	描述每个出版物的格式（例如，出版物系列、数据类型或模型）
	说明计划如何使用数据集来维护和更新美国联邦地理数据委员会或国际标准化组织（ISO）可扩展标记语言（XML）标准格式的详细元数据记录
	描述如何（如使用工具、指导负责人等方式）将数字对象唯一标识符编号分配给每个批准发布的数据
	描述对使用专有输入数据或其他要素的衍生产品所必须施加的固有限制
描述 / 元数据（Describe / Metadata）	* 描述将用于创建元数据的工具或过程
	* 确定负责创建元数据文件的人员
质量管理（Mnaage quality）	* 记录项目团队角色和操作程序；参考科学中心政策或其他适用的标准操作程序
备份和安全（Backup and secure）	* 确定提供复制和备份功能的内部存储资源的所在位置，并将在处理和分析期间用于存储获取的数据
	* 确定将使用存储资源的联系人
	* 如果已知，描述数据的记录处理时间表

注：随着项目的开展，表格中开头带有星号项可能会被更准确地描述。

5.2.1.2 科学中心数据管理策略

为了实现美国地质调查局为国家提供科学数据的使命，数据管理必须超出科学研究项目本身的价值。美国地质调查局科学中心需进一步采取行动，以实用的方式向公众提供数据，并妥善保存数据，使其在未来相当长的时间内都能被发现。这些要求在美国地质调查局科学数据生命周期模型、美国地质调查局公共访问计划和美国地质调查手册的新章节中都有表述。当应对新的数据管理政策时，美国地质调查局的信息将进入一个更加开放和透明的科学研究领域。美国地质调查局承诺在 2016 年 10 月 1 日前满足以下要求：

1）必须在美国地质调查局科学数据生命周期模型全过程中积极管理研究数据，包括计划、获取、处理、分析、保存和发布 / 共享。

2）每个新的研究项目都需要有经过批准的数据管理计划。

3）元数据记录应描述数据的获取方式、处理数据的步骤以及分析数据所使用的工具，并且这些记录需要与所有数据一起提供。

4）元数据必须提交至美国地质调查局科学数据目录中。

5）数据发布必须经过批准，这需要对数据和元数据进行审查。通常情况下，数据发布的审批权委托给科学中心主任。

6）配套的数字数据必须在研究成果发表的同时或之前，以机器可读的形式免费发布，该研究成果全部或部分由美国地质调查局资助形成。在安全、隐私、保密和其他法律约束下可能会有个别例外情况。

7）发布的数据必须通过使用数字对象唯一标识符进行标识，并与相应的出版物链接。

8）美国地质调查局获取的数据必须在该局信任的公共存储库或离线档案库中进行存储和管理。

美国地质调查局的各个科学中心都需要制定数据管理策略，以满足这些与当地研究活动相符的新政策。科学中心数据的管理策略是实现这些目标的计划，是确定人员配置、培训、工具、程序和监督的基础，是承诺遵守政策的示范，也是研究人员的指南。科学中心数据管理根据确定的数据管理策略来制定模板，该模板以科学数据生命周期模型为体系框架。

5.2.1.3 编写数据管理计划的最佳措施

1）按照美国地质调查局政策的要求，在研究项目启动之前创建数据管理计划。

2）考虑可用的数据管理计划编写工具和模板，以及它们的预期用途。

3）编写数据管理计划内容，描述项目数据的获取、处理、分析、保存、发布和共享（公共访问）产品，如美国地质调查局科学数据生命周期模型所述。

4）在获取或采集数据之前，确定数据管理计划的所有专有或敏感数据，以便从法律角度证明限制公众访问这些数据的必要性。

5）明确数据和后续元数据的管理、发布和所有权的角色和责任，或者参考现有的谅解备忘录、协议备忘录和 / 或数据共享协议（如果有）。

6）如果资金资助单位提供的数据管理计划模板不能完整描述项目、数据资产和产品以及用于研究的软件（开发或购买）和硬件所需的投资，应添加内容以补充该模板。

7）结合项目活动（如资金审批、项目审查和发布），制定审查和更新数据管理计划的时间表。

8）确保数据管理计划的内容详尽，使利益相关者（出资者、项目人员和存储库负责人）能清楚地了解项目活动的真实情况。

9）确保数据管理计划的内容及所列出的程序符合美国地质调查局基础科学措施的要求，同时也符合科学中心的指南。

5.2.1.4　数据管理计划编制过程中的常见问题

（1）项目工作流程中数据管理计划的地位

影响项目工作流程的商业方案因科学中心和资金来源而异；通常情况下，数据管理计划应该在项目的提案阶段和接受资助阶段之间进行创建。《美国地质调查局调查手册》第502.6章要求“美国地质调查局资助或管理的每个研究项目的工作计划必须包括项目启动前的数据管理计划”。图5.1、图5.2是项目工作流程图示例，显示了需要完成数据管理计划的时间要求。但是，如果所属的科学中心或项目建立的工作流程适用，则可以直接采用。数据管理计划可能需要在其他各种项目的重要阶段进行更新。

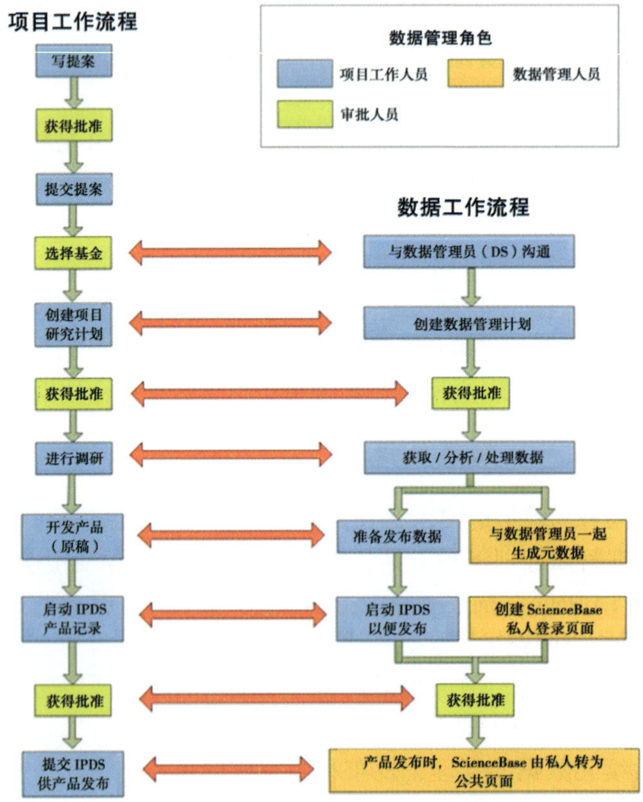

图5.1　湿地研究中心数据管理计划示例

（资料来源：美国地质调查局网站）

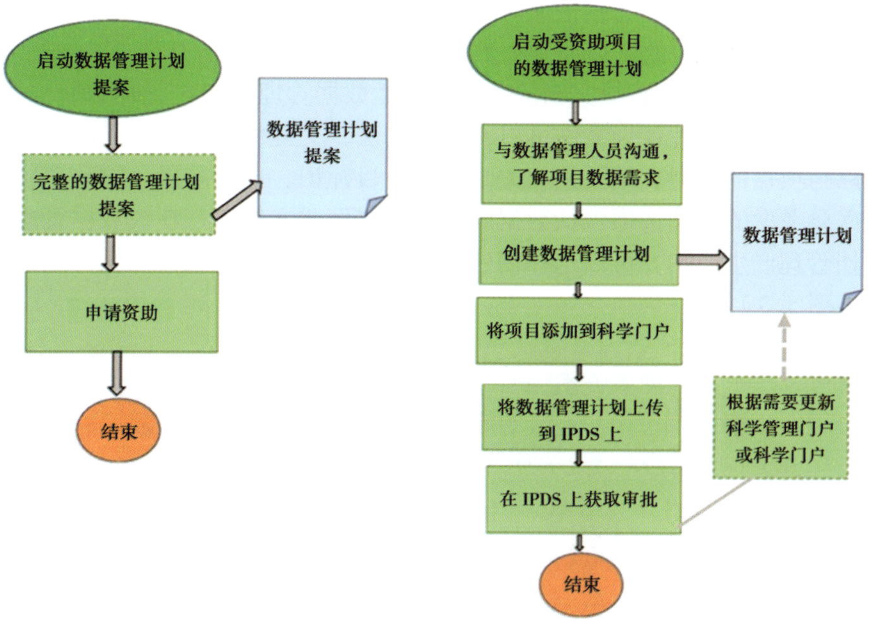

图 5.2 阿拉斯加科学中心数据管理计划示例
（资料来源：美国地质调查局网站）

（2）当不同资金来源且使用不同数据管理计划模板时的后果

为满足资金资助方的要求而制定的数据管理计划通常是可以接受的，前提是至少能提供与科学中心格式相同的信息。不足之处应在资金资助方数据管理计划的附件中予以解决。

（3）使用数据管理计划的用户

数据管理计划拥有许多用户。用户通过使用数据管理计划，对整个生命周期中数据处理的方法进行规划，并在整个项目过程中更新文档。此外，用户使用数据管理计划及时获取和记录相关信息，以便后续用于元数据的其他需求。项目人员使用数据管理计划，帮助理解不同团队成员的角色和职责，尤其是当团队中包含来自不同组织的合作伙伴时。数据管理员和传播团队可以使用这些信息，确保妥善做好保存和数据共享活动。

资金资助方可以使用数据管理计划来推广信息透明、高质量和可发现的产品。在《信息自由法》的要求下，数据管理计划可以作为证明材料使用。数据管理计划被认为是正式下达项目工作计划的一部分，从法律层面上确定了向公众免费提供数据的人员，以及专有数据的归属。

（4）了解项目的每个阶段需要完成或更新的数据管理计划内容的方法

可能需要在整个项目过程中开发数据管理计划，以确保其内容准确且有用。了解美国地质调查局科学数据生命周期，将有助于制定数据管理计划。此外，资金来源机构或科学中心可能也会提供具体的指导。

（5）数据管理计划和其他项目文档相似的原因

数据管理计划侧重于项目数据的相关方面，并与其他描述性项目文档（如建议书、项目计划或预算以及科学信息系统入口）结合。数据管理计划通常包含计划、角色和职责等部分，这些部分采集的信息与其他文档中的信息相似，但这些“重复”的内容对于项目之外的任何人来说都是必要的，以便了解数据管理计划。

（6）管理所有项目和数据文档的方法，包括数据管理计划

组织和存储数据管理计划文件可以有许多方法，关键是要制定一贯的策略。机构和命名约定可以与项目的其他有用要素相关联，如项目标识、项目阶段、财政年度或它们的任意组合。需要考虑的存储选项包括数据库、单个文件或文件夹。在线数据管理和文档工具也会对文档管理产生影响。可以选择创建文本文件，也可以使用可在软件工具中加载和存储的表单（图 5.3）。

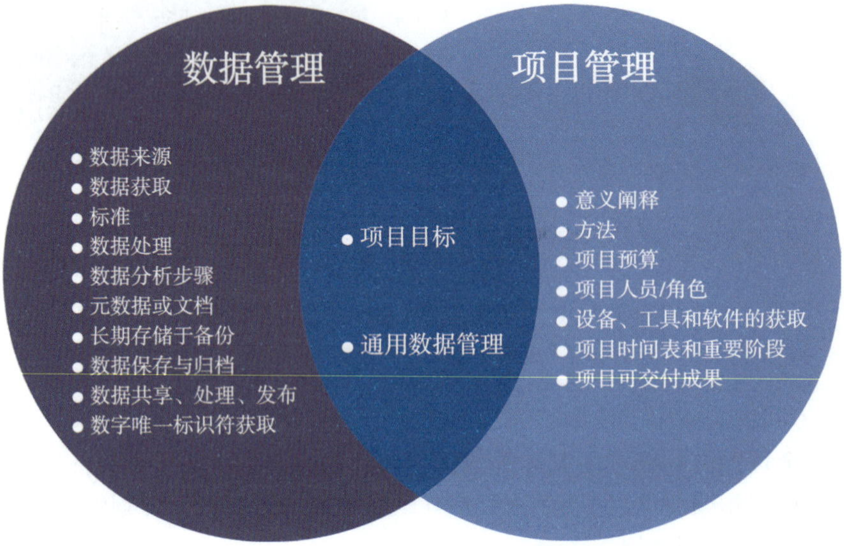

图 5.3　数据管理与项目管理维恩图

（资料来源：美国地质调查局网站）

5.2.1.5　工具

以下是一些可供美国地质调查局工作人员使用的工具。每个工具都是根据特定的需求和用例设计的。这些工具包括 DMP Tool、DMP Editor、ezDMP、Microsoft Word 和 Microsoft Forms。各工具对比见表 5.2。

DMP Tool 是一个与包括 DataONE 在内的多个机构合作开发的免费网络应用程序。虽然任何人都可以使用，但美国地质调查局的工作人员可以创建一个以“美国地质调查局”为子机构（公共领域）的 DMP Tool 帐户。

DMP Editor 是一个数据管理计划编辑器，能帮助用户轻松创建、编辑和管理数据管理计划。

ezDMP 是基于跨学科地球数据联盟（IEDA）的数据管理工具，对所有研究人员免费。用户界面可以轻松输入和链接数据产品，并提供针对美国国家科学基金会和分支学科的建议和信息，以确保用户能为长期数据管理找到正确的解决方案。

表 5.2 数据管理计划工具对比

工具名称	是否简化	是否可定制	是否免费
DMP Tool	是	是	是
DMP Editor	半简化	是	否
ezDMP	是	否	是
Microsoft Word	否	是	是
Microsoft Forms	半简化	是	是

5.2.1.6 《美国地质调查局调查手册》对数据管理计划的要求

自 2016 年 10 月 1 日起，《美国地质调查局调查手册》第 502.6 章“基础科学措施：科学数据管理”要求，由美国地质调查局资助或管理的每个研究项目的工作计划，都必须包含项目启动前制定的数据管理计划。

《美国地质调查局调查手册》第 502.6 章还进一步规定，数据管理计划应包括适合于项目的标准和预期行动，用于获取、处理、分析、保存、发布 / 共享、描述和管理数据的质量、备份和保护。

5.2.2 数据管理工作

数据管理工作是对委托的数据进行认真、负责的管理。

5.2.2.1 数据管理工作的重要性

美国地质调查局采集和分析的数据属于国家资源，经费由纳税人提供，用于支撑各类管理决策，其中许多决策在重大的经济、健康和安全等方面产生了良好效果。

5.2.2.2 数据管理员的角色和职责

数据管理员或数据负责人是负责监督美国地质调查局数据产品生命周期活动的人员。

数据管理主要是由创建和维护数据的专业人员负责，尽管他们起到了重要的支撑作用，但数据管理工作不能简单地委托给信息部门或地理信息系统部门。例如，对于空间数据，地理信息系统工作人员可能负责维护数据，但确定采集信息的类别和信息保存的格式归与地理信息系统工作人员合作的“科学家”和业务领域主管负责。

如果各级机构缺乏承担数据管理的人员，美国地质调查局就无法完成数据管理，因此，该局正在积极寻找能够胜任数据管理员角色和职责的人员。各级机构都需要熟悉业务需求的人员来确定和管理数据内容和质量，以确保所采集和维护的数据能满足业务需求。不同机构的数据管理员的许多职责都是相同的。

（1）数据访问

数据访问规则涉及内部和外部访问。作为数据管理员，需要考虑可能对数据产生影响的《信息自由法》《隐私法》和信息技术安全问题。数据管理员应在数据采集的早期阶段对数据进行评估，以确定所采集的全部数据是否涉及敏感信息，以及确定在组织内部或外部可能存在的访问权限。

（2）数据管理员

应与当地或州组织机构的隐私、信息自由和信息技术安全官员沟通协调。

1）对个人创建 / 更新的数据的完整性和质量负责。① 数据管理员负责规定要求，并评估用于正式决策的数据质量；② 数据质量意味着达到预期用途。

2）选择数据标准，建立业务规则，遵循正式的既定流程。数据管理员负责指导或支持数据标准工作。这些工作应遵循美国能源部 / 美国地质调查局的程序，并涵盖所有文件。

3）确保信息满足客户需求。① 数据是否可靠？② 它们的格式是否易读易懂？③是否有关于数据的最新文件，如有关数据的采集时间、地点、方式、人员及条件等信息。

4）建立数据访问的安全要求。

5）保证符合官方机构的记录要求。① 国家档案和记录管理局负责管理各种记录的处置，包括字母数字混合型数据和空间数据；② 尽早让记录负责人或管理员全程参与数据采集的规划过程。

6）确保制定和维护数据文件，包括美国联邦地理数据委员会元数据标准。① 元数据定义为“描述数据的数据”，描述数据的内容、质量、条件等特征；② 从采集字母数字混合型数据和空间数据开始就要采集元数据。

7）加入所在地区（国家、州、地方）的数据管理处。① 团队合作对于避免数据重复至关重要。当确定需要为所在区域的项目、提案或决策采集数据时，应与团队共同确定现有的数据存储或数据集参数；② 承担数据管理角色和责任的员工需要协同工作。

8）积极倡导数据管理。使用和分享好的数据管理措施。

（3）所需的知识 / 技能和能力

1）掌握基本的数据管理原则和概念。

2）了解如何创建数据标准、确定业务数据需求和业务规则。

5.2.2.3 管理层职责

管理层包括项目负责和现场主管。管理职责包括：

1）确保信息资源可用于支持各自项目领域的数据管理活动。

2）确定维护的数据类型符合美国地质调查局的目标。

3）划定数据管理员的职责范围并提供相应帮助。

4）负责其项目或地区数据的各个方面，包括质量、可访问性、完整性、及时性、准确性和标准。

5）对个人创建 / 更新的业务数据的完整性和质量负责。

6）在项目开发过程中进行监督，以确保数据需求和要求被记录在案。

7）确保遵守美国地质调查局对元数据和数据标准的规定。

5.2.2.4 专家职责

专家包括地理信息系统专家、信息资源专家和数据库 / 系统管理员。专家职责包括：

1）了解数据要求、标准、访问规则和相关培训。

2）与数据管理员合作，将业务需求转化为应用程序需求，并推出数据需求。
3）执行州 / 局数据标准，也可以参与标准的制定。
4）提供有关空间数据处理、应用和价值的培训机会。
5）根据质量规范创建和维护元数据。
6）向各自的州办公室提供对局 / 州政策的统一解释和应用。
7）管理包含空间数据的数据库。
8）对个人创建 / 更新的业务数据的完整性和质量负责。

5.2.2.5 数据管理资源

除美国地质调查局数据管理网站外，还有一些其他有用的资源可供数据管理员 / 负责人使用。

1）CURATE 检查表：数据管理网（DCN）制定了一系列检查表，以帮助其管理者完成数据管理步骤。

2）数据管理入门：数据管理入门是交互式的、灵活的文档，详细描述了特定的主题、学科领域或管理任务，并且可以为研究数据管理提供参考。例如，有一些入门文档详细介绍了如何以特定格式（如 Excel、MSAccess、Geodatabase、netCDF 等）整理数据。

5.2.2.6 《美国地质调查局调查手册》对数据管理工作的要求

《美国地质调查局调查手册》第 502.6 章“基础科学措施：科学数据管理”规定，科学中心主任或其指定人员或指派的数据负责人，监督或管理其各自数据产品的生命周期活动。

《美国地质调查局调查手册》第 502.8 章“基础科学措施：发布科学数据的审查和批准”规定，在线数据库、数据服务或数据发布方法的维护和监督是在指定的数据管理员的指导下开展的，该数据管理员负责整个过程的监督，即负责确保添加到数据库或数据服务层中的数据的质量及维护、常规数据审查，以及方法、程序、数据变更的记录。

《美国地质调查局调查手册》第 502.9 章“基础科学措施：数字科学数据的保存”规定，指派的数据管理员负责协调和执行美国地质调查局科学数据的保存活动。数据管理员需确保满足其指定的保存活动。数据管理员还应与数据生产者和美国地质调查局记录员合作，以确保他们的数据符合记录管理要求。

5.2.3 数据共享协议

数据共享协议是正式的契约，详细说明共享数据的类型以及数据的适当用途。数据共享协议需要包含有关获取和传播的条款。由于非美国联邦组织不受《隐私法》约束，因此签订可能披露隐私信息的数据共享协议是不明智的。同样，需要提醒非美国联邦组织，美国联邦机构可能会根据《信息自由法》不得不发布信息。

5.2.3.1 数据共享协议的目的

数据共享协议防止数据滥用，并促进各机构之间就数据处理和使用问题进行早期沟通。

5.2.3.2 数据共享协议使用情景

在以下情况下需使用数据共享协议：

1）组织机构间共享专有数据。

2）需要记录负责发布数据的组织机构，以及其他组织机构在协助发布时应承担的角色。

3）需要记录合作伙伴或合作者可接受的原始或临时数据。

4）一个或多个组织机构需要数据共享协议。

美国地质调查局不得共享或交换以下记录或数据：

1）涉及诉讼的。

2）受《隐私法记录通知系统》保护（除非另一方属于“常规使用”）。

3）受《保护商业机密法》、第12600号行政命令或《信息自由法》保护的专有数据。

5.2.3.3 数据共享协议的内容

数据共享面临的挑战之一是，如何促进多个机构和组织之间以及公共、私营和非营利实体的多个层面之间的数据共享和协作。机构间成功的数据共享和协作取决于所采用的指导原则、确定的最佳措施以及对未来挑战的认识，这些挑战可能包括政策问题、科学问题和技术问题。

权限：必须明确进行数据共享的权限。

访问条款：无论数据是否在线，协议必须确定访问数据的权限、更改或修改数据的权限，以及数据访问的方法。

请注意，这些协议的细节可能需要协调管理上和实际业务上的差异。例如，一个机构如何保护其数据，以及如何通过防火墙和保护措施来控制访问权限？当权限发生改变时，各机构如何相互告知？哪个管理人员负责提供数据？

保密性和免责声明：必须包含一个有关数据质量的免责声明，以及对数据和相应元数据的描述。此外，还需要一份关于向第三方发布信息的声明。因为非美国联邦机构可能无法保护美国地质调查局的信息不被泄露，反之，如果没有豁免申请，美国地质调查局可能会根据《信息自由法》的要求发布信息。

期限和修改：如果可以，应规定协议的期限以及修改协议的方法。这个期限可确保协议定期得到重新审查。

5.2.3.4 记录数据共享协议的方法

（1）在有资金转移的情况下

1）内部合作协议：由美国地质调查局政策和分析办公室负责处理。

2）机构间合作协议：由美国地质调查局政策和分析办公室负责处理。

（2）在没有资金转移的情况下

1）谅解备忘录：由美国地质调查局政策和分析办公室负责处理。

2）数据使用许可协议：由美国地质调查局政策和分析办公室负责处理。

3）外部机构的数据共享协议：应首先由美国地质调查局政策和分析办公室负责审查，当合作伙伴是国外实体时，协议需要由美国地质调查局国际项目办公室负责审查。

5.2.3.5 《美国地质调查局调查手册》对数据共享协议的要求

《美国地质调查局调查手册》第 500.26 章“境内谅解备忘录”规定：“如果适用，在谅解备忘录中应包括如下表述：本谅解备忘录产生的所有数据和信息应可供美国地质调查局在其正在进行的项目中使用。这包括在适当的情况下公布结果，但因所有权和安全原因而禁止的情况除外。”

5.2.4 访问控制和版权

由于共享协议或版权问题，有时可能对数据的访问进行限制。在整个项目中（获取或采集敏感数据时，创建元数据时，以及与他人共享数据时），考虑访问控制和版权问题是非常重要的。

5.2.4.1 获取第三方数据

当从外部获取数据时，请谨记，这些数据受《信息质量法》的约束；而且，美国地质调查局通过对这些数据的使用，才证明认可了这些数据。

参考和使用此类第三方数据需要与外部数据提供商进行广泛合作，以确保数据的高质量。因为第三方数据可能存在固有的缺陷，所以无法对其进行准确控制和验证。在此情况下，信息来源应该对公众开放，但不受《美国地质调查局信息质量指南》的约束。

如果第三方数据是美国地质调查局计划在其信息产品中使用或复制的、归他人所有的受版权保护的资料，美国地质调查局将遵守以下政策：在使用之前，必须获得所有者的许可。这些许可应该足够宽泛，以包括受版权保护的材料的所有可预见的潜在用途。美国地质调查局的所有使用许可请求都应以书面形式提出，并由版权所有者签署。

5.2.4.2 进行访问控制的数据

必须保护包含专有、机密、私人和其他敏感信息的数据，以防止未经授权的使用。《美国地质调查局隐私法计划》是根据 1974 年《隐私法》来考虑隐私问题。

5.2.4.3 元数据的访问控制

元数据中始终会包含有关访问或版权限制的信息。如果从第三方获得受版权保护的数据，应务必在元数据中添加相关声明。

5.2.4.4 《美国地质调查局调查手册》对数据访问控制的要求

《美国地质调查局调查手册》第 1100.6 章“美国地质调查局信息产品中版权保护材料的使用”规定：除非获得版权所有者的书面同意，否则受版权保护的材料不会被纳入由美国地质调查局编制或为美国地质调查局编制的任何信息产品中。版权所有者授权使用或许可不会以任何方式对版权所有者的权利产生不利影响。

当信息产品（包括网站或网页）中使用受版权保护的材料时，应出现以下声明："尽管这种信息产品很大程度是属于公共资产，但它也包含文本中提到的受版权保护的材料。复制受版权保护的项目材料，必须得到版权所有者的许可。"

5.3 获取

获取包括采集或增加的数据资产。

5.3.1 数据获取方法

获取数据的途径有 4 种：采集新数据、转化 / 转换遗留数据、共享 / 交换数据、购买数据（图 5.4）。数据包括自动采集的数据（如由传感器生成的数据）、凭经验观测的人手工记录数据以及从其他来源获取的数据。获取数据时需要考虑许多因素。一旦采集或接收到数据，必须对数据进行审查，以确保数据符合标准，并且美国地质调查局可以证明这些数据可用于预期用途。

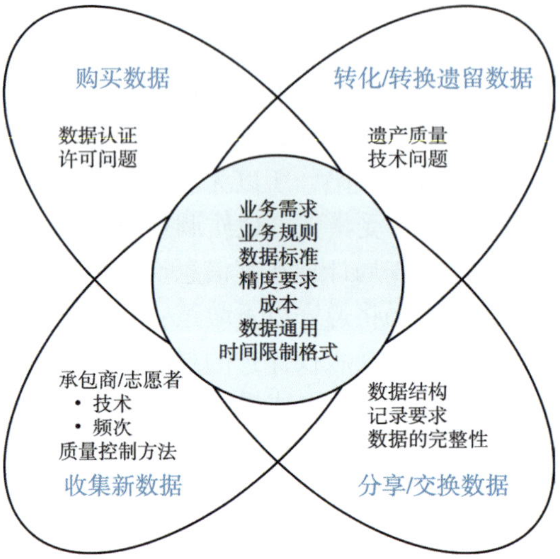

图 5.4　数据获取方法和考虑因素

（资料来源：美国地质调查局网站）

5.3.1.1 数据获取注意事项

业务需求：首先要考虑的是业务需求，即为什么需要这些数据？数据如何使用？

业务规则：业务规则明确了业务运营的限制条件。例如，在适用的情况下，所有地理空间数据都必须符合美国联邦地理数据委员会的元数据标准。这些规则将影响数据采集策略。

数据标准：任何适用于政府、美国地质调查局或行业的标准都需要考虑。

精度要求：最常见的精度要求是空间数据的位置精度，但可能还需要考虑其他精度要求。

成本：成本永远是一个需要考虑的因素。有时候购买数据要比采集数据更便宜。

数据类别：许多类型的工作需要最新的数据，有些工作需要特定时间段的数据，有些工作需要特定季节的数据。例如，如果想确定植被覆盖率，可能需要夏季的照片，因为那时植被覆盖率最高；但如果想了解地形，则可能需要冬季的照片。

时间限制：确定数据的时间范围。

格式：确定是否需要空间数据、照片、平面文件、Excel 文件、可扩展标记语言文件等类型数据，也有可能这些都不适用，但需要为每个项目确定数据格式。

5.3.1.2 权威数据源

权威数据源（ADS）是经授权的单一官方指定源，为业务部门提供一种或多种可靠、及时和安全的信息。可信信息是指信息提供者对相应的方案、程序和过程行使管理责任，产生信息的质量、完整性和安全性在可接受的范围内。预期成果是为信息使用者提供可见、可访问、可理解和可靠的信息。通过分析来完成权威数据源的评估和指定。

如果有一个权威数据源，且其中的属性值、域范围、空间精度等信息能满足业务需求，则应该使用该数据源；若不能满足需求，则需记录权威数据源与需求之间的差距。

5.3.1.3 采集新数据的注意事项

决定由承包商 / 志愿者还是美国地质调查局来进行新的数据采集，必须在以下各方面进行权衡。

技术：数据采集所需的技术可能会决定是否需要将数据采集工作委托出去。例如，如果所需的数据只能由经过认证的人员来采集，而美国地质调查局没有具备该认证的人员，那么委托可能是唯一的选择。

频率：如果数据只采集一次，那么在内部进行采集技术培训可能不合理。

时效性：什么时候需要数据？时间是否紧迫？

在美国地质调查局，大多数数据是由员工或他们的承包商采集的。美国地质调查局可以从外部来源获取一些数据，但员工的主要工作是创建和维护数据。

由于数据采集是美国地质调查局很重要的事情，因此数据采集对数据管理员来说也非常重要。数据采集需要考虑节约成本。例如，全球定位系统和移动设备被用来获取现场数据，数据可以直接与观测相关联，因此在采集数据最开始就应该进行最严格的控制。但遗憾的是，目前没有在数据采集之初进行严格的质量控制。因而，在开始采集数据之前，必须进行严格的控制。所有的分析、定义和标准都需要在现场信息采集之前准备就绪，这些虽看起来很简单，但实际上并不总能做到。好的计划能减少项目巨额预算。

为了保持高质量数据，必须定期审查和更新数据。元数据也必须同时更新。管理者在做决策时，需要确信他们有最好的可用数据。当数据改变时，元数据也必须更新。

5.3.1.4 转换（或转化）遗留数据的注意事项

遗留数据质量：这些数据的质量是否足以满足科学研究的需求？

技术问题：存储介质是否可读？数据能否转换成可用的格式？成本是多少？

5.3.1.5 共享（或交换）数据注意事项

制定数据共享协议：数据共享协议需要包含有关访问和传播的条款。签订数据共享协议可能会导致隐私信息被泄露给非联邦组织，这是不明智的做法，因为这些组织不受《隐私法》约束。同样，需要提醒非美国联邦组织，美国联邦机构可能会强制其根据《信息自由法》来发布信息。

数据组织：数据是否以可用的格式进行组织？是否需要转换/转化才能使用？由谁来完成？成本是多少？

记录要求：数据必须有相应的元数据和其他相关文档。

数据的完整性：数据是否完整？如果不完整，谁将补充数据中的空白？成本是多少？

5.3.1.6 购买数据的注意事项

采购协议：采购数据需要签订购买协议，购买数据即视同认可数据。这些数据受《信息质量法案》的约束，该法案涵盖所有数据，而不仅仅是地理空间数据。

数据认证：购买的数据需要包含元数据。具体要求应在采购协议中明确规定。

许可问题：对数据的使用有哪些限制？是否参考《隐私法》或《信息自由法》？

5.3.2 数据采集安全要求

美国内政部于2004年8月18日发布了一份部长办公室的部门首席信息官备忘录。这份备忘录阐述了当数据掌握在承包商手中时，应采取哪些措施来保护数据免受损坏。保护信息不被意外泄露或故意损坏，并最大限度地保护系统免受外部攻击，这一点至关重要。

5.3.2.1 数据采集安全责任

信息技术安全必须纳入项目计划和执行的各个阶段，包含从预算编制到项目结束全过程。项目负责人或信息系统所有者对确保承包商遵守美国内政部安全规定负有主要责任。

5.3.2.2 内政部信息技术安全计划

美国内政部首席信息官办公室（OCIO）负责为信息安全提供政策、指导、建议和监督，并担任隐私事务高级政府官员（SAOP）。该部门的首席信息安全官（CISO）担任高级机构信息安全官，支持美国内政部首席信息官办公室履行内政部部长授权的《联邦信息安全管理法》规定的职责。这些职责包括制定和维护全面的信息保障（信息技术安全和隐私）计划，并协助确保内政部遵守《联邦信息安全管理法》《隐私法》以及相关政策、程序、标准和指南的要求。

1）这些指导原则旨在提供具有代表性的示例，并引发深入的思考，但它们并不能涵盖所有任务。

2）当期望承包商承担数据的设计、开发、操作、使用或维护工作时，必须特别注意在招标和合同中解决信息技术安全问题。

3）所有信息技术和电信相关的合同都必须包含恰当的信息技术安全要求。

4）必须对现有合同进行审查，以确保符合美国内政部的安全计划。如果发现不合规的合同，必须尽快予以修改，除非能证明这些规定是不合理的或在权衡风险时不具有成本效益。

5.3.3 数据标准

数据标准是用于描述和记录数据的规则。为了更容易共享、交换、合并和理解数据，必须规范数据格式和含义。数据标准由相关领域专家协商制定，并由国际标准化组织（ISO）和美国联邦地理数据委员会等标准机构批准。数据专员和数据管理员可以帮助确定用于项目的相关数据标准。研究人员负责在其项目实施过程中使用数据标准。

5.3.3.1 数据标准的重要性

标准能够确保数据被正确表示和解释，使创建、共享和集成数据变得更加轻松。标准还能减少清理和转换数据所花费的时间。清理“脏数据”是科学家常遇到的一个问题，会占用数据科学家 26% 的工作时间。例如，当集成不同来源的数据集时，由于每个数据集的日期变量使用不同的格式，因此在集成数据之前需要将日期解读并转换为通用格式，这是一项非常耗时的工作。

5.3.3.2 数据集标准

数据集标准是为整个数据集明确规定科学领域、结构、关系、字段标签和参数标准。数据集标准通常使用数据字典进行文档记录。

5.3.3.3 参数标准

参数标准用于确定数据集中给定的参数或字段的格式和单位，并帮助用户正确理解数据。数据采集时，即创建或记录字段中的值时，应采用参数标准。如果对现有数据集中的参数进行标准化处理会造成原始细节或信息丢失，那么最佳做法是保留原始参数，并为标准化参数添加单独的字段。

5.3.3.4 数据编码和接口标准

大多数数据集标准会提供数据编码指导。数据编码标准明确了特定环境中构建和组织数据的规则。这些标准确保应用程序在读取数据时应能够保留信息和内容。数据编码标准通常与文件格式相关。研究人员应尽可能使用通用的开源数据编码标准和长期存取的开放文件格式。字符编码标准确保数据中的字符得到正确解释。

5.3.3.5 元数据中的记录数据标准

参数数据标准和数据集数据标准都应记录在所附的数据字典和元数据记录中。例如，如果遵循《数字地理空间元数据内容标准》，那么数据集数据标准可以记录在元数据的“实体和属性简单描述”中，而参数数据标准则可以记录在元数据记录描述每个属性的“实体和属性详细描述”中。

5.3.3.6 《美国地质调查局调查手册》对数据标准的要求

《美国地质调查局调查手册》第502.2章“基础科学措施：计划和实施数据采集和研究”涉及数据和元数据标准：“美国地质调查局科学家采集的数据和使用的技术应符合或参考国家和国际标准和协议（如果存在）以及相关和相应的标准和协议。对于给定类型的数据集，如果存在国家或国际元数据标准，则应该使用元数据对这些数据进行索引，便于访问和集成。”

《美国地质调查局调查手册》第502.6章“基础科学措施：科学数据管理”规定“数据管理计划应包括与项目相关的标准和预期行动，以获取、处理、分析、保存、发布/共享、描述和管理获取和备份的数据资产的质量。”

5.3.4 数据模板

为数据采集、数据存储和元数据创建数据模板，可以节省时间并提高数据的一致性。利用表单进行验证，提高数据输入的可靠性。

5.3.4.1 数据模板的重要性

在进行数据采集过程之前，应该为数据采集、数据输入和数据存储过程的每个步骤制定一个计划。数据模板允许控制和规范这些过程，减少可能的人为错误。

5.3.4.2 数据输入期间的模板

在采集数据之前，计划如何将数据记录到模板中是至关重要的。这需要确保模板是统一的，具有明确规定的标题、行和术语，并具有减少人为错误的机制。这些机制通常为数据处理程序中调用的表单，如Excel、Access、Google表单或OpenOffice电子表单。

可以在这些程序中创建表单，以便只允许在字段中输入某种类型数据。如果数据输入不正确，表单将拒绝此类数据的输入。表单还可以通过下拉菜单的形式对字段进行约束，下拉菜单使用受控词表确保数据输入到正确位置。

创建表单时，需特别注意如何标记表单的列和标题。好的输入应该既可以描述在其下方或旁边的单元格中的数据，又足够精炼，可以更容易被人或机器理解。

避免在名称中使用空格或特殊字符（如*或+），因为这可能会在数据输入数据库时出现问题。

当输入带有单位的数据时，确保在标题中包含该单位名称，如“高度（厘米）”。此外，还需包括所有地理数据的基准点。

5.3.4.3 数据输入后的模板

在采集数据后，利用以下操作来检查数据输入情况：无论是第一次输入数据时，还是输入数据之后，应该考虑让其他人重新输入数据，这便于对输入数据进行比较，确保输入的数据的一致性；使用程序读取数据，对照原始数据检查已输入系统的数据。首先检查数据的开头和结尾部分是否有错误，然后随机抽查整个表单中的其他数据值，最后考虑用数据进行绘图，以确保没有异常值。

当使用电子表格模板来存储数据时，各种电子表格程序可以帮助处理数据和可视化数据。然而，其中一些过程可能会出现问题。例如，用户可以从表格 A~Z 列中选择指定的 1 列并对其进行排序。除非选择包含所有其他列的选项，否则只会对指定的这 1 列进行排序，而其他列处于未排序状态。这意味着各列之间的关联将会丢失。

5.3.4.4 数据存储和元数据模板

数据存储和元数据所使用的模板对于标准化程序也很有帮助。数据存储的模板指定了一致的命名文件和文件夹，并规定数据应保存的位置，以供短期或长期存储。

同样，元数据应该有一个标准模板。随着时间的推移，团队中的不同人员添加了有关数据的注释和信息，创建一个标准的元数据模板来规定这些信息的输入方式，将保持元数据有条理且易于阅读。

5.3.4.5 最佳措施

（1）数据模板

1）输入数据时使用表单，以便在数据输入过程中自动执行一些质量保证措施。

2）数据一致性。① 确保数据列只包含数字、日期或文本，并且包含相同的信息；② 名称、代码和格式必须一致；③ 日期和地理数据应使用相同的格式和基准点（对于地理数据）。

3）有效机制，即有效组织的数据可以通过统计软件读取。

4）描述性名称。① 列名应是描述性的，不应包含奇怪的符号；② 文件名应该是描述性的和简洁的。

5）缺失数据的标准处理方式。在输入数据之前，确定处理空缺 / 空值的方式。确保如果使用特定的值表示空缺的数据时，那么该值不能用于表示实际数据（例如，使用“9999”表示缺失的数据）。使用单独 1 列来跟踪和描述各行中空缺的数据。

6）创建表单（即 Google 表单、Excel、Access 或 OpenOffice 电子表单）控制数据的输入方式。仅允许在指定的列中输入特定的数据类型（即数字、字母），如果数据类型输入不正确，表单将拒绝输入数据。

7）考虑让多个人员输入数据。据此可以比较输入的数据，以确保数据相互匹配。

8）使用可以读取原数据的程序，这样可以用原始数据对已输入系统的数据进行检查。

9）检查数据的开头和结尾部分是否有错误，然后随机抽查整个表单中的其他数据值。

10）考虑使用数据进行绘图或制图，以确保没有异常值。

（2）长期储存

保持文件格式的一致性，最好是长期可读的格式。① ASCII、UNICODE、非专有、未加密、未压缩；② 使用逗号分隔的 ASCII 文件表示表格数据。

5.3.5 文件格式

文件格式是数字化信息编码的标准方法。在获取数据之前考虑文件格式至关重要，因为此阶段的决定可能会影响科学数据生命周期的其他阶段。采集和处理数据的最佳格式可能不是分析数据的最佳格式，分析数据的最佳格式也可能不是发布数据的最佳格式，而发布数据的格式也可能不是保存数据的最佳格式。在项目开始时，了解这些差异和关系可能会有所帮助。需要注意的是，每次将数据转换为不同的格式时，都有引起数据错误或丢失的风险。

5.3.5.1 文件格式示例

文件格式类型包括逗号分隔值格式（.csv）、ASCII 文本格式（.txt）、Excel 格式（.xlsx）、JPEG 格式（.jpg）以及音频 – 视频转换格式（.avi）。

5.3.5.2 选择采集数据文件格式的最佳措施

1）采集数据选择开放和非专有的文件格式，以减少从一种格式转换为另一种格式的过程。

2）如果需要以专有格式采集数据，需确保可以轻松地将其转换为另一种非专有的开放格式。

3）选择在社群中广泛使用和支持的格式。

4）了解查看和处理数据的软件、硬件和许可要求。

5）如果可能，请选择能自我描述并自动获取元数据的格式。

6）在文件中，避免使用版式设置（如突出显示或颜色），因为转换为不同格式时可能会丢失这些信息。

5.3.5.3 公共数据发布格式的最佳措施

1）公开发布的数据必须是开放的、非专有的和机器可读的格式。

2）如果科学界使用的格式不符合这些要求，则需发布多种格式数据。

3）由于文件传输的限制，需使用无损数据压缩格式。

4）如果共享同一文件的不同格式，每个文件务必使用相同的名称命名。

5）避免在同一列中存储多种数据类型，应使用备注型字段来存储数值的备注信息。

6）在元数据记录中包括用于访问专有格式的软件和硬件的信息。

7）转换文件时，确保新文件不包含任何错误或遗漏。① 检查实际数据，如列标题、行等；② 确保数值没有被截断，并保留重要数字；③ 检查元数据，确保其存在并且准确；④ 检查是否删除了任何标记（如高亮显示或粗体文本），或者将其移到元数据中，确保重要的辅助信息不会在转换中丢失。

5.3.5.4 长期保存的最佳措施

1）以开放、非专有、未加密的格式保存数据，以便长期保存。

2）一旦数据分析完成，用于采集和分析的专有格式应由熟悉数据的研究人员转换成标准且持久的格式。

3）转换文件时，需确保新文件不包含任何错误或遗漏。① 检查实际数据，如列标题、行等；② 确保数值没有被截断，并保留重要数字；③ 检查元数据，确保元数据存在且准确无误；④ 检查是否删除了任何标记（如高亮显示或粗体文本），或者将其移到元数据中，确保重要的辅助信息不会在转换过程中丢失。

4）如果保存同一文件的不同格式，每个文件一定要用相同的名称命名。

5）在元数据记录中包括用于访问专有格式的软件和硬件信息。

6）尽可能以未压缩格式保存数据。

7）如果使用压缩格式保存图像文件，无损压缩格式优于有损压缩格式。

5.3.5.5 《美国地质调查局调查手册》对文件格式的要求

《美国地质调查局调查手册》第502.8章“基础科学措施：科学数据发布的审查和批准”表明：2013年5月9日，美国白宫管理与预算办公室（OMB）备忘录“开放数据政策——将数据作为资产管理”要求各机构向公众免费提供利用美国联邦经费采集或创建的数据，以支持下游信息处理和传播活动。这其中包括所有向公众发布的数据的元数据，且元数据使用机器可读或开放的格式、数据标准以及通用核心元数据和可扩展元数据。

《美国地质调查局调查手册》第502.9章“基础科学措施：数字科学数据的保存要求”规定：美国地质调查局的数据必须按照美国国家档案和记录管理局格式，以便在移交给美国国家档案和记录管理局时，可被视为永久记录格式。

5.3.6 文件和数据整理

具有合理、清晰的结构和标注系统的文件整理，既便于数据访问，也便于数据查找。在计划的初期就应考虑文件和数据整理，避免以后重新整理和重命名文件。当开始采集数据时，立即开始实施数据整理策略。

5.3.6.1 最佳措施

1）记录组织架构，如果其有意义，可作为文件组织的基础；否则，对文件和文件夹使用符合逻辑的命名约定。

2）在项目中使用一致的文件名和格式。① 如果在文件名或文件夹名中使用缩写，需确保其他人也使用相同的缩写，考虑添加一个“自述”文件，列出任何缩写或首字母缩写的数据；② 确保名称准确无误，描述内容满足需要；③ 如果文件名包含日期，则使用一致的格式，如YYYYDDMM；④ 考虑在文件名中使用下划线“_”或短横线“-”来代替空格，因为不是所有的计算机系统都能识别空格；⑤ 不同项目之间使用一致的名称。

3）采用版本控制。

4）对于需要长期保存的数据，使用统一的命名约定。

5）备份数据时，使用自动备份软件，该软件将进行镜像保存并保留文件结构。

6）使用颜色直观地将文件夹分组。

5.3.6.2 文件整理的重要性示例

一个小型外地办事处的野生生物学家在室内是地理信息系统专家，为所有工作人员的地理信息系统需求提供支持。然而，数据存储在其个人的工作站上。当生物学家辞职后，没有人知道数据是如何存储或管理的。

解决方案：一名州政府地理信息系统专家取回工作站，并仔细检查文件，试图挽救相关数据。

成本：一个工作月的薪酬（4000 美元）加上未恢复数据的价值。

5.3.6.3 《美国地质调查局调查手册》对文件和数据整理的要求

1990 年 10 月，《美国地质调查局调查手册》“记录管理手册（编号：432-1-H）”：“补充了第 431.1 章和第 431.9 章中规定的美国地质调查局文件管理计划目标。具体规定了相关标准和程序，以确保制作和保存完整正确的记录，全面记录美国地质调查局的组织架构、职能、政策、决策、程序和基本事项；并提供必要的信息，以保护美国地质调查局和直接受其活动影响的人的法律权益和经济权益。”

《美国地质调查局调查手册》“地质学科研究记录表（编号：432-1-S5）”讨论了存档系统和存档计划的创建。虽然该内容主要针对退休员工，但适用于所有人。

5.4 处理

5.4.1 数据处理

数据处理包括对数据进行转换或集成的一系列活动。数据处理可以生成分析数据，或者生成如图表和总结报告等成果。记录数据处理的步骤对于提高数据处理的透明度至关重要。

5.4.1.1 数据处理在科学数据生命周期中的地位

数据处理并不单单是在数据采集后和分析前必须进行的一系列活动。数据处理可以支持科学数据生命周期中的所有数据操作，例如筛选或准备可以保存和共享的数据。

5.4.1.2 处理和分析的关系

有时很难确定处理结束和分析开始的时间节点，为了确保数据和研究产品达到共同的目标，这两个概念经常一起使用。

数据处理和分析的重要目标是最大限度地提高准确度和效率，同时最大程度地降低成本。为此，研究人员应该设计高效的工作流程，尽量编写详细的方案，并使用标准的数据处理方法和软件。

为工作流程开发的任何方法或代码都应该条例清晰、记录详细、模块化程度高，并易于访问，以促进研究的可重复性。建议使用开源解决方案和存储库。

在开发方法和工作流程时，需要考虑以下几点：

（1）数据质量

1）在整个工作流程中制定数据质量管理计划。

2）维护有关数据质量和来源的文档。

（2）效率

1）使用脚本语言自动处理数据并简化文档。

2）如果可能，使用适合个人数据的标准方法和协议。

3）在可能的情况下，通过构建可自动获取外部数据并执行处理和分析的软件或模块来支持研究。

4）积极使用模块化工作流、步骤和代码，其中部分模块可重复使用。

（3）透明度

1）鼓励开发开源软件。

2）可读性，即代码和文档应该简单易懂。

3）使用已发布或可引用的方法，或根据需要发布新方法。

（4）可重复性

1）文档只是此目标的一个组成部分。

2）允许任何人进行重复分析。当独立的审阅者可以阅读相关文档、获取所需的数据，并使用代码或手动操作执行处理和分析时，就可以实现此要求。

3）对软件代码使用版本控制系统。

4）使用安装时已打包所有依赖项的源代码软件。

5）尽可能详尽地引用数据源。

（5）可访问性

1）尽可能使用开源的开发环境。

2）通过公共存储库使代码可用。

3）确保研究中使用的所有数据都可用。

（6）文档

支持数据处理和分析的文档，为了帮助理解或重现过程或分析，发布的阶段性产品，除了标准元数据外，还应包括图表和其他补充材料。

5.4.1.3 验证

可能需要将数据与自然地理边界、相邻测量值或历史数据进行对比，以验证它们是否适合使用。虽然这项活动属于数据质量管理范畴，但开发一个能处理验证步骤的程序是很常见的，可以编译该程序，不需要人工干预。

5.4.1.4 转换

数据转换包含数据转化、重组或格式变换。此操作不会改变数据的含义，但可以使其在不同于原有意图的情况下使用，或者便于显示和分析。为适应不同软件环境而进行数据格式变换是很常见的，如图 5.5 所示。

5.4.1.5 子集提取

数据子集提取不仅包括较大数据集的选定部分（检索筛选），而且还包括筛选出的列或行，并根据用户设定的条件，剔除一些值。子集提取的结果是一组更精简、定义明确的

Tall Format, one Site-Year *Value* per row

Site	Year	Count
Site1	2016	2
Site1	2015	5
Site1	2014	6
Site1	2013	4
Site1	2012	5
Site1	2011	7
Site1	2010	8
Site2	2016	3
Site2	2015	5
Site2	2014	7
Site2	2013	8
Site2	2012	6
Site2	2011	4
Site2	2010	3

Wide Format, one *Site* per row

Site	2016	2015	2014	2013	2012	2011	2010
Site1	2	5	6	4	5	7	8
Site2	3	5	7	8	6	4	3

图 5.5　两个表格示例

（资料来源：美国地质调查局网站）

纵向格式包含“站点（Site）”“年（Year）”“数量（Count）”列，横向格式包含“站点（Site）”和每个增量年份（2016 等），并在“年”后有“数量”

数据，满足特定的使用要求。

5.4.1.6　汇总

有时有必要通过分组、汇集和生成有关数据的统计信息来汇总数据，这可被认为是流程中的“数据简化”步骤，即以更适合集成、分析或显示的结构重新构建细粒度数据。

5.4.1.7　集成

数据集成是指构建新的数据结构或组合数据集。这项活动可能涉及合并、堆叠或链接数据，并且可能使用允许基于用户自定义的标准访问权威数据源的网络服务。集成建模也可以是数据集成的一种途径。

5.4.1.8　派生

数据派生属于处理的一个环节，用于创建原始数据中不存在的新数据类型。通常应用算法来导出新数据值。

5.4.1.9　处理文档

获取和传递有关数据处理方法的信息对于科学的可复制性至关重要。从项目中获取、使用及共享数据的更改记录（记录对数据“做了什么”，而不是如何“使用”数据），应作为数据发布后附带的正式元数据记录的一部分，或者作为发布方法的一部分，被更广泛地共享。理想情况下，一个流程应该被记录为一组连续的、嵌套的程序和步骤，并遵循所选择的元数据标准格式。

5.4.1.10 流程图、工作流工具和自动化

流程图、数据流图和工作流工具的运用，对于交流和获取以往的工作活动信息非常有帮助。

美国地质调查局的数据处理通常涉及软件和编程语言的使用，日常或重复数据的交互处理过程通常是自动化的。制定流程采用的模块化方法提供了最大的实用性，因为设计良好的模块可以在各种环境中重复使用，或者可与其他兼容模块相结合，从而完成非常复杂的任务。

5.4.1.11 最佳措施

1）使用适用于数据的现有元数据约定。需要注意的是，美国地质调查局必须遵循美国联邦地理数据委员会《数字地理空间元数据内容标准》或国际标准化组织的标准。

2）使用已知和开放的格式（txt、geoTIFF、netCDF）。

3）使用表单来管理工作流程。

4）使用脚本实现自动化，提高可重复性。

5）尽可能使用开源解决方案。

6）保存输入数据（将在“发布 / 共享”阶段发布）。

7）对处理软件进行同行评审。验证由“软件过程”生成的数据，理想情况下应对该过程进行审查。

8）通过美国地质调查局 GitLab 发布代码。

9）使用适合各专业的标准产生数据。

5.4.1.12 《美国地质调查局调查手册》对数据处理的要求

适用于数据处理的政策，涉及将数据从采集状态转换为用于研究或共享的方法和措施的相关文档。元数据标准包括描述数据“来源”的部分，这意味着为用户提供了足够的“过程”信息，以确定数据来源和对所描述的表单所做的更改。

《美国地质调查局调查手册》第 500.25 章“美国地质调查局的科学诚信”讨论了美国地质调查局通过遵守内政部《科学和学术活动的诚信》的规定，致力于“维护其开展的和代表其开展的科学活动的诚信”。

《美国地质调查局调查手册》第 502.2 章“基础科学措施：计划和实施数据采集和研究”包括过程文档的要求。

“文档：为在数据库或信息产品中发布而采集的数据，无论通过何种方式发布（如美国地质调查局的报告、期刊文章和网页），都必须记录在案，以描述采集、处理和分析数据所采用的方法或技术（包括美国地质调查局开发的计算机建模软件和工具）、输出的结构、准确性和精确度、元数据标准和质量保证方法。”

“美国地质调查局的标准方法适用于经常或持续开展的独特研究活动和大量产生的数据类型。必须对标准方法进行记录，以描述所使用的流程和所应用的质量保证程序。”

《美国地质调查局调查手册》第 502.4 章“基础科学措施：信息产品的审查、批准和

发布”涉及用于创建数据和形成研究结果的方法的文档。“用于采集数据和形成成果的方法必须是合理的，并有充分的文件证明。”

5.4.2 工作流获取

处理原始数据并将其转化为信息的过程可能非常复杂，研究人员很少会充分记录这些过程，因而造成其他人无法重现其结果。

5.4.2.1 什么是工作流？

科学工作流描述了研究人员从数据输入到最终数据产品和结果形成的方法（图 5.6）。

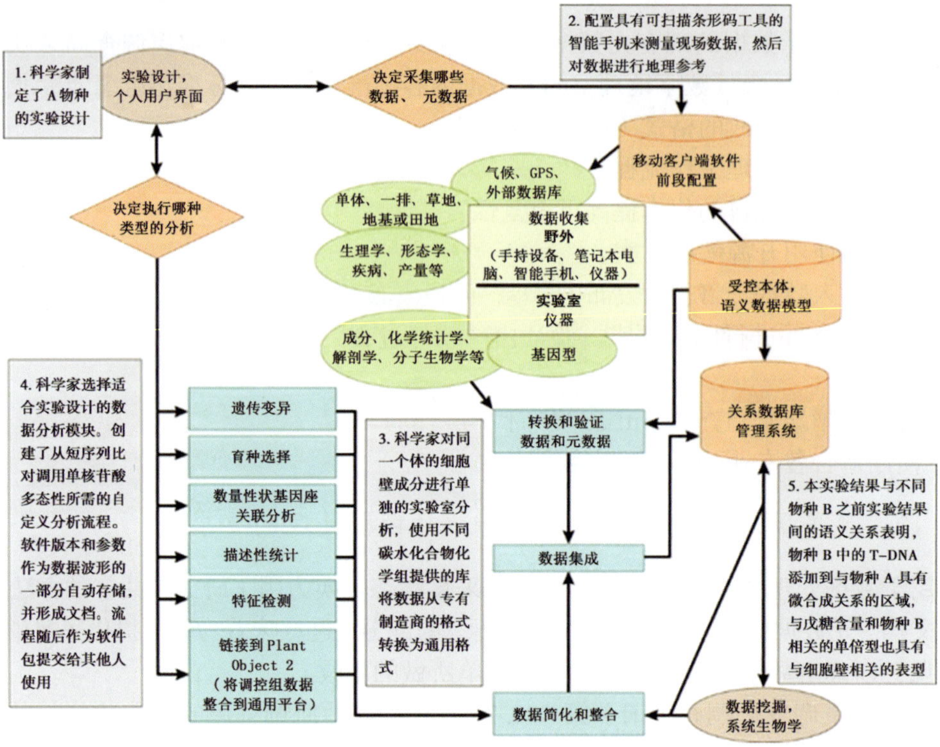

图 5.6 根据基因预测生物特性的工作流示例

（资料来源：美国地质调查局网站）

5.4.2.2 非正式工作流

非正式工作流是对过程输入、分析步骤和输出（从简单到复杂）的基本构想。这些工作流还可以包括各种输入/输出、操作数据的分析过程、决定下一步条件的决策节点，以及预先指定的多步骤过程的流程。

5.4.2.3 正式工作流

正式的或可执行的工作流也被称为分析通道，允许每个步骤在不同的软件系统中实现。

正式的工作流易于存储，并作为重复或新任务的单一接入点重复使用。这是因为工作流会跟踪每个分析和每个步骤的参数或要求。通常，利用可复制的笔记本进行记录。

5.4.2.4 获取工作流的重要性

获取工作流在科学数据生命周期中非常重要，因为记录数据采集后所进行的分析和转换的过程至关重要。该过程的记录对研究者而言也很重要，因为其增加了透明度和重复性，便于其他人跟踪数据分析的进展。清晰的工作流文档有助于数据的重复使用。

5.4.2.5 最佳措施

1）过程元数据：关于获取数据输出过程的信息。

① 程序说明，每次操作或分析数据时，都必须做好文档记录，体现在一系列步骤中；② 元数据，确保元数据创建与所要采集的数据同步。

2）确定工作流是非正式的还是正式的。

非正式：注释脚本。① 包含有良好文档记录的代码；② 高层次信息位于顶部（例如，项目描述、作者、数据、参数）；③ 定义每个部分及其依赖关系（即需要哪些输入，输出什么）；④ 构建一个完整的脚本，该脚本不需要干预即可运行。

正式的或可执行的：使用正式软件（如 Kepler、VisTrails）。

5.4.2.6 工具

（1）Jupyter 笔记本

Jupyter 笔记本是一款开源的网络应用程序，允许创建和共享包含动态代码、公式、可视化和叙述性文本的文档。用途包括数据清理和转换、数值模拟、统计建模、数据可视化、机器学习等。

（2）Kepler

Kepler 为一个免费的科学工作流应用程序，使科学家能创建、记录和共享复杂的模型和分析。这款基于 Java 的应用程序非常灵活，可以处理本地或互联网上以各种格式存储的数据。该程序有一个友好的图形界面，可以轻松地将数据源与复杂的分析模块相链接，以创建生成所需结果的步骤。

（3）VisTrails

VisTrails 由犹他大学开发，是一款开源的科学工作流及数据源管理软件，支持模拟、数据挖掘和可视化。VisTrails 以其完备的数据源基础架构而著称，会保存每个运行步骤和数据输出的详细历史记录。

（4）Taverna

Taverna 工具套件整合了一系列功能，使用户更容易查找、设计和执行复杂的工作流，并与其他人共享。

（5）DataOne

DataOne 网站提供对其他数据工作流工具的访问途径。

5.5 分析

科学数据生命周期的分析阶段表示与数据研究和评估相关的活动。在此阶段，会检验假设，提出发现，得出结论。

5.5.1 数据分析在科学数据生命周期中的地位

通常，在科学数据生命周期的分析阶段，研究和解释的数据是为实现研究项目的目标所采集或处理的。

5.5.2 统计分析

将统计方法应用于数据，以得出模式、概括总结、发现趋势，并估计与数据相关的不确定性。

5.5.3 可视化分析

通过图形表示可加深对所发生事件或科学数据的理解。这些图形可能是静态图像、动画和视频，还可能是以不同方式显示的数据图件。

5.5.4 空间分析

根据 Esri GIS 字典的定义，空间分析是“为了解决问题或获得有用的知识，通过叠加和其他分析技术，检查空间数据中要素的位置、属性和关系的过程。空间分析从空间数据中提取或创建新信息。”美国地质调查局《地质统计学实用入门》报告为理解空间分析提供了参考资料。

5.5.5 图像分析

用于检测图像中的对象和模式的分析方法，可用于识别图像特征及获取基于时间的信息，这些信息难以或不可能以其他方式获得。

5.5.6 模型

模型是对自然系统进行抽象和简化的工具（通常是软件），可以对系统进行描述和研究，并对系统行为进行预测。

美国地质调查局模型目录（https: //data. usgs. gov/modelcatalog/）是该局开发的科学模型，以及该局调查工作中使用的外部组织开发的其他科学模型的新信息集。当前的站点，用户可以通过美国地质调查局模型目录界面搜索、浏览和提交模型信息，目前正在设计新的模型集成功能。

5.5.7 解释

解释是使用数据和分析结果：① 评估假设和方法；② 根据观测结果进行预测；③ 检

测模式；④探究假设结果的一系列行为。

5.5.8 分析文档

可再现科学是科学工作的基础。需要大量分析方法文件，以支持可重复性。分析方法和技术文档通常包含在已出版的著作中，如论文、出版物和期刊文章。

5.5.9 《美国地质调查局调查手册》对数据分析的要求

适用于分析阶段的策略，主要涉及确保分析中使用的工具和方法有适当的文档记录，并且对直接获取和处理的数据进行分析。

《美国地质调查局调查手册》第500.25章“美国地质调查局科学诚信”讨论了美国地质调查局通过遵守美国内政部《科学和学术活动的诚信》，以致力于“维护由其开展的和代表其开展的科学活动的诚信”。

《美国地质调查局调查手册》第502.2章“基础科学措施：计划和实施数据采集和研究”包含分析方法和技术过程文件要求。

《美国地质调查局调查手册》第502.4章“基础科学措施：信息产品的审查、批准和发布审查”用于创建数据和生成研究结果的方法文档。

5.6 保存

保存是指数据保留的行动和程序，包括将数据存档或向数据存储库提交数据。

5.6.1 存储库

存储库是存储和维护数据的集中场所。存储库可以由一个或多个数据库或文档组成，并可通过网络进行发布。数据存储库通常由数据管理人员管理，确保文件得到长期管理和保存。

5.6.1.1 存储库的重要性

建议在数据存储库和数据库中存储数据，这也是科学数据生命周期中保存阶段的一部分。数据存储库可以使研究人员的数据更容易被发现和访问，并提高数据重用的可能性。

在研究人员丢失数据且又必须找回数据时，数据存储库也可以充当数据备份的角色。然而，对于研究人员而言，自己也要进行数据备份，而不是把数据存储库作为唯一的备份。根据不同的领域，科学家可能需要将他们的数据存储在特定的存储库中。

5.6.1.2 最佳措施方法

1）参照美国地质调查局科学出版物和数据的可接受的数字存储库列表。遵循要提交的数据存储库指定的准则。

根据美国地质调查局基础科学措施的规定，经同行评审的科学出版物和批准发布的数据必须存放在可接受的数字存储库（表5.3）中，以便公众免费访问和长期保存。与美国地质调查局类似，表 5. 3 中列出的其他联邦机构的存储库也必须满足美国联邦政府的公共访问要求，因此也被视为可接受的存储库。非美国地质调查局实体拥有和资助的存储库须遵守这些实体制定的质量和准入标准。美国地质调查局不对非该局存储库提供的数据管理负责。

表 5. 3　可接受的数字存储库列表

存储库名称	所有者	资金来源
美国地质调查局 ScienceBase（美国地质调查局可信数字存储库）	美国地质调查局	美国地质调查局
美国地质调查局阿拉斯加科学中心数据存储库（美国地质调查局可信数字存储库）	美国地质调查局	美国地质调查局
美国地质调查局地球资源观测与科学（EROS）中心（美国地质调查局可信数字存储库）	美国地质调查局	美国地质调查局
美国国家地质图数据库（NGMDB）（美国地质调查局可信数字存储库）	美国地质调查局	美国地质调查局
美国地质调查局海岸和海洋地球科学数据系统（美国地质调查局可信数字存储库）	美国地质调查局	美国地质调查局
美国地质调查局国家水资源信息系统（NWIS）	美国地质调查局	美国地质调查局
水任务区（WMA）国家空间数据基础设施（NSDI）节点	美国地质调查局	美国地质调查局
LANDFIRE	美国内政部野火办公室和财政部 / 美国农业部	美国内政部野火办公室和财政部 / 美国农业部
全球生物多样性信息设施（GBIF-US）美国综合出版工具包（IPT）	美国地质调查局	美国地质调查局、国家科学基金会
生物地球化学动力学	美国国家航空航天局	美国国家航空航天局
陆地过程分布式活动档案中心（LP DAAC）	美国国家航空航天局、美国地质调查局	美国国家航空航天局、美国地质调查局
阿拉斯加州火山信息地质数据库（GeoDIVA）	美国地质调查局、阿拉斯加州（地质和地球物理调查部）	美国地质调查局
国家生物技术信息中心（NCBI）	美国国家生物技术信息中心	美国国立卫生研究所
地震学联合研究机构（IRIS）	联盟（iris. edu）	美国国家科学基金会
国家环境信息中心（NCEI）	美国国家海洋和大气管理局	美国国家海洋和大气管理局
景观方法数据门户	土地管理局	土地管理局
Ameriflux	美国能源部	美国能源部
美国环保局环境数据集网关	美国环保局	美国环保局
工程强地面运动数据中心（CESMD）	美国地质调查局、加利福尼亚地质调查局	美国地质调查局、加利福尼亚地质调查局
北加利福尼亚地震数据中心	加利福尼亚大学伯克利分校	美国地质调查局
南加利福尼亚地震数据中心	加利福尼亚理工学院	美国地质调查局
生物复杂性知识网络（KNB）	国家生态分析与综合中心、加利福尼亚大学圣巴巴拉分校	美国国家科学基金会

续表

存储库名称	所有者	资金来源
加利福尼亚环境数据交换网络（CEDEN）	加利福尼亚水资源控制委员会	加利福尼亚地表水环境监测计划
国际原子能机构的核辅助动力系统（SNAP）	阿拉斯加大学费尔班克斯分校	美国国家科学基金会、美国国家海洋和大气管理局
美国长期生态研究（LTER）网络信息系统（NIS）数据门户	国家生态分析与综合中心、加利福尼亚大学圣巴巴拉分校	美国国家科学基金会
OpenTopography	加利福尼亚大学圣地亚哥分校超级计算中心	美国国家科学基金会
DesignSafe-CI	自然灾害工程研究基础设施	美国国家科学基金会
研究数据档案库	美国林务局 / 美国农业部	森林服务 / 美国农业部
森林生态系统监测合作组织（FEMC）数据档案库	佛蒙特大学	森林服务 / 美国农业部
Neotoma 古环境数据库	联盟（neotomadb. org）	美国国家科学基金会
华盛顿环境信息管理系统（EIM）	华盛顿州生态部	华盛顿州
Movebank	马克斯普朗克动物行为研究所、北卡罗来纳自然科学博物馆、俄亥俄州立大学和康斯坦茨大学	美国国家科学基金会、美国国家航空和航天局、德国航空航天中心
纽约州（NY）data. gov	纽约州	纽约州
Dryad	Dryad	Dryad 成员组织
Figshare	麦克米伦出版社	欧盟和其他国家
Pangaea	德国联邦教育和研究部、德国科学基金会、综合大洋钻探计划	欧盟委员会、德国联邦教育和研究部、德国研究基金会、综合大洋钻探计划

2）了解美国地质调查局科学数据选择非美国地质调查局存储库发布的准则。

当美国地质调查局科学家使用该局存储库发布科学数据时，该局对数据的所有权、责任和义务都非常明确。但是，在某些情况下，根据表 5.4 所列原则，美国地质调查局也认可在其认可的可信或可接受的非美国地质调查局存储库中发布数据的价值。

表 5.4　非美国地质调查局存储库发布原则

原则	说明
对存储库的资金或支持是可持续的	存储库文档中列出了持久的资金来源，并提供了有关可持续性和后续计划的信息
数据很容易被发现，并免费提供给公众	在存储库信息页面上说明
给出了保存和服务数据的承诺	在存储库信息页面上说明
美国地质调查局能够保留一个官方元数据记录（在科学数据目录中），该记录可用于在大型存储库数据集中识别存放的数据集	引文指南在数据贡献者的存储库信息中进行说明
如果需要，可以更新数据和元数据	数据贡献者的存储库信息中说明了更新指南

以下是美国地质调查局数据管理者和数据生产者在评估非该局存储库适用性时要考虑的其他标准。

① 存储库是否鼓励开放或采用基于社会组织的标准和格式，以实现数据的自动化使用？② 存储库是否有确保持续可用的措施？③ 是否有可用于访问数据的应用程序编程接口或其他网络服务？是否有关于使用应用程序编程接口和其他网络服务的文档？④ 存储库是否使用可靠的数据保存方案？⑤ 向非美国地质调查局存储库系统添加数据有哪些要求？它们是否与向美国地质调查局存储库中添加数据的要求相符？⑥ 存储库是否允许权属查询，以识别是否为美国地质调查局生成的数据？

3）了解用于美国联邦资助研究的数据存储库的理想特征。

4）始终包含元数据。

5）转换和格式，除非另有规定。使用非专有的标准格式，如文本文件。

6）版本控制。

① 使用连续的数字或字母来区分不同版本的数据；② 美国地质调查局数据版本发布指南。本指南描述了作为美国地质调查局信息产品发布的科学数字数据集和相关元数据的修订过程，补充了美国地质调查局基础科学措施对《美国地质调查局调查手册》第 502. 7 章和第 502. 8 章节中有关元数据和数据发布的要求。发布的数据修订被描述为 1~5 级，类似于美国地质调查局出版物系列信息产品修订等级的描述。记录发布数据修订的程序因所需修订的级别而异。该指南包含之前发布的美国地质调查局数据，未包含《美国地质调查局调查手册》第 502. 8 章中定义的美国地质调查局批准的数据库和数据服务，因为它们具有其他经批准的修订流程，包括数据上传到数据库系统或在数据服务之前进行的数据质量评估。这些系统或服务示例包括美国国家水资源信息系统、美国国家物候网络（USA-NPN）和为美国国家服务的生物多样性信息（BISON）。

7）文件命名。

① 为文件使用一致的、描述性的和简单的名称；② 重命名所有默认文件名，如“image.jpg”。

8）关键词。如果可能，选择与数据相关的关键词。理想的关键词和标签会增加数据被他人发现的机会。

5. 6. 1. 3　美国地质调查局数字数据存储库示例

（1）ScienceBase

ScienceBase 是一个信息管理平台（图 5. 7），旨在集中和保存美国地质调查局的科学成果和产品，被美国地质调查局认为是一个可信的数字存储库，可接收来自所有学科的美国地质调查局数据。

（2）国家水资源信息系统

国家水资源信息系统（图 2. 4）提供从美国 50 个州、哥伦比亚特区、波多黎各、维尔京群岛、关岛、美属萨摩亚和北马里亚纳群岛联邦的大约 150 万个地点采集的水资源数据。在线访问的数据按以下类别进行组织：现状、站点信息、地表水、地下水、水质。美国地质调查局调查地表水和地下水的赋存、数量、质量、分布和流动，并将数据传播给公

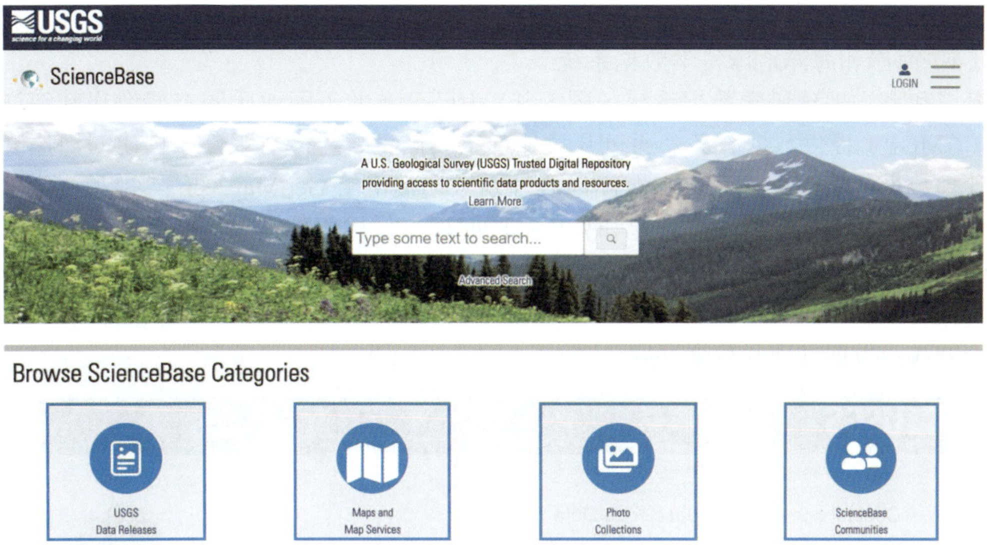

图 5.7 ScienceBase 页面截图

（资料来源：美国地质调查局网站）

众、州和地方政府、公共和私人公用事业部门以及参与管理水资源的其他美国联邦机构。

（3）地球资源观测和科学中心

地球资源观测和科学中心是美国地质调查局的一个数据存储库（图 5.8），也被认为是一个档案库。地球资源观测和科学中心储存和提供地球表面的遥感图像。这些数据是通过民用卫星和飞机获取的，用于研究各种自然灾害、全球环境变化以及经济发展和保护等问题。可用数据包括航空摄影、卫星图、高程、陆地覆盖、数字化地图、图片库。

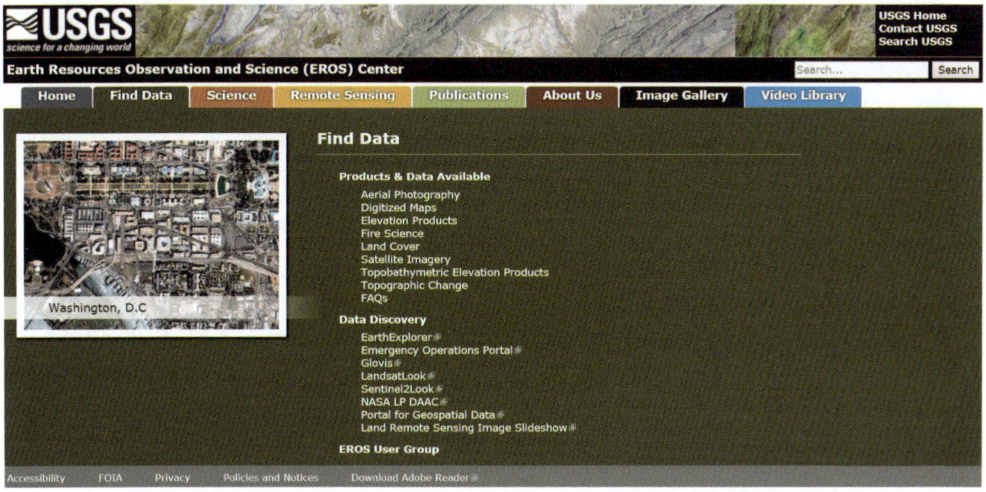

图 5.8 地球资源观测和科学中心数据存储库网站截图

（资料来源：美国地质调查局网站）

地球资源观测和科学中心工作人员负责管理上述数据，并将其发布给全世界的科学家、政策制定者和教育工作者。

（4）海岸和海洋地球科学数据系统

海岸和海洋地球科学数据系统（图 5.9）为已公布的美国地质调查局海岸和海洋地质计划（CMGP）提供数据服务。通过开放地理空间信息联盟标准服务，提供对海岸和海洋地质计划数据的访问；将海岸和海洋地质计划数据提供给 GeoMapApp 二维和三维地球浏览工具，以进行数据集成、可视化和分析；同时还提供用于数据发现的元数据目录。需要注意的是，该网站仍处于“建设中”，目前大部分是地球物理数据。随着时间的推移，该系统将增加数据量，并逐渐包含其他数据类型。海岸和海洋地球科学数据系统有两种不同的使用方式：数据发现和数据存取。

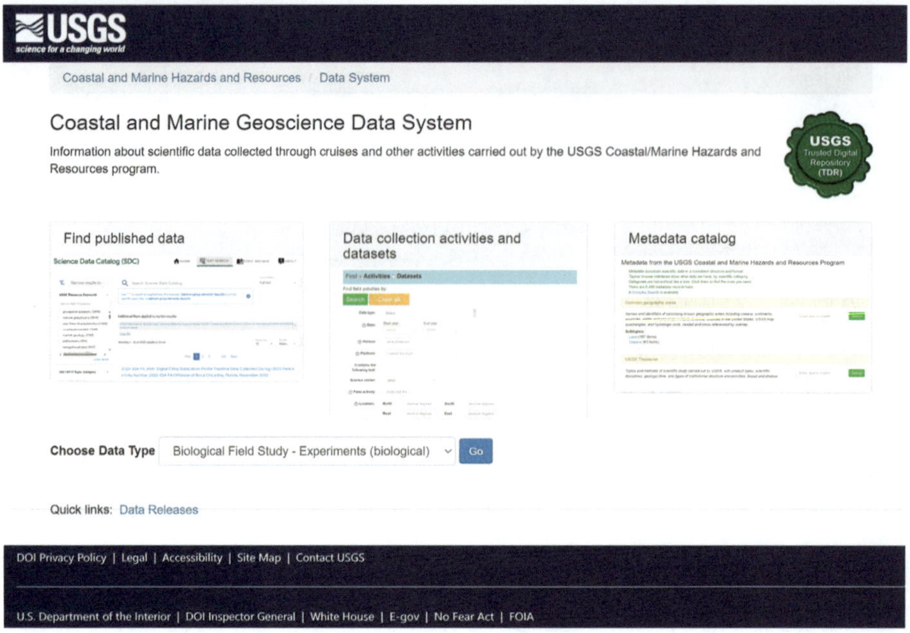

图 5.9　海岸和海洋地球科学数据系统网站截图

（资料来源：美国地质调查局网站）

5.6.1.4　《美国地质调查局调查手册》对存储库的要求

《美国地质调查局调查手册》第 502.9 章“基础科学措施：数字科学数据的保存要求”规定：在项目开始时，作为数据管理计划的一部分，美国地质调查局的科学家必须确定一个合适的数字数据存储库。美国地质调查局的数字数据和相关元数据必须存储在该局批准的数字存储库中。非美国地质调查局存储库也可用于美国地质调查局数据的发布，但前提是美国地质调查局保留了权威副本。

《美国地质调查局调查手册》第 502.8 章“基础科学措施 ：科学数据发布的审查和批准”规定：美国地质调查局批准发布的数据应免费向公众提供，并通过一个数据库进行管理，该数据库可确保数据的长期保存、可发现、可访问和可利用，如《美国地质调查局调查手册》第 502. 9 章所述。

5. 6. 2 存档

数据存档是支持长期存储科学数据和用于读取或解释科学数据方法的过程。

5. 6. 2. 1 存档和备份的区别

存档是为了长期保存不再需要立即访问的重要历史数据。备份是为了在发生灾难（如删除、灾难性设备丢失）时能够恢复数据并继续运行。

5. 6. 2. 2 美国地质调查局存档指南

（1）美国地质调查局数字科学数据保存指南

该指南为美国地质调查局科学家、管理层和信息化人员提供了在对数字科学数据保存系统进行技术评估时的使用要求。这些要求有助于选取、指定、构建、操作或提升数据存储库。美国地质调查局基础科学措施咨询委员会数据保存分会，根据美国国会图书馆主办的国家数字管理联盟的相关材料制定了这些要求。该指南不涉及其他非技术性问题，如对数据保存至关重要的保存政策、资金或组织能力和持续时间。

在考虑如何保存数字数据时，应该解决以下问题：① 数据应存储在何处？② 是否在异地备份了数据？③ 如何保障数据的完整性？④ 美国地质调查局在存储和访问数据时需要哪些信息化安全功能？⑤ 还需要其他哪些信息化安全功能？⑥ 应该使用什么元数据标准来记录数据？⑦ 长期存储应使用哪些可持续的文件格式？⑧ 美国地质调查局关于数据记录保留期的适用规则是什么？⑨ 向何人寻求帮助？

（2）美国地质调查局科学记录介质存储和保存环境指南

表 5. 5 列出了存储美国地质调查局科学记录介质的推荐温度和相对湿度。这些要求适用于所有计划保存 5 年以上的科学记录。每 3~5 年检查 1 次介质，如果存储条件或环境发生变化，为降低介质不稳定带来的风险，则需尽快进行迁移。这些要求支持美国地质调查局科学记录表中包含的记录管理要求。

表 5. 5 美国地质调查局科学记录介质存储和保存环境要求

记录介质	温度 / ℉	相对湿度 /%
纸张：包括文件、地图、图表、图纸、海报	50~65	30~50
磁 / 电子介质：计算机磁带、磁盘、录像带、录音带、光盘	50~65	30~40
黑白摄影介质（非醋酸盐 / 非硝酸盐）：动态和静态照片底片、胶片、纸质印刷品、X 射线和缩微胶片	50~65	30~40
黑白摄影介质（醋酸盐）：动态和静态照片底片、胶片、X 射线、缩微胶片、重氮复印件、微缩胶片	0~35	30~40
彩色摄影介质：动态和静态照片底片、胶片、幻灯片、印刷品、数码印刷品（喷墨、染料升华、电子照相、热敏）	0~35	30~40
纸张：主要用于图书馆保存	35~65	30~50(±3)

5.6.2.3 最佳措施

1）理想情况下，应该在稳定的介质上以独立于平台和软件的格式创建归档，以便可以被无限期地保留和使用。例如，地理信息系统数据库中的数据可以以专有格式存储。随着地理信息系统软件的发展，这种专有格式可能会随着时间的推移而改变。为了确保数据在未来仍然可用，有必要以标准和可移植的格式导出数据。磁带和便宜的光学介质的保质期有限。应注意寻找和使用合适的优质存档介质。为了确保其使用安全，档案可能必须定期迁移到新介质上。有关档案格式的信息可从美国国家档案馆获得。美国国会图书馆每年也会发布1份推荐格式声明。

2）通常，存档是出于法律规定的原因。档案提供了历史记录的数据快照。外部实体机构可能希望定期创建所有数据档案，包括日志、网络缓存、电子邮件、项目提案等。涉及美国地质调查局办公室和项目的法律诉讼记录会用于法庭传讯。

3）存档必须具备唯一的标签、完整的目录，并存储在一个受控和受保护的环境中。系统管理员应当考虑与专门从事长期档案存储的机构签订合约。此外，还应适当考虑在不同地方创建多个档案副本所带来的好处。

4）可以出于各种原因进行存档。可以在项目结束时进行存档，以创建该项目所有数据和信息的历史记录。存档也是美国联邦记录管理的一部分。

5.6.2.4 工具

档案和记录中心信息系统（ARCIS）是美国国家档案和记录管理局联邦记录中心（FRC）基于网络的信息技术系统。

5.6.2.5 美国地质调查局存档示例

美国地质调查局地球资源观测和科学中心对地球地表的遥感图像进行了存档。这些数据是利用民用卫星和飞机获取的，用于研究自然灾害、全球环境变化以及经济发展和保护问题。现有数据包括航空摄影、卫星图、高程、陆地覆盖数据、数字化地图、图片库。

5.6.2.6 《美国地质调查局调查手册》对存档的要求

《美国地质调查局调查手册》第502.9章“基础科学措施：数字科学数据的保存要求”规定：数据按照《美国地质调查局记录处置要求》和《美国联邦法规汇编》第36卷“联邦档案法”第1220.14条进行保存。当创建永久性联邦记录时，应考虑长期保存的需求，并选择适合存储或移交给国家档案和记录管理局的格式。

《美国地质调查局调查手册》第431.1章“记录管理计划”描述了美国地质调查局记录管理计划的目标，并分配了记录管理的责任。

5.6.3 处置

处置是记录生命周期的最后阶段，包括销毁临时记录，或向美国国家档案和记录管理局移交永久记录。

5.6.3.1 联邦记录

联邦记录指的是相关办公室工作中产生的所有记录信息，美国地质调查局的科学数据也属于联邦记录。但数据副本和出版物的副本不属于联邦记录。同样，未记录政府机构工作的个人文件，也不属于联邦记录。

美国联邦法律要求妥善保护好联邦记录，并规定未经美国地质调查局记录官员批准，销毁、更改、操纵或删除联邦记录属于犯罪行为。任何记录的创建和使用都反映组织机构的投入。在过去的一个世纪，美国地质调查局已经创造了许多具有科学和历史价值的记录，如果这些记录丢失或遭到破坏，就无法恢复。其中一些记录已成为或即将成为美国国家档案和记录管理局为历史学家和研究人员永久保存的政府记录。这些记录记载了美国地质调查局的一些最重要的产品——地球科学信息，这些信息将有助于后人在美国地质调查局奠定的科学基础上继续努力。此外，美国地质调查局也形成了许多短期和长期的临时记录，其中一些记录可以在几年内销毁，而其他记录的生命周期可能长达100年。

5.6.3.2 保留时间表的建立和使用

参照《美国地质调查局调查手册》第431.1章列出的美国地质调查局所有记录处置时间表，来确定数据记录的时间表。列出的记录按主题进行描述，未列出的记录将被视为永久记录，除非经由美国地质调查局记录官员和美国国家档案和记录管理局做出安排。

5.6.3.3 更新/修改数据

1）保留最新数据。

2）根据业务规则确定的重大变更，适时更新元数据。

高质量数据的创建需要一个持续的动态过程。一旦确定数据不再满足用户的需求，就可以将旧数据存档，然后计划、获取和维护新数据。

5.6.3.4 文档销毁的记录

在销毁文档时，个人所属部门必须填写《记录迁移请求跟踪系统登记》以及其他记录处置文档。这将使美国地质调查局能在国会、公众或其他相关方索取这些记录时，跟踪所有已销毁的记录。如果有积极的或合理的诉讼预期，销毁和应用处置都将暂停。

5.6.3.5 最佳措施

1）确定记录要求：根据法律规定，未经美国档案管理员的授权，不得销毁任何联邦记录，获取授权需要获得美国国家档案和记录管理局通过的由美国地质调查局记录官批准的记录处置计划。

2）为数据建立记录保留计划，包括描述数据和系统文档的元数据。

3）为了便于使用记录时间表，需定期整理和归档，以保持记录完整。

4）当数据发生重大更新或修改时，相应的元数据也必须同步更新。

5）必须酌情限制对数据的访问。

6）如果记录被销毁，务必将其记录在美国地质调查局记录迁移请求跟踪系统中。

5.6.3.6 《美国地质调查局调查手册》对处置的要求

1）美国国家档案和记录管理局批准的美国地质调查局记录处置表包含美国国家档案和记录管理局记录表（《美国联邦法规汇编》第 36 卷“联邦档案法”第 1225 条）中与美国地质调查局活动相关的所有记录的描述和处置信息。

2）《美国地质调查局调查手册》第 431.1 章“记录管理计划”描述了美国地质调查局记录管理计划的目标，并分配了记录管理的责任。

《美国地质调查局调查手册》第 502.9 章“基础科学措施：数字科学数据的保存要求”规定需要根据美国地质调查局记录处置要求和《美国联邦法规汇编》第 36 卷“联邦档案法”第 1220.14 条保存数据。

5.6.4 离职人员科学数据采集情况调查

离职调查是在员工离职前对其开展的一项调查。通过填写离职调查表，可以记录员工所创建的数据和信息，同时传承知识和经验。

5.6.4.1 概况

当员工离开工作岗位时，他们日常活动、所创造的信息以及建立的联系等相关信息常常会遗失。对于美国地质调查局而言，这是一个尤为突出的问题。当个人进行研究时，他们的发现、假设、观察都是个人独有的，而且往往是不可替代的。如果没有适当的程序来帮助获取这些知识，其中的大部分信息往往会丢失（由于找不到相关信息，或者没有记录相关信息的文档）。

美国地质调查局离职调查，是在员工离开之前，向他们采集数据和信息的一种方式。离职调查表可以详细记录信息，如数据和信息的位置、访问数据的方法及限制，以及此人离职后负责数据的人员。离职调查表是由调查范围内的人员组成的小组编制的，这些人员具有不同的科学和技术背景，并且所在的办公室具有不同的数据管理能力。

5.6.4.2 调查表设计

离职调查表包括 3 个部分：介绍性信息、有关数据集的信息和网站列表（可以获取文档中所列问题的更多信息）。对于数据集信息，有电子数据项和实物数据项，列出每个数据集的目的是确保获取与该数据集相关的信息。

5.6.4.3 调查表的益处

此表单的一个优点是所有与数据相关的信息均可以在一个位置获取，这使人们能轻松快速地访问信息，并提供更完整的数据视图。该表单比较完善，因此各种人员和小组都可以从中受益，包括员工、主管、科学中心主任、信息技术人员、数据经理、记录管理人员、图书馆工作人员、出版服务中心和实验室负责人。

5.7 发布 / 共享

能为公众和其他机构准备、发布、共享或传播高质量数据是科学数据生命周期过程的重要组成部分。

5.7.1 数据发布

科学数据作为独立产品或与其支持的学术文章一同发布，是开放数据不可或缺的一部分。美国地质调查局提供了一种正式发布或公布该局科学数据的理念，称为“数据发布”。

5.7.1.1 数据发布的要素

美国地质调查局数据发布包含 7 个要素：① 数据管理计划；② 科学数据；③ 符合美国联邦地理数据委员会标准的元数据；④ 数字对象唯一标识符；⑤ 数据和元数据审查；⑥ 可接受的数据存储库；⑦ 可通过美国地质调查局科学数据目录获得的元数据。

（1）数据管理计划

对于每个项目，美国地质调查局均需要制定一个数据管理计划。该计划应在项目开始之前编写，并在项目开展过程中持续更新。数据管理计划侧重于整个项目处理数据的方法。例如，如何获取或采集数据？数据采集的时间表和预算是怎样的？如何对数据进行质量检查？如何存储、访问和保护数据？一个好的数据管理计划为回答上述所有问题提供了策略。

（2）科学数据

确保数据采用开放格式（CSV、ASCII、GIF、NetCDF、GeoTiff 等），以延长其使用寿命。这些数据可以单独发布，也可以与支持其发表的学术期刊一同发布。

（3）符合美国联邦地理数据委员会标准的元数据

元数据对有关数据信息进行描述，以便数据能够被理解、再利用并与其他数据集成。元数据记录中描述的信息包括数据采集的位置、负责人员、创建数据的理由以及数据的组织方式。

创建元数据后，需要：① 在记录中包含数字对象唯一标识符；② 包含美国地质调查局恰当的免责声明；③ 保存数据并可访问；④ 列入美国地质调查局科学数据目录中。

（4）数字对象唯一标识符

持久标识符是全局唯一的数字和 / 或字符串，使用户能通过永久的长期链接访问数字资源。虽然有几种标准的持久标识符系统，但美国地质调查局对其信息产品采用数字对象唯一标识符。美国地质调查局发布的所有数据都必须具有数字对象唯一标识符。数字对象唯一标识符有利于数据引用。

数字对象唯一标识符创建后，需要：① 显示在元数据记录中；② 如果适用，可作为引用数据包含在出版物中；③ 如果数据存放位置发生变化，则需要在美国地质调查局数字对象唯一标识符创建工具中进行管理。

（5）数据和元数据审查

美国地质调查局批准发布的任何数据，无论是支持科学出版物还是供公众或合作者使用，都必须经过审查和批准。主要是确保数据有详细的记录，且所需的数据是完整、一致、准确和精准的，以实现创建数据的目的。

审核可以由一人或多人进行，但审核者都需要检查数据和元数据，以便能理解数据并确保元数据准确地描述了数据。元数据、数据审查文档和校正是在美国地质调查局内部系统中进行维护。

许多数据和元数据审查清单可帮助数据作者、审查者和美国地质调查局科学中心主任完成审查过程，审查过程包括填写数据创建者发布数据预审查清单、数据审查后清单、数据审查清单、元数据审查清单、美国地质调查局监督人清单、美国地质调查局科学中心主任清单，另外还要进行元数据审查、主要元数据元素查看及使用元数据解析器（mp）进行初步验证。

（6）可接受的数据存储库

美国地质调查局资助的数据必须在政府服务器上进行发布，数据发布可以使用美国地质调查局各科学中心网站、经批准的数据应用平台或存储库。无论采用哪种方式，数据发布站点都将代表美国地质调查局“可信数字存储库”。

美国地质调查局 ScienceBase 提供了一种存储和维护数据的可行方法，为数据发布提供帮助。

（7）可通过美国地质调查局科学数据目录获得的元数据

发布的数据必须通过美国地质调查局科学数据目录与公众和研究社群共享。该元数据目录具有以下作用：① 提供对美国地质调查局研究和监测的全国数据的无缝访问。用户可以通过搜索、浏览或使用基于地图的界面来查找数据，数据提供者保证美国地质调查局科学数据目录符合美国政府开放数据报告的要求；② 提供搜索和发现工具，支持元数据检索、可视化、下载和链接回原始数据；③ 是美国地质调查局将其元数据提供给 data. doi. gov、data. gov 和美国白宫管理与预算办公室的单一来源；④ 有助于确保美国地质调查局元数据满足要求。

最新的美国地质调查局科学数据目录要求为每个元数据记录分配一个唯一的持久标识符（PID），以便能够分别跟踪美国地质调查局科学数据目录和美国联邦政府目录的唯一性、来源和版本控制记录。元数据持久标识符必须具有唯一性，在美国地质调查局持久标识符注册（PIR）工具中进行注册，并且必须放到符合《地理空间数据元数据内容标准》或国际标准化组织可扩展标记语言格式记录中的特定位置上。根据所选择的存储库，在元数据存放到存储库之前，持久标识符可能需要由元数据作者指定，或者由存储库管理人员指定，作为数据发布最后确定的一部分。

5. 7. 1. 2 ScienceBase 发布数据工作流

图 5. 10 是使用 ScienceBase 发布数据的工作流程。

5. 7. 1. 3 《美国地质调查局调查手册》对数据发布的要求

《美国地质调查局调查手册》第 502. 8 章“基础科学措施：科学数据发布的审查和批准”规定，公众可及时免费获取由美国地质调查局信息和研究项目开发或资助的科学数据。

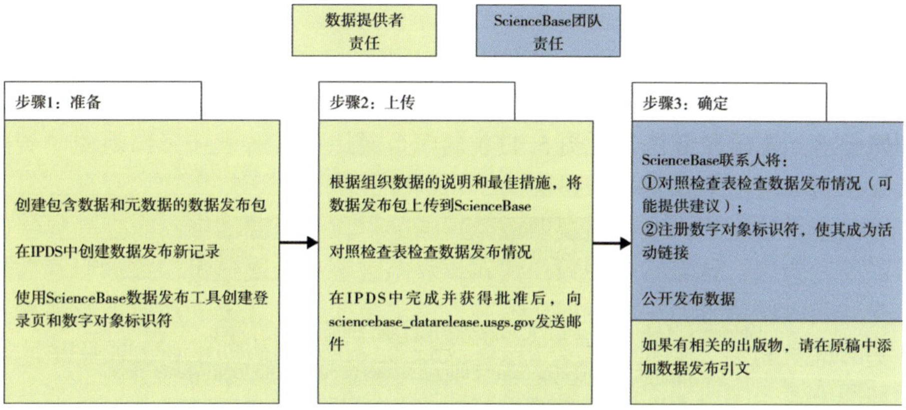

图 5.10　ScienceBase 发表数据工作流

（资料来源：美国地质调查局网站）

第 502.8 章进一步说明了向公众发布数据所需要获得的批准。在批准发布数据之前，数据被视为临时或初始数据，并可进行修订。在批准发布数据之前，需对数据和相关元数据进行审查。其他要求包括免责声明、持久标识符和确保长期保存的程序。

《美国地质调查局调查手册》第 1100.3 章“美国地质调查局出版物系列”探讨了信息产品的发布，其中包括数据产品。《美国地质调查局调查手册》规定“作为一个公共机构，美国地质调查局有责任通过其技术性和专业性的信息产品，向公众广泛和及时地提供科学调查结果”。

《美国地质调查局调查手册》第 1100.6 章“美国地质调查局信息产品中版权材料的使用”涵盖了在信息产品中使用受版权保护的材料，其中也包括数据产品。其规定“除非获得版权所有人的书面同意，否则受版权保护的材料不会纳入美国地质调查局准备的或为其准备的任何信息产品中……购买协议应同时提及受版权保护的材料和版权许可，因为它们彼此不同，且都需要获得版权许可”。

《美国地质调查局调查手册》第 1100.4 章“外部出版物的使用，包括摘要”涉及外部出版物的版权问题。其规定“通常情况下，员工作为公职人员准备并提交给外部出版物的政府信息属于公共领域，可能不受版权保护。有关共同创作作品的版权问题，应移交给美国地质调查局律师进行处理”。

《美国地质调查局调查手册》第 502.2 章“基础科学措施：规划和开展数据采集和研究”描述了：“美国地质调查局作为用于多种用途的长期有效的数据集的生产者有着悠久的历史，其中许多数据集在地理上分布广泛。这些数据集的价值取决于美国地质调查局的科学家对采集数据方法的描述和记录，并使这些数据能够在信息产品中进行访问”。

《美国地质调查局调查手册》第 502.5 章“基础科学措施：保护未发表的美国地质调查局数据、信息和相关科学材料”阐述了美国地质调查局数据和信息的保护与发布：“美国地质调查局的政策是开展各项活动，并为公众提供高质量的科学和调查结果服务，而不是为任何特定团体、公司、个人或其他实体的利益服务。美国地质调查局数据或信息的初步发布，包括美国地质调查局出版物的早期发布，并非专门针对任何团体或个人。

5.7.2 数据引用

数据引用是指引用研究中使用的数据产品的行为。数据引用包含了有关数据的关键描述信息，如标题、来源和责任方（图 5.11）。

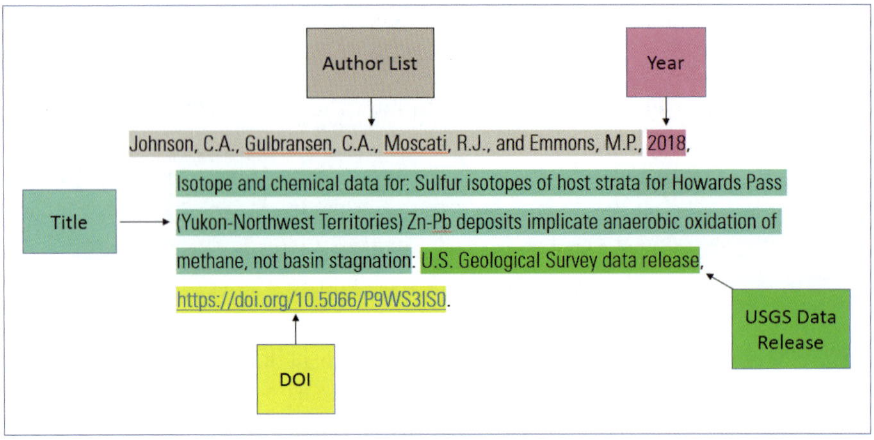

图 5.11　数据引用示例

（资料来源：美国地质调查局网站）

5.7.2.1 数据自引

使用数据时，引用其他人的数据很重要，同时引用自己的数据也很重要，以使读者能查到并可能重用该数据。

5.7.2.2 数据引用中的数字对象唯一标识符

为数据分配数字对象唯一标识符对确保数据长期引用十分重要。

5.7.2.3 引用数据的重要性

数据引用的目的在于提供科学研究的透明度和归属。数据引用能使研究者、资助机构、数据存储、科学界和公众受益。数据引用有多种用途：① 有助于科学诚信和可重复性；② 为数据创建者或作者、数据管理员提供公平的信用认可；③ 确保数据作者和管理员的科学透明度和相应责任；④ 有助于跟踪数据集和相关存储库的影响力；⑤ 帮助数据作者验证其数据的使用方式；⑥ 帮助未来用户识别其他人使用这些数据的方式。

5.7.2.4 数据引用要素

典型的数据引用通常包括 7 个要素：作者、出版年份、数据标题、版本号、出版商、数字对象唯一标识符、访问日期和时间。

如果相关，还可以包含其他要素，如查询参数、直接访问链接、数据格式、第三方制作人、编辑或投稿人姓名、出版地点以及大型项目中的数据。

5.7.2.5 《美国地质调查局调查手册》对数据引用的要求

《美国地质调查局调查手册》第 502.8 章“基础科学措施：发布科学数据的审查和批准”规定，必须为批准发布的数据分配一个持久标识符，特别是从美国地质调查局的注册代理处获得的科学数据的数字对象唯一标识符，并附有推荐的引用。

《美国地质调查局调查手册》第 1100.5 章“美国地质调查局信息产品中的署名、确认和信用”声明，美国地质调查局信息产品的作者为产品中包含的信息提供信用保证，并明确相关责任。第一作者负责确认其他机构和合作者的贡献。

5.7.3 数据共享的重要性

数据共享使研究者、研究资助者、数据存储机构、科学界和公众从中受益，它鼓励科学家之间有更多的联系与合作，这有助于形成更好的科学决策。

5.7.3.1 准备

在科学界，通常鼓励数据共享，但这需要大量的努力、资源和合作。准备共享数据需要花更多的时间，并且需要仔细记录研究过程和数据结果。

5.7.3.2 协同

对于研究者和研究资助者而言，数据共享有其内在好处。将数据提供给同行和公众，可以激励研究人员更好地管理数据，并确保数据具有较高质量。研究资助机构可以通过激发兴趣和鼓励在其科学领域内的持续研究，进而从共享数据中受益。因此，数据共享有助于提高研究者和研究资助者的认可度和知名度。

5.7.3.3 合作

数据共享鼓励研究人员之间建立更多的联系和合作，从而推动该领域有重要的新发现。在科学研究的资金投入减少的情况下，数据共享更加有效，因为其允许研究人员共享资源。

数据共享使研究人员能在他人工作的基础上继续发展，而不是重复已有的研究。共享数据还能使研究人员对当前的研究课题进行元分析。元分析对采集更大地域范围或更广泛主题的发展趋势非常重要。因此，数据共享确保了元分析的持续进行。

5.7.3.4 更好的利用科学与决策

共享数据通过鼓励提高数据的透明度、实现结果的可重现性以及向更广泛的科学界传播信息，来提高科学界的数据流通和使用效率，反之又使公众受益，因为更好和更广泛的信息传播能形成更明智的规划与政策决策。

5.7.3.5 面临的问题

尽管数据共享带来诸多好处，但研究人员在共享数据时必须注意一些重要因素。可能会存在不合理地使用数据或脱离研究本身的原始目的等行为。此外，数据可能包含敏感信息，从而引发对保密问题的担忧。

研究人员也担忧自己的数据被其他人使用却未获得认可，或者担忧其他人使用他们的数据来获得竞争优势。虽然这些担忧是正常的，但可以通过实施良好的数据共享措施和编辑全面的元数据在很大程度上解决这些问题。

5.7.3.6 最佳措施

（1）文档

1）良好、清晰的文档会让其他人更容易发现数据，理解其内容，并能够鼓励协作。

2）创建完善的元数据。

① 明确研究的目的以及与数据相关的所有注意事项；② 包括与数据有关的所有安全或保密问题；③ 描述数据的属性、地理位置和时间段；④ 包括与数据相关的链接，如项目网站和存储库，以便将数据放在更好的环境中；⑤ 指定所需的数据引用，以表达谢意；⑥创建可供公众访问且包含数据通用描述的新版本数据。

3）邀请其他数据贡献者审查元数据，以确保其准确性。

（2）数据存储

1）将数据存储在易于访问的存储库中。

2）包括归档和参考的信息。

① 对数据和其他所有来源使用格式正确的数据引用；② 使用持久标识符（例如，通用唯一标识符 UUID）。

3）为长期使用的数据选择 1 种格式。如 ASCII 文本文件将比 Excel 2000 版本文件的可读时间更长。

（3）发现

1）通过在数据门户和数据共享网络上发布元数据，以便数据可以被发现。

2）通过社交媒体和博客在线公布数据。

3）使用特定的关键词和标签，以便数据能更容易地利用搜索引擎找到。

5.7.4 专有和敏感数据

专有数据指所有权受到限制的信息，其自由发布数据的能力也受到限制。美国地质调查局可为其他美国联邦机构准备专有数据，也可能从私营部门获取专有数据。这两种情况都必须根据美国地质调查局的传输和存储标准，保护专有数据不被泄露。

敏感数据指如果一旦公开将对某个分类单元或个体产生不利影响的数据，或者在公开发布前披露可能会产生重大经济影响的数据。

5.7.4.1 专有数据类型

1）受版权保护的数据。

2）提供或出售附带限制发布许可协议的数据。

3）法院命令封存不公开的数据。

4）把限制发布作为实体单位合作协议一部分的数据。

5）从美国境外获取的受国外政府签订的限制发布协议约束的数据。

6）与国家安全相关的数据。

7）地质和地球物理数据，如物性图、钻孔记录和储量估算；水数据，如水的生产和使用。

8）生物数据，如鸟类和濒危物种数据，由私人和公司根据合同的专有条款自愿提供给美国地质调查局，并满足美国地质调查局授权立法和相关法规中的规定。

需要注意的是，最初根据无限制发布协议采集的数据可能会成为专有数据（例如，通过法院命令），最初确定的专有数据也可能会因之前的理由过期或无效而取消“专有”状态。

5.7.4.2 敏感数据类型

1）美国地质调查局采集的未经整理或汇总的濒危物种数据。

2）能源和矿产资源评估和矿产品报告通常具有重大经济影响，不会在公开发布之前披露或分享，因为提前发布可能会带来不公平竞争。

5.7.4.3 最佳措施

1）如果不需要专有数据来满足美国地质调查局的需求，则不应接受这些专有数据。

2）除非获得提供或委托提供信息的个人或组织的具体书面许可，或者除非特定法规要求披露，否则不得披露专有数据。

3）只要有可能，环境信息应向所有人免费提供。通常来说，这有利于提高人们的认识、做出更好决策和降低损害风险，从而有利于生态环境。

4）在少数情况下，公众获取信息可能会造成环境损害。因此，可能需要控制信息的可获取性；尽管仍然要进行信息发布，但所有限制都需要进行严格解释。

5）所有被视为敏感的数据应包括其敏感状态的审查日期，以及敏感状态的书面原因说明。审查日期的长短可以根据敏感性的种类而定。当数据提供者收到申请访问受限数据时，数据提供者应避免假定的长期敏感性，并应重新界定敏感性。

6）如果要限制数据发布，则只能在发布时对数据的副本进行限制。不得更改、篡改或删除存储记录中的数据。

7）出于多种原因，在数据受到限制或不完整的情况下，文档是必不可少的，重要的是将该信息记录为元数据，并保留在记录中。

8）如果发布的数据受到限制或属于概括性的，应使用恰当的文字对此加以记录，该字段不应留空。

9）因为对数据质量 / 数据验证程序的限定和对筛选推送技术有效性的限定，所以有非常充分的理由不限制相关采集的数据（例如，按顺序排列的采集者编号、采集者姓名等）。

10）敏感数据的用户应遵守数据提供商对数据设定的所有访问限制。如果获得对受限信息的访问权限，用户不得泄露或以其他方式侵犯此类信息的秘密。

11）数据提供商应考虑数据用户访问数据和文档的需求，以确定数据的“适用性”，并确保分析是可靠的，不会产生误导。

5.7.4.4 《美国地质调查局调查手册》对专有和敏感数据的要求

《美国地质调查局调查手册》第502.5章“基础科学措施：保护未公布的美国地质调查数据、信息和相关科学资料”规定了保护未公布的美国地质调查科学数据和信息的要求，其中包括未公布的审议信息和决策之前的信息、专有数据和信息、非专有的美国地质调查数据和信息以及相关的科学资料（例如物性样品）。

《美国地质调查局调查手册》第1100.2章“美国地质调查出版物系列的编辑审查”涵盖敏感信息的出版。“不考虑其他编辑的要求，任何包含敏感问题的出版物系列的信息产品，包括那些涉及当前政策或涉及国家利益、危险、安全或潜在商业利益的问题，都应由科学中心主任或局审批官员进行全面编辑。”

5.7.5 数字对象唯一标识符

数字对象唯一标识符是用于引用实物、数字或抽象对象的全球唯一字符串，它提供了对所引用对象信息的可操作、可互操作、持久的链接。给对象或对象相关信息所在的网址分配数字对象唯一标识符，当用户点击数字对象唯一标识符时，会被定向到指定的网址。如果对象的网址发生变化，发布者或负责方必须更新带有数字对象唯一标识符的元数据中的网址，以便能使用户重新链接该对象。

5.7.5.1 使用数字对象唯一标识符的方法

美国地质调查局使用的两个注册数字对象唯一标识符的官方组织是CrossRef和DataCite注册机构，并获得数字对象唯一标识符联盟的批准。

数字对象唯一标识符名称采用字符串的形式，分为前缀和后缀两个部分，中间由斜杠分隔，并且前缀以“.”再分为两个部分。美国地质调查局学术系列出版物由CrossRef注册的数字对象唯一标识符前缀为10.3133。美国地质调查局数据由DataCite注册的数字对象唯一标识符前缀为10.5066。当数字对象唯一标识符以10.3133开头时，引用的是美国地质调查局学术系列出版物；当数字对象唯一标识符以10.5066开头时，引用的是美国地质调查局数据、代码或软件。

5.7.5.2 美国地质调查局出版物的数字对象唯一标识符

当美国地质调查局系列出版物通过基础科学措施中规定的美国地质调查局出版流程发布时，将获取这些出版物的数字对象唯一标识符。这些数字对象唯一标识符来自CrossRef系统，分配数字对象唯一标识符是美国地质调查局规范出版过程的一部分。

5.7.5.3 美国地质调查局数据的数字对象唯一标识符

所有通过美国地质调查局发布的、存储在由美国地质调查局拥有或根据合同管理的服务器上的数据，必须分配一个由美国地质调查局数字对象唯一标识符创建工具生成的数字对象唯一标识符；使用该工具创建的数字对象唯一标识符在DataCite机构进行注册。

如果需要在由其他机构管理的美国联邦服务器上发布美国地质调查局数据，作为发布数据的前提条件，可分配一个由托管机构管理的数字对象唯一标识符；否则，应该使用美国地质调查局数字对象唯一标识符创建工具为这些数据分配数字对象唯一标识符。数据管理计划应规定最终数据的发布位置，如果选择其他的美国联邦机构公布美国地质调查局的数据，该计划还应规定在数据生命周期内分配和管理数字对象唯一标识符的机构。但不论是哪个机构进行分配，数据的数字对象唯一标识符都必须在最终元数据记录中作为数据引用链接。美国地质调查局鼓励科学家向局审批官员咨询或获取进一步的指导。

将数字对象唯一标识符转换为可操作的链接。数字对象唯一标识符 10. 5066/F7VX0DMQ 可以通过在 10. 5066 前面添加 https: //doi. org/ 变为一个可点击的链接。因此，可点击的数字对象唯一标识符超链接是 https: //doi. org/10. 5066/F7VX0DMQ。对于符合美国联邦地理数据委员会《数字地理空间元数据内容标准》的元数据，数据数字对象唯一标识符链接应放到“引用信息”的在线链接中（可扩展标记语言标记“Online”）或“发布信息”的网络资源名称中（可扩展标记语言标记“networkr”）。对于符合国际标准化组织制定的地理信息元数据标准的元数据，数据数字对象唯一标识符链接应该放置在 MD_Metadata 上，在“gmd:dataSetURI”标签中。

5.7.5.4 外部出版物的数字对象唯一标识符

大多数经同行评审的期刊会使用自己的数字对象唯一标识符前缀和注册流程，将数字对象唯一标识符分配给文章。

5.7.5.5 最佳措施

1）确保为发表的学术文章分配持久标识符。

① 有些出版商可能已经有此要求；② 作为图书馆编目过程的一部分，美国地质调查局出版物被分配了数字对象唯一标识符。

2）为数据分配数字对象唯一标识符。

① 如果要对数据更改进行跟踪，需为每个版本的数据分配一个数字对象唯一标识符；② 在描述数据的元数据记录中包含数字对象唯一标识符；③ 在数据的引用中包括数字对象唯一标识符。

3）将数据的数字对象唯一标识符放置在符合《数字地理空间元数据内容标准》的元数据记录中。

① 数字对象唯一标识符应放在引文信息的“onlink”中；② 确保数字对象唯一标识符的格式是一个网址，数字对象唯一标识符应该用 https: //doi. org/10. 5066/ABCD123 的格式输入。如果数字对象唯一标识符未以网址形式输入，元数据记录将被美国地质调查局科学数据目录和 data. gov 等目录拒收。

4）将相关出版物的数字对象唯一标识符放置在符合《数字地理空间元数据内容标准》的元数据记录中。

① 相关出版物引用通常认为是元数据中“大型作品引文”。“大型作品引文”有自己的“onlink”字段，这是出版物的数字对象唯一标识符的正确位置；② 确保数字对象唯一标识符的格式为网址。数字对象唯一标识符应该以 https: //doi. org/10. 3133/ABCD123 的

格式输入。如果数字对象唯一标识符未以网址形式输入，元数据记录将被美国地质调查局科学数据目录和 data. gov 等目录拒收。

5）如果数字对象唯一标识符在其引用的对象物理位置发生变化时未进行更新（即网址以某种方式发生变化），那么作为持久标识符的数字对象唯一标识符将完全失效。

① 如果数据产品的物理网址发生任何形式更改，那么更新数字对象唯一标识符，以指向文件的新路径变得至关重要。如果在数字对象唯一标识符记录中没有维护指向数据产品的物理链接，则引文中的数字对象唯一标识符将无法解析，并将导致用户出现“文件未找到”的错误。② 美国地质调查局科学家和数据管理人员可以随时在美国地质调查局数字对象唯一标识符创建工具中更新数字对象唯一标识符，以修复断开的链接，或更改与数据产品相关的其他信息。在该工具中进行的更新，每天都提交给 DataCite 索引。DataCite 索引将数字对象唯一标识符转换为可解析的网络在线链接。③ 美国地质调查局数字对象唯一标识符创建工具允许员工指定共同拥有者，并进行备份，以便可信任的同事能协助数字对象唯一标识符记录创建者长期维护数字对象唯一标识符的完整性。强烈建议为任何数字对象唯一标识符至少指定一个共同拥有者或进行备份。

5. 7. 5. 6　工具

美国地质调查局创建用于数据发布的数字对象唯一标识符工具（https: // www1. usgs. gov/csas/doi/#/）。

5. 7. 5. 7　《美国地质调查局调查手册》对数字对象唯一标识符的要求

《美国地质调查局调查手册》第 502. 8 章“基础科学措施：发布科学数据的审查和批准”规定，必须为批准发布的数据分配一个持久标识符，特别是从美国地质调查局注册代理处获取的科学数据的数字对象唯一标识符，并附上引文推荐。

5. 7. 6　组织和研究人员标识符

5. 7. 6. 1　组织和研究人员标识符的用途

组织和研究人员标识符（ORCID）是为研究人员提供的持久、唯一的 16 位字符标识符。组织和研究人员标识符提供了研究人员在 ORCID. org 上管理的个人资料页面。

组织和研究人员标识符可将某研究人员与其他同名研究人员区分开，即使使用了不同的别名，组织和研究人员标识符也能帮助找到该研究人员发表的成果；即使该研究人员姓名或研究机构发生变化，组织和研究人员标识符也会将研究产品整理到该研究人员的资料中。组织和研究人员标识符还可以帮助其他研究人员找到该研究人员的所有研究成果。

5. 7. 6. 2　美国地质调查局员工的组织和研究人员标识符要求

根据《美国地质调查局调查手册》第 502. 4 章第 3. E 节规定，美国地质调查局出版物和数据的作者需要拥有一个组织和研究人员标识符。此外必须：① 在组织和研究人员标识符的配置文档中填写姓名；② 填写单位名称；③ 在组织和研究人员标识符配置文档中公开组织和研究人员标识符、所属机构和电子邮箱。可以将组织和研究人员标识符配置文档的其他方面保密。

发布信息产品时，需要在信息产品数据系统记录中、在提交给期刊的原稿中、在数据和软件发布的数字对象唯一标识符中，以及在信息产品数据系统的美国地质调查局在线员工档案中提供组织和研究人员标识符。

（1）在信息产品数据系统记录中

1）所有美国地质调查局作者必须在该产品的信息产品数据系统记录中输入组织和研究人员标识符及其姓名。

2）如果是美国地质调查局系列出版物的作者，科学出版网络将使用信息产品数据系统记录中提供的信息向 CrossRef（出版物数字对象唯一标识符的发布机构）提供作者的组织和研究人员标识符。

3）如果美国地质调查局共同作者之一负责在信息产品数据系统中提交合作论文，需确保提交者拥有组织和研究人员标识符。

4）虽然信息产品数据系统不要求非美国地质调查局的合著者使用组织和研究人员标识符，但合著者输入他们的组织和研究人员标识符可确保在其本人的组织和研究人员标识符配置文件中归属到联合出版物。

（2）在提交给期刊的原稿中

1）现在大多数期刊都要求作者拥有组织和研究人员标识符。

2）期刊负责为文章分配数字对象唯一标识符，并在注册数字对象唯一标识符时向 CrossRef 提供作者的组织和研究人员标识符。

（3）在数据和软件发布的数字对象唯一标识符中

1）美国地质调查局数字对象唯一标识符工具，用于为美国地质调查局数据和软件版本分配数字对象唯一标识符。

2）美国地质调查局作者在数字对象唯一标识符工具中与非美国地质调查局作者分别输入信息，并且必须具有与其名称相关的组织和研究人员标识符。数字对象唯一标识符工具包括美国地质调查局作者及其各个作者的组织和研究人员标识符的查询服务。

（4）在美国地质调查局在线员工档案中

包含的组织和研究人员标识符能够帮助公共用户将作者与出版物关联，并可以发现作者的其他作品。

5.7.6.3 《美国地质调查局调查手册》对组织和研究人员标识符的要求

《美国地质调查局调查手册》第 502.4 章“基础科学措施：信息产品的审查、批准和发布”第 E 条款规定：“为了识别美国地质调查局撰写或资助的出版物，美国地质调查局雇用或资助的所有作者都必须注册，并获得开放研究人员和贡献者账号（ID）。”

基础科学措施规定：“为什么美国地质调查局的科学家需要组织和研究人员标识符账号？自 2016 年 10 月 1 日起，美国地质调查局所有作者（包括合著者）发布科学信息产品时，必须拥有组织和研究人员标识符账号（设置为公开），并且按照《美国地质调查局调查手册》第 502.4 章的规定，在内部信息产品数据系统中批准这些产品需要组织和研究人员标识符账号。注意，https: //orcid. org 上的默认设置为不公开组织和研究人员标识符账号，因此，在创建组织和研究人员标识符账号时，美国地质调查局作者需要完成注册过程中的其他步骤，以使其组织和研究人员标识符可搜索并公开可见。组织和研究人员标识符账号记录中包含的作者的电子邮箱及美国地质调查局雇佣关系这两个字段应‘对所有人可见’，以确保正确显示美国地质调查局所有撰写的出版物稿件。”

5. 7. 7　数据目录

数据目录和门户是可以检索数据的平台。存储库用于保存实体数据，而数据目录和门户网站则使用元数据为数据提供可搜索的目录。将元数据提交到数据门户网站和目录中，可以提高元数据的可见性和可用性。

5. 7. 7. 1　美国地质调查局元数据目录要求

根据美国地质调查局政策规定，经批准的美国地质调查局科学数据的元数据，必须存放在美国地质调查局科学数据目录中，并通过该目录进行共享。

5. 7. 7. 2　美国地质调查局科学数据目录

美国地质调查局科学数据目录为用户提供了对该局研究和监测数据的无缝访问。用户能够通过搜索、浏览或使用基于地图的界面等方式，发现该局的数据。

5. 7. 7. 3　美国内政部数据目录

美国内政部汇总了美国地质调查局、国家公园管理局、美国鱼类和野生动物管理局、印第安事务局、土地管理局、开垦局、海洋能源管理局、安全和环境执法局以及地面采矿、开垦和执法办公室等机构的元数据，以填充到 data. doi. gov 目录中，而 data. doi. gov 目录又将所有内政部的元数据提供给 data. gov。

5. 7. 7. 4　data. gov

data. gov 是美国政府开放数据的平台。在此可以找到美国联邦、州和地方政府的数据、工具和资源，以进行研究、构建应用程序、设计数据可视化等。data. gov 是推动开放数据的标志性举措，旨在更有效地共享美国政府数据。包括美国地质调查局在内的各机构正在致力于有效描述和共享其数据资源，并跨机构整合这些资源。

5. 7. 7. 5　其他目录

1）美国地质调查局模型目录包含由美国地质调查局开发的科学模型，以及在其调查中使用的由其他外部组织开发的科学模型的相关信息。

2）美国联邦政府的美国开源软件的共享平台（code. gov）是美国联邦机构合作伙伴的可用开源代码的来源。

3）美国地质调查局出版物库（PubsWarehouse）收录了美国地质调查局科学家撰写的16 万多份出版物。

5.7.7.6 提交科学数据目录的途径

有3种方法可以将元数据记录存放在美国地质调查局科学数据目录中。在实际操作中，只需选择1种方法，以避免重复提交记录。

（1）ScienceBase数据发布

如果通过正式的ScienceBase数据发布流程发布数据，那么将自动为元数据分配一个持久标识符，并将在ScienceBase发布后的那个周六自动传输到美国地质调查局科学数据目录。

（2）由选定的科学中心/项目进行本地元数据聚合和提交

如果通过阿拉斯加科学中心、沿海和海洋地质学计划、地球资源观测与科学中心、能源计划、矿产资源计划、国家地理空间计划、水任务区国家空间数据基础设施节点来发布数据，元数据将与该位置的其他元数据进行合并，并通过每周1次的采集流程提供给美国地质调查局科学数据目录。联系计划/科学中心的协调员，通过本地聚合流程提交可扩展标记语言元数据记录，并检查持久标识符分配责任。科学数据目录每周六从这些本地管理的可在线访问的文件夹中采集数据。

（3）单个可扩展标记语言元数据记录上传到科学数据目录

如果上述（1）（2）选项不适用，即数据没有通过正式ScienceBase数据发布流程发布，也不属于(2)中确定的任何一个科学中心/项目,则可以使用单独的元数据记录提交表单(需要在美国地质调查局活动目录页面登录)，将可扩展标记语言元数据记录直接提交给美国地质调查局科学数据目录。通过此流程上传的记录在成功上传后的周六，可被美国地质调查局科学数据目录索引。鼓励美国地质调查局相关计划或科学中心的数据负责人协调此项活动，以保证记录不会由多人多次提交。如果通过表单提交，那么可能需要为元数据记录分配持久标识符。

5.7.7.7 持久标识符（PID）分配

最新的美国地质调查局科学数据目录要求为每个元数据记录分配一个唯一的持久标识符，以便在美国地质调查局科学数据目录和联邦目录中，分别跟踪记录的唯一性、来源和版本。元数据标识符必须具有唯一性，需在美国地质调查局永久标识符注册工具中进行注册，并且必须放置在符合《数字地理空间元数据内容标准》或国际标准化组织可扩展标记语言标准（ISO XML）记录的特定位置。根据所选的存储库，元数据持久标识符可能需要在将元数据存放到存储库之前由元数据作者指定，或者由存储库工作人员在数据发布最终确定时指定。

5.7.7.8 《美国地质调查局调查手册》对数据目录的要求

《美国地质调查局调查手册》第502.7章“基础科学措施：美国地质调查局科学信息产品元数据（包括数据）”规定，经批准的科学数据的元数据必须存放在美国地质调查局科学数据目录（https://data.usgs.gov/datacatalog/）中，并通过该目录进行共享。这些元数据的创建者必须确保元数据的格式能被数据共享网络和存储库（如美国地质调查局科学数据目录）所接受。

5.8 描述（元数据 / 文档）

在整个科学数据生命周期过程中，为了能够反映对数据所采取的处理方式，必须更新文档。这些操作方式包括获取、处理和分析，可能涉及生命周期的所有阶段。更新的元数据及完整的元数据对于保持数据质量至关重要。

5.8.1 元数据创建

元数据描述相关数据的信息，包括人员（who）、内容（what）、位置（where）、时间（when）、原因（why）以及方式（how），以便人们能够理解、重用数据，并将其与其他数据集成。元数据必须按照标准格式记录，以实现互操作性。

5.8.1.1 元数据的重要性

元数据对于数据的使用或重用至关重要，如果没有元数据来说明数据的创建方式、创建原因、地理位置以及有关数据结构的详细信息，任何人都无法放心地重用数据或解释数据。

5.8.1.2 元数据的用途

元数据可用于数据发现、数据理解、综合分析、维护数据的寿命、跟踪研究项目的进展以及展示机构研究的投资回报等方面。

5.8.1.3 创建元数据的方法

1）采集元数据记录的具体内容。

① 了解元数据记录的具体内容（例如，标题、摘要、方法、关键词等）；② 利用“元数据问卷”或“简明语言元数据”来采集用于构建元数据记录所需的内容，或使用元数据创建工具，这些工具会询问与数据有关的相同问题。

“元数据问卷”文档提供创建元数据记录所需的最少内容，共包含 20 个问题。

“简明语言元数据”文档提供创建元数据的通用访谈方法。它不一定是全面的，但旨在以通俗易懂的语言传达元数据中包含的基本信息，这些基本信息包含在元数据中，并链接到指定的页面，该页面详细说明了将这些信息写入元数据文档所需的具体步骤。

2）12906 号行政令授权美国联邦机构使用联邦地理数据委员会认可的元数据标准。

①《数字地理空间元数据内容标准》或其扩展出的生物数据和海岸线数据标准；② 国际标准化组织）系列标准（例如，19115、19115-2、19139 等）。目前正在努力采用国际标准化组织数据标准。

3）美国联邦地理数据委员会《数字地理空间元数据内容标准》和国际标准化组织标准都要求元数据使用可扩展标记语言格式。

5.8.1.4 创建元数据记录的工具

以下介绍的免费工具可以创建或编辑符合美国联邦地理数据委员会《数字地理空间元数据内容标准》的可扩展标记语言格式的元数据。有关更多工具，请参阅美国联邦地理数据委员会元数据工具。有关国际标准化组织元数据标准的工具列表，请参考美国联邦地理数据委员会和国际标准化组织标准的元数据编辑器审查工具。

1）美国地质调查局在线元数据编辑器——美国地质调查局员工通过回答与数据相关的简单问题，即可创建符合美国联邦地理数据委员会《数字地理空间元数据内容标准》的在线表单。登录后可开始登记新记录或上传和编辑现有记录。保存已完成或正在编辑的记录以备后用，也可以直接下载到计算机上。

2）美国地质调查局元数据向导（USGS Metadata Wizard）——这是 Esri ArcGIS Desktop 中的 Python 工具箱，用于为地理空间数据创建符合美国联邦地理数据委员会《数字地理空间元数据内容标准》的元数据。该工具接收地理空间文件，并通过半自动工作流，在 Esri 10. x 软件中创建和更新元数据记录；该工具最适合地理空间数据（如栅格和 shape 文件）和表格数据（如 Esri 地理数据库或数据库文件）；可以使用逗号分隔符文件，但首先必须转换为 Esri 格式。

3）美国地质调查局元数据向导 2. x（USGS Metadata Wizard 2. x）——这是一个基于原始元数据向导的跨平台桌面应用程序，用于创建符合《数字地理空间元数据内容标准》的元数据。此版本的元数据向导不依赖 Esri 软件，并支持其他表格数据文件格式。

4）美国地质调查局正式元数据编辑器（USGS TKME）——这是一个用于创建符合美国联邦地理数据委员会《数字地理空间元数据内容标准》元数据的 Windows 平台工具，可用于配置生物数据文件和其他扩展文件。该软件程序与元数据分析器紧密结合，可以设置为法语和西班牙语。

5）元数据编辑器（mdEditor）——通过使用这个基于网络的工具创建符合国际标准化组织和美国联邦地理数据委员会《数字地理空间元数据内容标准》的元数据。

6）数据字典转换服务（Data dictionary conversion service）——将数据字典表转换成元数据格式。

7）美国农业部元数据编辑器（USDA Metavist）——这是为地理空间元数据创建的符合美国联邦地理数据委员会《数字地理空间元数据内容标准》的桌面元数据编辑器，包括生物数据配置文件（1. 6 版）。由美国农业部森林服务局开发和维护。

8）Microsoft 可扩展标记语言记事本（Microsoft XML Notepad）——这是一个用于浏览和编辑可扩展标记语言文件的简单直观的用户界面。不会自动生成符合美国联邦地理数据委员会《数字地理空间元数据内容标准》的记录，但可以轻松编辑和验证现有的元数据记录。

5.8.1.5 元数据创建的最佳方案

1）采集所有信息，尤其是当多人拥有相关信息时。

2）使用已开发的信息。

① 重复使用拨款或资助项目建议书中的文本（如摘要、目的、日期等）；② 参考数

据采集和处理过程中使用的数据字典，以完成符合《数字地理空间元数据内容标准》的元数据记录中的实体和属性部分。

3）为数据选择一个描述性标题，其中包含人员、内容、地点、时间和范围等要素。元数据记录中最重要的文本是标题，因为它是人们在元数据目录（例如，美国地质调查局科学数据目录、data. gov）中看到的主要内容。

4）选择关键词：考虑选择关键词的所有可能含义，并使用同一词库添加可能未选择的描述性术语。

5）将数据的数字对象唯一标识符放置在符合《数字地理空间元数据内容标准》的元数据记录中。

6）将相关出版物的数字对象唯一标识符放置在符合《数字地理空间元数据内容标准》的元数据记录中。

7）元数据记录中包含尽可能多的详细信息，以供未来的数据用户使用。

8）无论何时更改元数据记录，都需要更新元数据日期（日期戳），以便元数据存储库获知记录的版本为最新版本。

9）针对大型数据系统或当描述数据“集合”时，使用《系统级元数据记录创建指南》中描述的最佳措施。《系统级元数据记录创建指南》提供了创建符合美国联邦地理数据委员会《数字地理空间元数据内容标准》的元数据记录的最佳措施，描述了多个数据集和/或元数据系统。

5. 8. 1. 6　验证元数据记录

必须验证元数据，以确保元数据已正确创建，并且已填写所有必填的元素。对比元数据标准，验证可扩展标记语言元数据记录，以确保可扩展标记语言元数据记录符合元数据标准结构。许多元数据创建和编辑工具（如元数据编辑器和元数据向导）会自动验证，因此第二次验证没有必要。

1）美国地质调查局元数据分析器（USGS Metadata Parser）——是根据美国联邦地理数据委员会《数字地理空间元数据内容标准》，对可扩展标记语言元数据记录进行验证，并在出现错误时生成错误报告的工具，适用于地理空间和非地理空间数据。用户可以通过易于阅读的格式（html、text）查看可扩展标记语言元数据记录。该工具支持多种语言（英语、法语和西班牙语），可以配置生物数据配置文件以及其他扩展配置文件。对于高级用户，需了解如何在命令行窗口中运行元数据分析器（MP）。

2）Microsoft 可扩展标记语言记事本——该工具具备验证记录的功能，但需要结构包支持。

5. 8. 1. 7　创建元数据的后续工作

1）如果打算发布美国地质调查局数据，需要按照该局政策要求，对数据和元数据进行正式审查。

2）尽可能将数据和元数据打包在一起，因为元数据记录对于数据理解至关重要。

3）与所在组织合作，确定如何共享元数据，在第5. 7节“发布和共享”可获取更多信息。

共享元数据提高了数据的可查找、可访问和可再利用。美国地质调查局科学数据目录经批准后，会向 data. doi. gov、data. gov 和 GeoPlatform. gov 等提供该局元数据。

5. 8. 1. 8 高级用户

Microsoft 可扩展标记语言记事本——一个可扩展标记语言编辑器，可以直接用可扩展标记语言代码帮助创建和编辑元数据记录。该软件可以免费下载，但仅适用于电脑系统。

1）《可扩展标记语言记事本使用指南》——描述元数据编辑和验证方法。

2）初始模板示例——可以填充内容的初始元数据记录。

3）元数据向导样式表——使用可扩展标记语言记事本，以易于阅读的样式表显示元数据。

4）查找并纠正错误——根据美国联邦地理数据委员会《数字地理空间元数据内容标准》，使用结构包确保正确记录元数据。下载后，必须在可扩展标记语言记事本中重新配置数据结构，使其指向本地计算机上数据结构文件的位置。虽然数据结构有助于发现一些错误，但最终的元数据记录需使用验证工具进行验证。

生态元数据语言（EML）转换为符合《数字地理空间元数据内容标准》的生物数据配置文件（CSDGM-BDP）——该转换文件可以将生态元数据语言标准中的元数据转换为美国联邦地理数据委员会《数字地理空间元数据内容标准》的生物数据配置文件。转换后，需对元数据记录进行验证和检查，以确保内容完全转换。

5. 8. 1. 9 《美国地质调查局调查手册》对元数据创建的要求

《美国地质调查局调查手册》第 502. 7 章“基础科学措施：美国地质调查局科学信息产品元数据（包括数据）”规定了美国地质调查局批准发布的科学信息产品和科学数据的元数据要求。

《美国地质调查局调查手册》第 502. 7 章进一步规定，所有美国地质调查局的科学数据和其他信息产品必须附带元数据，元数据记录需按标准方式进行记录，以便用户能够了解背景信息，并评估数据或信息产品的可用性。科学数据的元数据记录必须符合美国联邦地理数据委员会《数字地理空间元数据内容标准》、国际标准化组织系列标准或美国地质调查局认可的其他联邦地理数据委员会标准。对于所有批准发布的美国地质调查局科学数据和其他信息产品，至少需要由合格的审查员进行 1 次元数据审查。

《美国地质调查局调查手册》第 502. 8 章“基础科学措施：科学数据发布的审查和批准”阐述了元数据在科学数据发布时的要求。

《美国地质调查局调查手册》第 502. 8 章进一步规定，批准发布的科学数据必须符合《美国地质调查局调查手册》第 502. 7 章中描述的元数据要求，并且元数据必须存储在美国地质调查局科学数据目录中，并通过该目录进行共享。此外，还需对数据和相关元数据进行审查，且这些审查记录必须在美国地质调查局信息产品数据系统中进行记录。

5. 8. 2 元数据审查

元数据记录创建不会随着内容的生成而结束。元数据审查是创建元数据记录过程中的一个重要环节，可能涉及确定审查人员、元数据检查的技术和内容，以及与作者进行沟通等方面。

5.8.2.1 寻找审查人员

一位优秀的审查人员应该熟悉所使用的元数据标准，并且应该有充足的时间来审查元数据记录，关键是要应尽早开始这项工作。

由于审查人员的日程安排和工作量、审查过程的重复性或发布的数据中包含新的和尚未研究的内容，审查过程可能花费相当长的时间。因此，最好尽早开始，给寻找审查人员和进行审查预留足够的时间。实际上，在计划阶段就要考虑谁可能适合审查项目的数据和元数据，并在项目开展过程中多次与审查人员沟通。

元数据审查不必要由一个人来完成。让具有不同专业知识的人进行审查可能更好。例如，让具有地理信息系统专业知识的人审查地理空间部分，水文学家可以审查科学内容，元数据专家审查元数据的完整性。

一位优秀的审查员应该熟悉元数据，最好有创建元数据记录的经验，同时还应该熟悉所使用的元数据格式。对于内容审查，审查人员应熟悉所描述的主题或数据类型，如生物数据或地理空间数据。此外，有一个对项目不太熟悉但能客观审核的审查员也是有帮助的。理想情况下，数据和元数据审查可以由同一位审查员完成。

5.8.2.2 执行审查

《如何查看元数据》对元数据审查方法进行了很好的概述。

美国地质调查局要求公开发布数据的元数据必须符合美国联邦地理数据委员会《数字地理空间元数据内容标准》或国际标准化组织 191×× 系列标准（《美国地质调查局调查手册》第 502.7 章），因此指南和工作流建议针对这些元数据标准进行审查。如果美国地质调查局研究人员将数据存储在外部存储库中（参见美国地质调查局科学出版物和数据的可接受数字存储库），无论该存储库的元数据要求如何，仍需要创建一个符合美国联邦地理数据委员会《数字地理空间元数据内容标准》或国际标准化组织 19115 标准的元数据记录，并对其进行审查。

（1）检查元数据格式和结构

可扩展标记语言元数据记录有助于实现机器与机器之间的信息交换，这意味着可扩展标记语言元数据记录的内容可以很容易被下游元数据目录读取，并以人类可读的方式显示；但是，为了实现机器与机器之间的信息交换，必须对可扩展标记语言元数据记录进行正确的格式化和结构化转换。

1）美国联邦地理数据委员会《数字地理空间元数据内容标准》。通过地理空间元数据验证服务，使用元数据分析器，对符合美国联邦地理数据委员会《数字地理空间元数据内容标准》的元数据进行验证。

2）国际标准化组织 191×× 系列标准。针对国际标准化组织 19139 标准的元数据检查，将验证其基本结构和命名，但由于国际标准化组织中所需字段较少，国际标准化组织在验证记录质量方面提供的帮助有限。与美国联邦地理数据委员会《数字地理空间元数据内容标准》相比，国际标准化组织的格式和结构检查需要更多的人工干预。因此，建议将国际标准化组织 19139 标准与可扩展标记语言记事本、可扩展标记语言编辑器一起使用，以确保存在必要的命名空间。

（2）审查元数据内容

1）元数据应该永远帮助读者理解和使用数据。元数据分析器对元数据记录的成功验证并不能保证元数据记录的质量或对最终用户的可用性。元数据的彻底审查包括对数据和元数据的检查。审查人员的目标是提高元数据中所描述的研究成果的完整性和质量，同时指导作者使用恰当的数据通信方案。

2）元数据应该突出作者的科学写作技巧，内容应丰富，引人入胜，而不应该是生硬或过于复杂的。

3）元数据应简要说明数据采集的对象、内容、地点、时间和原因。

5.8.2.3 审查工具和工作流

通过元数据分析器、元数据向导、在线元数据编辑器等工具，以及推荐的元数据审查工作流，使元数据审查变得更加容易。

（1）数据和元数据审查人员审查指南

1）数据审查清单。

美国地质调查局基础科学措施要求对所有数据发布进行同行评审，以确保向公众发布的信息是高质量和完整的文档。数据发布至少需要对数据进行 1 次审查，并对附带的元数据和数据发布中包含的所有相关材料进行 1 次审查；但由于数据和元数据存在内在联系和为了理解数据的需要，同一个人可能会同时审查数据和元数据。在这种情况下，数据生产者可以决定选择两名审查员，即使这并非美国地质调查局的要求。同行评审员应具备数据类型方面的相应知识，他们可以是美国地质调查局员工，也可以是非美国地质调查局员工。

数据审查员的工作重点是评估数据产品的准确性、完整性、质量和可用性。数据审查清单是为了帮助数据审查员，使同行评审程序标准化。对于负责元数据审查的数据审查员，除了使用数据审查清单外，还需使用元数据清单。

数据审查清单根据数据发布中包含的数据类型分为多个部分。①“通用”数据类型适用于大多数数据类型，由数据审查员完成。② 数据审查员应该完成与他们正在审查的数据发布相关的附带检查表（例如，时间信息、地理空间数据和表格数据）。如果部分数据类型不适用于数据，请选中“部分不适用”复选框。③ 仔细阅读每个复选框选项。如果复选框选项准确反映数据的当前状态，请选中复选框中的“是”选项。如果复选框选项不能准确反映数据的当前状态，请选中复选框中的“否”选项，并在每个“注释”字段中描述问题和改进建议。

数据审查清单中的职责分配有多种角色。① 数据生产者应执行必要的质量保证和质量控制程序，这些通常记录在元数据中。数据生产者在将数据提交给美国地质调查局基础科学措施审查之前，也可以使用此数据审查清单。② 数据审查员应具有访问和评估数据、元数据和相关出版物（如适用）的专业知识和工具。③ 数据审查员应熟悉相关学科中有关数据格式和显示的标准方案。④ 该检查表内容详细，但不一定全面。完整的数据审查可能需要额外的特定领域的检查。⑤ 美国地质调查局科学中心主任或指定的数据发布审批官员负责确定软件脚本是作为数据发布还是作为软件发布。

2）元数据审查清单。

一个数据产品可能需要多个元数据记录，例如，数据集中每个数据集的元数据记录，以及整个数据集合中的元数据记录。元数据记录最好与数据一起进行查看，因为在某些情况下，将元数据记录中的内容与数据集实际包含的内容进行对比，将会有助于元数据审查。

如果相关的科学产品（报告或出版物）在元数据审查期间可供参考，这将会有助于元数据审查。

元数据审查员的职责是确保美国地质调查局数据产品元数据的准确性、完整性和可用性。

（2）美国地质调查局创建符合《数字地理空间元数据内容标准》的元数据的工作流示例

1）数据生产者将数据和可扩展标记语言格式的元数据以存档格式（开放、非专有和机器可读）提交给审查员。

2）数据审查员审查数据 / 元数据。

① 审查员通过元数据分析器运行可扩展标记语言文档，根据美国联邦地理数据委员会标准对其进行验证。② 数据生产者或审查员生成审查文档（许多元数据工具生成可导入 Microsoft Word 的审查文档，可添加建议和注释）。③ 审查员在审查文档中对有关元数据或数据进行标注注释。④ 将审查文档返回给数据生产者进行编辑。

3）建议重复审查，以确保所有意见都已得到处理。

4）建议由同行对数据和元数据进行评审，尽管这可能与元数据审查员相同，但前提是该人员既有审查内容的资格，又具备元数据标准和结构化数据方面的知识。

5）将审查文件和注释上传到美国地质调查局内部审查系统中。

（3）用于生成元数据审查文档的工具

1）元数据向导。通过选择“文件”，然后从顶部栏中选择“打开”，将元数据记录上传到元数据向导中。加载记录后，从顶部菜单中选择“验证”，然后选择“生成审查文档”，将自动生成一个文档，并可在 Word 中打开。该文档包括审查信息，审查信息包含审查者姓名、日期和正在审查的元数据记录的标题，另外，还包含摘要、错误信息和完整的元数据记录。

2）在线元数据编辑器。在左侧栏中展开“预览、保存或下载”，然后选择“保存并预览格式”将格式化的元数据复制并粘贴到 Word 中，以生成审查文档。

3）元数据解析器（MP）。在使用元数据分析器验证元数据记录后，将导出多种错误列表，包括错误报告、概述或压缩文件。

5.8.2.4 支撑团队

元数据审查员实践社群属于美国地质调查局数据集成社群中的一个小组，其目的是为元数据审查人员提供一个交流平台，以确保美国地质调查局的标准保持一致性。该网站包含会议信息、数据和元数据审查资源以及培训材料的链接。理解元数据审查流程和元数据审查工具需要一定的时间。这个实践社群对于刚开始进行元数据审查的人员而言是一个很好的资源。

5.8.2.5 《美国地质调查局调查手册》对元数据审查的要求

数据和相关元数据都需要进行审查，这些审查必须记录在美国地质调查局信息产品数据系统中。由同一个人进行数据和元数据审查可能更为合适。元数据审查需要确保其符合《美国地质调查局调查手册》第 502.7 章的要求。

5.8.3 数据字典

数据字典的作用是对数据的结构和内容进行分类和传递，并为单独命名的数据对象提供有意义的描述。

5.8.3.1 数据字典和元数据

数据字典信息可用于填写正式元数据的实体和属性部分或特征目录。如果正在使用正式元数据中的数据字典信息，有许多工具可以提供帮助。

5.8.3.2 数据字典的内容

数据字典用于存储和传递数据库、系统或应用程序中使用的数据的元数据。数据字典内容可能有所不同，但通常包括以下部分或全部内容：

1）数据对象列表（名称和定义）。

2）数据元素的详细属性（数据类型、大小、可控性、可选性、索引）。

3）实体关系（ER）和其他系统级图表。

4）参考数据（类别和描述性领域）。

5）缺失数据和质量指示代码。

6）业务规则，例如架构或数据质量的验证。

5.8.3.3 数据字典的使用方法

1）文档——为用户、开发人员和其他利益相关者提供数据结构的详细信息。

2）沟通——为用户提供共享数据、数据标准、数据流动和交换的通用词汇和定义，并帮助开发人员评估架构改变的影响。

3）应用程序设计——帮助应用程序开发人员创建适合数据类型和控件的窗体和报表，并确保导航与数据关联相吻合。

4）系统分析——使分析人员理解整体系统设计和数据流，并实现数据与各种流程或组件的交互。

5）数据集成——当决定如何将一个数据系统映射到另一个数据系统，或者决定是否为特定用途对数据进行子集化、合并、叠加或转换时，数据元素的明确定义提供了所需的与语境相关的理解。

6）决策——协助规划数据采集、项目开发和其他协作工作。

5.8.3.4 共享数据字典

对于使用类似数据的群体而言，通过记录常见数据结构及提供讨论特定数据元素所需的准确词汇，可促进共享数据字典标准的建立。共享数据字典确保所有用户的数据元素在含义、相关性和质量上是相同的。数据字典还为搭建支持数据的系统和应用程序的人员提供所需的信息。如果存在一个通用的、经过审查的、有文档记录的数据资源，那么就无需为每个数据资源单独生成文档。

5.8.3.5 美国地质调查局共享数据字典示例

1）美国地质调查局陆地卫星数据字典。
2）缅因湾、乔治海岸和邻近地区的地表沉积物数据字典。
3）航空照片单帧数据字典。
4）国家高程数据集（NED）数据字典。
5）国家水文数据集数据字典。

5.8.3.6 非美国地质调查局数据字典示例

1）行星科学词典（美国航空航天局）。
2）中分辨率成像光谱仪 1B 级产品数据字典（美国航空航天局）。
3）选定的全球土壤中有机碳吸附和分解数据字典（美国橡树岭国家实验室）。
4）人类健康风险评估数据字典（美国橡树岭国家实验室）。
5）气候和预报公约标准名称表（气候和预报公约组织）。
6）国家深海珊瑚数据库数据字典（美国国家海洋和大气管理局）。
7）行星数据系统数据字典（喷气推进实验室）。

5.8.3.7 更新数据字典

把开发方案或数据模型作为数据需求指南，在所有项目开始时提前规划好数据存储。在确定所需的和可选的数据元素后，将它们添加到数据字典中。当数据结构发生变化时，需及时更新字典。在命名时，尽量使用适合系统或主题的命名约定，最简单的方法是采用和引用数据标准。

5.8.3.8 数据字典可以揭示糟糕的设计决策

对数据审查员和数据用户而言，数据字典可以揭示数据中存在的潜在可信度问题。较差的表结构和对象命名会严重限制对数据的理解和使用，不完整的数据定义会使原本重要的数据变得毫无价值，如果字典无法与实际的数据结构保持一致，则表明数据缺乏有效的管理。虽然对一些数据创建者而言，最初可能会收到有关数据的批评意见，但养成良好的数据设计和描述习惯是有意义的事情，最终会让每个使用数据的人受益。

5.8.3.9 制作数据字典

大多数数据库管理系统(DBMS)都内置了活动数据字典,可以根据需要生成文档(SQL Server、Oracle、mySQL)。在使用CASE工具(计算机辅助软件工程)设计数据系统时也是如此。MS Access的开源Analyzer工具可用于记录Access数据库和链接到Access数据库的数据(SQL Server、Oracle等)。还可以使用数据字典空白模板在Excel中手动创建一个简单的“数据字典”。

5.8.3.10 《美国地质调查局调查手册》对数据字典的要求

《美国地质调查局调查手册》第502.7章“基础科学措施：美国地质调查局科学信息产品元数据(包括数据)”规定,数据/元数据记录包括以下信息:数据创建者及其创建理由、方法和引用、采集和处理方法、实体和属性的定义、地理位置以及访问或使用限制，所有这些都有助于对所使用的数据和信息进行评估。

5.8.4 关键词

使用叙词表中的术语可以使数据更容易被发现，有助于明确科学领域内和跨领域的共享环境或含义。

5.8.4.1 叙词表中的关键词

叙词表(如美国地质调查局叙词表)中的关键词有助于对数据进行分类，并允许人和计算机共同构建可共享重要特征的数据列表。数据将包含在这个数据列表中，而不是其他列表中。

5.8.4.2 关键词介绍

关键词是《数字地理空间元数据内容标准》元数据记录中“Identification_Information”中的一部分，包含主题、地点、地层和时间等关键词。所有关键词都有相似的结构，一个叙词表标识符用于表明关键词的来源，以及从该来源提取的一个或多个关键词。关键词是元数据中最有用的部分，但其经常不被人理解，因此利用效果不如预期。

5.8.4.3 关键词的用途

关键词用于数据分类。这允许人和计算机能够构建数据列表，这些数据列表共享一些对其他人有意义的重要特征。添加具有其他用途的关键词(如标识或描述)很有意义，但这些关键词并不会改变数据分类。

关键词不用于以下目的：① 支持全文搜索，因为全文搜索应该匹配元数据记录中的所有文本；② 指定数据可能适用于所有的科学问题；③ 列出数据标识符；④ 描述数据，因为数据描述应该在标题、摘要、目的、过程步骤中，尤其是在“Attribute_Definition”元素中。

5.8.4.4 关键词的选择

关键词由受控词汇表提供。受控词汇表是为特定目的而挑选的术语集合，具有明确的含义和关系。这些关系可能很重要，比如在严格的分层结构中，每个狭义术语都是其广义术语的一种类型或一部分；这些关系也可能不重要，比如在按字母排序的列表中，列表中的每一项与术语的相关性不强。美国地质调查局叙词表是按照严格的分层结构排列的，以便信息搜索系统可以返回相关资源，比如搜索“污染”，则会包括“矿井排水”类别中的数据，因为矿井排水属于一种污染。

有许多受控词汇可用。如果词汇表的范围与数据的构思、方法或其他特征存在重叠，且用户可能希望该词汇表在发现界面中得到很好的利用，则应该使用该词汇表。

一般来说，应该选择适用于用户数据的具体关键词。

使用关键词查找工具，搜索一些可通过网络服务获取的受控词汇。

5.8.4.5 关键词的指定方法

当元数据作者编写元数据时，应尝试选择关键词，选择的关键词能将元数据作者的数据进行很好的分类。关键词应由另一位了解数据且对机构产生的大量数据有广泛认识的人员进行审查，甚至可能进行修订。这意味着需要尽可能地指定合适的分类术语，相反，元数据作者应该帮助审查员理解数据，以便审查员能够帮助选择合适的关键词。

为元数据指定关键词的方法因所使用的编辑元数据的软件工具而异。最简单的方法是使用文本编辑器直接键入元素和值。更复杂的工具可以包括带有关键词选择的软件，该软件借助网络来帮助用户选择关键词。元数据向导、在线元数据编辑器和正式元数据编辑器都属于元数据工具，它们使用网络服务来帮助用户选择关键词并将其输入元数据记录中。

5.8.4.6 关键词的价值

选择关键词时使用受控词汇的理由是，确保不同的人选择和使用的术语的含义和拼写都一致。当许多元数据记录使用同一组受控术语时，这些术语可以与数据查找人员显示出关联，这样数据搜索人员就无需猜测其他人使用了哪些术语，也不必猜测其他人如何拼写关键词。如果受控词汇表是分层的，使用者还可以选择更广义术语或更狭义术语选项，这样就可以更深入探究搜索人员感兴趣的主题，并查看与这些主题相关的数据。

地球科学数据目录（https://geo-nsdi.er.usgs.gov/）就是一个示例（图 5.12），其中各种分类术语被显示为检索词，使用者可以从中选择元数据记录，或者如果需要，还可以查询到更合适的分类术语。

5.8.4.7 工具

（1）美国地质调查局叙词表（主题关键词）

美国地质调查局叙词表被设计成一个正式的叙词表，严格遵守分层术语（上位类术语（BT）、下位类术语（NT））关系、通用未分层术语（相关术语（RT））关系和引入术语关系。叙词表是多层次的，这意味着其首选术语能够描述信息资源的大致情况。

图 5. 12　地球科学数据目录网页截屏

（资料来源：美国地质调查局网站）

（2）美国地质调查局生物复杂性叙词表项目（主题关键词）

生物复杂性叙词表项目是一个涵盖了几乎所有科学领域中的术语关系和术语定义的叙词表，作为一个受控词汇表，其有助于改善数据和信息的访问和检索。用户可以在叙词表中查询具体且宽泛的与之匹配和相关的术语。

（3）国际标准化组织（ISO）标题主题（主题关键词）

国际标准化组织元数据标准（ISO 19115）提供了一套必须出现在每个国家概述中的核心（Core）元数据元素。这些元素中的大部分要么映射到现有的《数字地理元数据内容标准》元数据元素，要么表示可以使用数据集成元数据工具来确定和填充的数据属性。主题类别是必填元素，它是国际标准化组织核心元数据集中唯一需要的新信息，这些信息无法从数据中直接获取。

（4）国家农业图书馆农业叙词表（主题关键词）

国家农业图书馆农业叙词表（NALT）每年更新1次，2007年版包含65800多个术语，分为17个主题类别。国家农业图书馆农业叙词表可在线搜索，并且在网上提供多种下载格式（PDF、ASCII文本、XML、SKOS）。国家农业图书馆农业叙词表具有标准的层次结构、等价关系和关联关系，并提供范围注释和2400多个术语定义，为使用者提供了极大的便利。

（5）美国宇航局（NASA）叙词表（主题关键词）

美国宇航局叙词表包含美国宇航局航空航天数据库的授权主题术语，以及工程和物理、自然空间科学（天文学、天体物理学和行星科学）、地球科学以及某种程度上的生物科学的所有支持领域的授权主题术语。该叙词表包含18000多个术语、4000个定义和4400个引用。术语按分层结构排列，还包括“相关术语”列表，由美国宇航局航空航天信息中心（CASI）编辑。

（6）国际核信息系统（INIS）/能源技术数据交换系统（ETDE）（美国能源部）（主题关键词）

联合叙词表包含用于索引国际核信息系统和能源技术数据交换系统主题范围内所有信息的受控术语。包含21147个有效描述符和9114个禁用术语。该术语主要用于在这些系统中输入或检索信息的主题描述。叙词表可随时修改。

（7）地名信息系统（适用于美国地名）

地名信息系统（GNIS）包含美国、相关区域和南极洲当前和历史上所有类型的自然和文化地理特征信息，但不包括道路和高速公路。该数据库保存了美国联邦政府认可的每个元素的名称，并按州、县、美国地质调查局地形图和地理坐标定义要素位置。

（8）NGA GEONet地名服务器（用于外国地名）

NGA GEONet地名服务器是由美国地名委员会（US BGN）批准的所有外国地名标准拼写的官方存储库。该数据库还包含变体拼写（交叉引用），以及许多名称的非罗马文字拼写。数据库中的所有地理要素都包含位置、行政区划和质量等相关信息。该数据库可用于各种目的，包括建立外国地名的官方拼写、制图、地理信息系统、地理空间信息和地点查找。

（9）Getty地名叙词表（TGN）

Getty地名叙词表包括地名以及与地名相关的信息。Getty地名叙词表中的地点包括行政实体（例如，城市、国家）和自然地貌（例如，山脉、河流）。包括当前和历史地点。Getty地名叙词表旨在帮助艺术史、考古和其他学术信息的编目、研究和发现。

5.8.4.8 《美国地质调查局调查手册》对关键词的要求

《美国地质调查局调查手册》第502.7章“基础科学措施：美国地质调查局科学信息产品元数据（包括数据）”规定，数据元数据记录应包括但不限于作者、标题、摘要和目的、主题关键词、数据质量、时间范围和物理位置。

5.9 质量管理

数据质量管理指的是采用协议和方法确保数据在科学数据生命周期的所有阶段都能得到正确采集、操作、处理、使用和维护。

5.9.1 质量保证和质量控制

质量保证和质量控制这两个术语经常互换使用，但它们的含义并不同。质量保证指的是缺陷预防，而质量控制指的是缺陷检测。一般来说，质量保证是在数据采集之前和期间使用的，而质量控制是在数据获取之后使用的。

5.9.2 数据“缺陷”的定义

在数据环境中，“缺陷”指会对适用性产生负面影响的所有数据问题，如数值错误、术语分类不正确、数据列中存在空白处或数据转换失败。

5.9.3 质量保证计划

高质量数据可以提前进行计划。质量保证计划（QAP）用于确定标准和流程，以确保和验证数据在整个科学数据生命周期中符合特定的数据质量目标。一些机构和组织（如美国环保局）在资助项目前，要求将质量保证计划作为研究提案的一部分。与数据管理计划一样，质量保证计划（如果是单独的文件）将根据实际需要，在项目时间段内进行修订，以反映数据工作流和活动的实际情况。

（1）推荐的质量保证计划方案

质量保证计划侧重于质量目标、标准、评估和验证方法，它涵盖了从获取到发布的整个科学数据生命周期，并且可以：

1）为数据或项目确定数据质量目标。

2）确定以下需求：①员工技能和培训；②符合数据采集标准的现场和实验室方法与设备；③支持数据质量目标所需的数据处理和分析软件及文件类型；④与同一主题中其他数据社群约定统一的数据标准、结构和域；⑤使用确定的质量指标进行定期数据质量评估。

3）描述一种数据存储结构，该数据结构有助于检查错误和记录数据质量。

4）描述已批准的数据输入工具和程序（如适用）。

5）为将要采集的所有数据建立数据质量标准和数据筛选流程。

6）包括可以确定当前数据质量状态的质量指标。

7）建立“数据质量评估”计划，将其作为数据流的一部分。

8）包含处理数据校正的流程。

9）包含数据用户争议和校正数据的流程。

（2）质量保证计划和数据管理计划对比

这两个计划侧重数据工作流的不同方面。除非需要一份单独的质量保证计划文件，否则质量保证计划的大部分信息都可以作为数据管理计划的一个独立部分，或者根据具体情况将其融入现有的数据管理计划中。质量计划的目的是确定并记录数据的质量标准和管理目标。

1）数据管理计划。数据管理计划涵盖了科学数据生命周期中所涉及的大部分主题，例如阐明角色和职责、提供数据安全保障、列出所有数据采集清单、描述数据处理和转换过程、记录分析软件和方法、确立保存和存储库目标以及列出数据产品清单等。

2）质量保证计划。质量保证计划侧重于从整体上建立“质量目标、标准和程序”，并确定或明确实现这些目标的具体方法、流程、评估和指标。

一个通用数据类型（如物种计数或空气质量）的单个质量保证计划可能适用于多个项目，并且可由多个项目重复使用，就像数据管理计划可以作为通用领域协议的新项目模板一样。

5.9.4 质量保证（QA）——防止数据缺陷问题

预防产生有缺陷的数据，这是保证数据产品质量以及依赖此数据的研究质量的最有效方法。质量保证指利用标准、方法和流程，确保生产的数据符合规定的质量标准。

（1）防止数据问题的推荐做法

1）使用并引用有充分记录的数据采集或获取方法。

2）对于新方法，编写文档为数据建立质量标准。

3）使用经过培训，能正确采集现场数据或遵守数据采集既定程序的工作人员。

4）为每个项目中使用的所有数据设定质量标准。

5）尽可能使用特定学科的质量标准（经过验证的数据结构、域）。

（2）通过设计控制质量

在数据采集前，制定一个关于如何存储、输入、编辑和操作数据的计划，将会节省时间，并直接影响到使用这些数据的能力。从数据的概念设计（或模式）开始，可以确保已考虑了所有要存储的数据、所代表的数据类型、不同数据块之间的关系以及支持采集主要数据的数据域。

1）尽可能使用旨在支持所使用的数据类型的数据模板，与他人分享模板。

2）为数据创建数据模型，以获取数据元素及其关系。

3）确保计划包含希望采集的所有数据。

4）考虑删除无法采集或曾经使用的所有数据元素（无需管理，以节省时间）。

5）分类和描述性术语应存储在单独的表（查找表或域表）中，并在数据需要的地方使用。

6）利用内置的质量控制方法进行质量控制，例如表和行验证规则以及表或文件之间的强制关系。

7）对于数据列（字段），指定必需与可选的列、它们的数据类型（整数与小数）以及可接受的值范围，以防止输入不正确的数据。

8）避免在一列中存储多种数据类型。

9）为每个数据元素提供良好的描述。

（3）域管理和参考数据

用于分类或描述数据元素的术语可能会影响数据的可用性。数据域和参考数据通常以表格上的查找表或下拉框的方式实现，并确定属性的允许值。

1）使用已开发的域。

2）使用权威来源的域。

3）如果创建了域，需记录项目之间的差别，并给每个值提供定义 / 描述。

4）在元数据或相关文档中包含域表内容的列表，并引用来源。

5）关键词是在不同语言环境中使用的域类型。

5.9.5 质量控制（QC）——检测和修复数据问题

数据的质量控制是指为了确定数据是否符合总体质量目标和规定的单个数值的质量标准而采用的方法或过程。为了判断数据是“好”还是“坏”，或者在多大程度上是“好”还是“坏”，必须有一套质量目标和具体数据评估标准。快速数据扫描方法可用于标记符合或不符合特定标准的记录或记录集合。需要注意的是，质量控制与质量保证是相互关联的，当发现错误时，也可能会找到通过质量保证来防止错误的方法。

（1）检测和修复数据推荐做法

1）评估和标记已知问题和质量情况的数据。

2）使用转换值时验证数据完整性。

3）脚本化流程或自动化流程。

4）根据原始质量标准验证数据产品。

5）向质量保证流程提供反馈。

6）建立报告数据错误和跟踪修复的流程。

（2）数据质量评估和审查

项目人员应在项目周期内进行定期数据评估，以便在项目完成之前发现错误。这些审查无需过于复杂，目的是为了使数据管理计划、质量目标和指标以及元数据保持最新版本，并生成遵守质量计划的文档。对外部来源的数据，在使用之前需进行质量问题评估。实时数据和流数据处理包含一定程度的质量控制。数据质量评估和审查的推荐做法如下：

1）制定数据评估策略（测试计划、具体目标）。

2）在工作流的重要节点安排数据质量审查。

3）维护数据质量元数据和相关文档。

4）跟踪数据更改并实施数据版本控制方案。

5）通过所有处理脚本定期运行测试数据，以验证预定功能。

6）将新数据与历史值进行比较。

7）在地图上绘制空间数据，以验证位置。

8）计算数据的总统计量或使用常见图表（如箱线图）显示数据，以评估可能存在的异常情况。

9）检查现场记录以帮助解释数据中的异常现象。

10）使用记录字段和数据质量指标来标记数据异常。

（3）使用数据质量指标

单个测量或观察的数据质量不应隐藏在与数据相关的元数据或文档中。相反，质量或可用性指标可以而且应该与数据一起存储在单独的字段或列中。这使得潜在的数据用户可以避免验证已证明合理的异常数据，并确定哪些值适合使用。

5.9.6 记录数据质量

描述数据就像质量管理一样，都是美国地质调查局科学数据生命周期的一个交叉要素。除了在数据中使用数据质量指标外，质量管理文档可以采用质量保证计划或数据管理计划中与特定质量目标和标准相关的内容，以及所有质量评估总结和与数据处理相关的记录，以满足项目需要。美国联邦地理数据委员会元数据标准包含专门为数据质量信息保留的内容。记录数据质量的注意事项：

1）记录数据质量定期评估的结果。

2）员工技能要求和培训记录。

3）所用方法和标准流程的引用。

4）数据验证程序。

5）数据筛选方法。

6）数据标志和质量指标。

7）记录数据值的“不确定性”，这对于派生数据和基于模型的数据尤为重要。

8）使用美国联邦地理数据委员会标准元数据记录中的数据质量信息内容。

5.9.7 数据和信息质量责任

《内政部员工行为守则》对质量管理工作和工作产品的责任进行了规定，特别是为了确保科学和学术信息产品的数据具有最高质量。该守则规定：“我将对我使用或创建的数据的质量以及我做出的结论、解释和应用的完整性负责。我将遵守质量保证和质量控制标准，不会因为信息可能不支持我做出的结论、解释和应用而隐瞒信息。”

《美国地质调查局信息质量指南》所述：“美国地质调查局提供公正、客观的科学信息，其他实体机构可以据此做出判断。自 1879 年成立以来，美国地质调查局一直保持着全面的内部和外部程序，以确保数据、分析和科学结论的质量、客观性、实用性和完整性……信息质量……涵盖美国地质调查局以任何媒介制作的所有信息，这些媒介包括美国地质调查局发布的信息产品中的数据集、网页、地图、视听演示，或外部实体出版物。”

5.9.8 《美国地质调查局调查手册》对质量管理的要求

（1）适用于美国地质调查局数据质量的一般性政策

1）美国白宫管理与预算办公室关于确保和最大限度地提高美国联邦机构发布的信息的质量、客观性、实用性和完整性的指南。

2）数据质量管理指南。

3）美国地质调查局信息质量指南。

（2）美国地质调查局基础科学措施

1）《美国地质调查局调查手册》第 500. 25 章“科学诚信”。

2）《美国地质调查局调查手册》第 502. 3 章“基础科学措施：同行评审”。

3）《美国地质调查局调查手册》第 502. 4 章“基本科学措施：信息产品的审查、批准和发布”。

4）《美国地质调查局调查手册》第 502. 7 章“基本科学措施：美国地质调查局科学信息产品的元数据（包括数据）”。

5）《美国地质调查局调查手册》第 502. 8 章“基础科学措施：科学数据发布的审查和批准”。

6）美国地质调查局实验室质量管理体系。

5. 10 备份和安全

必须采取措施保护数据，防止数据意外丢失、损坏和未经授权的访问。这包括定期制作数据副本，这些副本可用于恢复原始数据或恢复早期数据。

5. 10. 1 备份的重要性

在数据管理中，对采集的数据进行备份至关重要。备份可以防止人为错误、硬件故障、病毒攻击、电源故障和自然灾害。如果发生这些事故，备份可以帮助节约时间和金钱成本。

5. 10. 2 数据保护

良好的数据管理必须考虑数据的物理安全和计算机安全。虽然鼓励向公众提供科学数据，但必须确保机密或敏感信息的安全。

5. 10. 3 备份的最佳方案

1）了解办公室或分支机构中现存的备份策略。

① 向科学中心或项目信息技术人员咨询，了解备份策略和程序，因为在美国地质调查局内部，各机构可能有所不同；② 备份可能是也可能不是数据管理计划的一部分。

2）如果没有建立策略，则创建备份策略。

① 明确负责进行备份的人员；② 指定备份数据的位置；③ 确定访问这些文件的方式；④ 确定必须进行备份的频率，这可能由政策决定；⑤ 描述备份数据的策略或格式可能发生的变化。

3）进行数字数据备份，也可以考虑对实物文件进行数字化处理。

4）自动备份。虽可以手动备份单个文件，但最好使用自动化备份系统，这样可以避免丢失任何文件，并能确保定期执行备份。

5）将元数据和数据一起备份。

6）定位备份数据。

① 根据分支机构的策略，可以将数据备份到指定的存储库中、外部磁盘或网络驱动器上；② 不要将数据备份在 CD 和 DVD 磁盘上，因为它们很容易损坏；③ 将备份存储在与原始数据源不同的位置，以避免同时丢失。

7）检查备份。

① 数据备份后，检查文件以确保数据已成功复制，并且打开文件时没有出现错误；② 确保文件的日期和大小与原始文件相同；③ 执行校验和，通过数学计算来比较备份文件和原始文件，以验证它们是否相同。

8）确定备份的保留时间。这将取决于备份的要求和需求。

5.10.4 数据安全的最佳方案

1）共享元数据，但确保机密或敏感信息不被泄露。

2）编制数据隐匿代码，保持数据字典的安全。

3）向另一方传输敏感数据时，需要对数据进行加密处理。

4）确保计算机安装有定期更新的防病毒软件和防火墙软件。

5）确保数据在实体或安全的网络中受到物理保护。

5.10.5 工具

（1）Windows 用户：备份与恢复

备份与恢复功能，针对 Windows 7 进行了改进，可为最重要的个人文件创建安全副本。让 Windows 选择要备份的内容，或者自己选择单个文件夹、库和驱动器。Windows 可以按照选择的任何时间来备份文件，也可以将文件备份到另一个驱动器或 DVD 上。如果使用的是 Windows 7 专业版，还可以选择将文件备份到网络上。

（2）Mac 用户：Time Machine

Time Machine 是 Mac OS X Leopard 的备份应用程序。要使用 Time Machine，只需将外部硬盘连接到计算机上。当第一次将外部硬盘连接到电脑时，Leopard 会显示一个询问对话框，询问是否愿意将其用于备份。

5.10.6 《美国地质调查局调查手册》对备份和安全的要求

《美国地质调查局调查手册》第 440.4 章规定了关于在计算机和网络系统（统称为自动信息系统（AIS））中处理、存储或传输国家安全信息的安全和保护政策。

6 美国地质调查局软件管理办法

根据美国联邦源代码政策 M-16-21 的要求，《美国地质调查局调查手册》指导备忘录（OSQI2019-01）概述了开发、批准和分发美国地质调查局软件的政策要求。

6.1 软件定义与示例

6.1.1 软件定义

软件指：①由一系列指令、规则、例程或语句组成的计算机程序，无论用何种介质记录，这些程序允许计算机执行特定操作或一系列操作；②记录的信息，包括源代码列表、设计细节、算法、流程、流程图、公式以及能够生成、创建或编译计算机程序的相关材料。软件不包括计算机数据库或计算机软件文档。这个定义涵盖美国地质调查局的所有软件开发活动。

6.1.2 科学软件定义

美国地质调查局科学软件指导备忘录将科学软件定义为："包含实现科学算法和（或）产生科学数据的源代码软件。"可以包括任何产生科学结果的自定义开发代码，从而促进科学分析工作流更清晰、科学更完整并可重现。美国地质调查局科学软件必须经过美国地质调查局信息产品数据系统审查和批准，并由公共软件托管平台（如美国地质调查局开源 Git 存储库）发布。

6.1.3 软件示例

科学信息产品生成图表的网站、数值模型或脚本都可视为软件，所有基于代码的产品都是软件。作者有责任确定该代码是否应作为美国地质调查局官方产品进行发布，以及是否适用美国地质调查局科学软件指导备忘录。

（1）非科学软件示例

1）支持美国地质调查局业务流程的应用程序（即预算和科学信息系统）。

2）非计算性质的信息网站。

3）作为分享科学成果的传播策略而创建的网站，这些成果已在其他地方发布。

（2）科学软件示例

1）预测模型。

2）人工智能 / 机器学习程序。

3）用于输出美国地质调查局解释性信息产品的 Python 脚本或 Jupyter 记事本。

6.2 计划

6.2.1 美国地质调查局软件开发清单

在编写第一行代码之前，需要对新软件项目进行规划。表 6.1 是软件开发项目所需的所有步骤清单，可帮助规划软件项目，并确保其符合美国地质调查局政策和建立最佳措施的要求。

表 6.1 软件开发项目所需的所有步骤清单

步骤	科学软件	其他软件
使用存储库开发源代码	推荐	推荐
组织	推荐	推荐
测试	推荐	推荐
元数据	需要	需要
授权	需要	需要
免责声明	需要	推荐
信息产品数据系统记录	需要	不适用
数字对象唯一标识符	需要	不适用
安全审查	需要	需要
功能和主题审查	需要	推荐
科学中心主任批准	需要	推荐
美国地质调查局官方产品发布存储库	需要	推荐
生成应用程序的部署代码（可选）	任选	任选

6.2.2 创建软件元数据

使用图 6.1 所示的简单程序代码模板为软件存储库创建所需的 code. json 文件。

6.2.3 使用存储库开发源代码

1）建议用于所有软件。
2）使用认可的美国地质调查局 Git 托管选项。
3）请参阅“6.3 节”。

6.2.4 组织

1）建议用于所有软件。
2）在美国地质调查局 Git 托管选项中选择合适的位置来管理项目。
3）请参阅“6.3 节”。

```
  "usageType": "openSource",
  "licenses": [
    {
      "name": "Public Domain, CC0-1.0",
      "URL": "https://github.com/usgs/REPOSITORY_NAME/blob/master/LICENSE.md"
    }
  ]
},

"homepageURL": "https://usgs.github.io/REPOSITORY_NAME/",
"downloadURL": "https://github.com/usgs/REPOSITORY_NAME/archive/master.zip",
"disclaimerURL": "https://github.com/usgs/REPOSITORY_NAME/blob/master/LICENSE.md",
"repositoryURL": "https://github.com/usgs/REPOSITORY_NAME.git",
"vcs": "git",

"laborHours": 0,

"tags": [
  "TAG_1",
  "TAG_2"
],

"languages": [
  "LANG_1",
```

图 6.1　软件存储库创建所需的 code. json 文件

（资料来源：美国地质调查局网站）

6.2.5　测试

1）建议用于所有软件。

2）编写代码，以便可以执行单元测试，从而为技术审查人员和软件开发者提供一个全面而详细的方法，以便随时审查代码的功能。

3）请参阅“6.5 节”。

6.2.6　元数据

1）所有软件都需要。

2）提供结构合理的元数据，以确保软件能被充分发现和重用。为了遵守美国联邦源代码政策，需要在每个软件存储库的根目录中创建 code. json 文件。

3）请参阅“6.7 节”和美国联邦源代码政策。

6.2.7　授权

1）所有软件都需要。

2）使用开源授权（在项目根目录中放置“license. md”）。

3）请参阅“6.7 节”。

6.2.8　免责声明

1）科学软件需要。

2）推荐用于所有其他软件。

3）添加适当的美国地质调查局软件免责声明。

4）参考“6.8节”和美国地质调查局《基础科学措施关于美国地质调查局科学信息产品中允许的免责声明指南》。

6.2.9 信息产品数据系统记录

1）科学软件需要。

2）不适用于其他软件。

3）将科学软件产品输入信息产品数据系统。选择“软件版本”作为产品类型，并在发送给科学中心主任审批之前完成同行评审。

4）参考“6.8节”和美国地质调查局信息产品数据系统。

6.2.10 数字对象唯一标识符

1）科学软件需要。

2）不适用于其他软件。

3）为出版发行分配数字对象唯一标识符。

4）参考“6.8节”和美国地质调查局数字对象唯一标识符创建服务，了解数据和软件发布。

6.2.11 安全审查

1）所有软件都需要。

2）确保存储库中不包含个人、私人或其他敏感信息。

3）参考“6.6节”。

6.2.12 功能和主题审查

1）科学软件需要。

2）建议用于所有软件。

3）作为美国地质调查局的官方产品，需要同行评审。

4）参考“6.6节”。

6.2.13 科学中心主任批准

1）科学软件需要。

2）建议用于所有软件。

3）科学软件需要在信息产品数据系统中获得科学中心主任正式批准（或授权）。

4）参考“6.8节”。

6.2.14 美国地质调查局官方产品发布存储库

1）科学软件需要。

2）建议用于其他软件。

3）将科学软件的源代码存放在批准的数字存储库中。美国地质调查局开源系统 GitLab 是目前唯一批准的数字存储库。

4）参考“6. 3 节”和美国地质调查局开源系统 GitLab。

6. 2. 15 生成应用程序的部署代码

1）所有软件可选。

2）必须符合《美国联邦信息技术采购改革法案》。

3）请参阅“6. 4 节”。

6. 3 开发

好的代码编写方案是完备的文档和任何类型可重用代码的基础。

6. 3. 1 数据集成社群 DevOps 工作组

美国地质调查局数据集成社群 DevOps 工作组分享使用 DevOps 工具和方法的新技术和经验教训。

6. 3. 2 美国地质调查局软件开发群

美国地质调查局软件开发群是为该局软件开发人员和其他相关方制定软件开发最佳措施和政策的社群，主要针对软件发布协议和策略、最佳方案制定、软件元数据以及软件库、软件包和工具等进行讨论。

6. 3. 3 源代码管理

源代码管理是利用合理方式，组织和控制源代码协同管理、修订和发布。作为最佳措施，隐私或敏感信息，包括但不限于个人身份信息（PII）、文件系统绝对路径、内部服务器主机名或 IP 地址以及用户名 / 密码，应始终从源代码中提取并单独维护。

Git 维护存储库历史记录，任何敏感信息都必须从存储库历史记录中清除。美国地质调查局仅支持 Git 进行源代码控制。有 3 个独特的 Git 存储库可供美国地质调查局员工使用。每个存储库都提供相似但截然不同的功能（表 6. 2）。

表 6. 2 3 个美国地质调查局 Git 存储库的功能对比

GitLab 功能	GitHub（外部）	美国地质调查局 OpenSource GitLab	美国地质调查局 InnerSource GitLab
	访问		
仅限于内政部内部网络（包括 Pulse VPN）	否	否	是
	合作		
美国地质调查局员工	是	是	是
美国地质调查局承包商	是	是	是

续表

GitLab 功能	GitHub（外部）	美国地质调查局 OpenSource GitLab	美国地质调查局 InnerSource GitLab
外部合作者	是	是	否
DevOps			
第三方集成	是	是	否
共享 Runners	否	否	是
私人 Runners	否	是	是
容器映像注册表	否	否	是
项目管理			
集成问题跟踪器	是	是	是
看板（样式）图可视化	是	是	是
Wiki 页面	是	是	是
里程碑（milestones）	是	是	是
科学软件			
开发，初始 / 临时	是	是	是
出版物的权威副本	否	否	否

6.3.3.1 美国地质调查局 GitHub 工具

美国地质调查局 GitHub 工具是由 GitHub 托管平台提供和托管的商用解决方案。GitHub 支持问题跟踪、项目看板和第三方集成等功能，可公开访问。任何人都可以创建 GitHub 账户，并通过提交请求，与美国地质调查局进行项目合作。GitHub 是商业资源，其服务条款经修订供政府使用。

6.3.3.2 美国地质调查局 OpenSource GitLab 工具

美国地质调查局 OpenSource GitLab 工具是由美国地质调查局云托管解决方案（CHS）团队提供和托管在云服务器中的 GitLab 社区版（CE）商业设施，支持问题跟踪和项目看板以及其他功能。OpenSource GitLab 工具中某些列出的功能可能未启用。

可从互联网上的任何位置公开访问美国地质调查局 OpenSource GitLab 工具，其中标识为“公共”的项目可供所有用户查看，而不考虑身份验证，标识为“内部”的项目可由任何经过身份验证的用户查看，标识为“私有”的项目只能由经过身份验证和授权的用户查看。项目默认值为“内部”。

所有美国地质调查局员工自动拥有该系统账户，只需使用活动目录证明或智能卡登录即可。由美国地质调查局资助的人员需申请外部合作者账户。美国地质调查局要求合作者通过免费的第三方应用程序（或开源替代程序）使用双重身份验证。授权管理是项目维护人员通过系统来分配项目、用户和小组权限。

美国地质调查局 OpenSource GitLab 托管在亚马逊网络服务（AWS）云服务器中，并利用亚马逊网络服务的托管服务，提供的可用运行时间最长，且可快速修复。在美国地质调查局 OpenSource GitLab 工具上存储的数据每晚备份 1 次。每个月对系统和应用程序进行修复和升级。美国地质调查局科学软件政策规定，所有用于批准发布的科学软件的所有权威副本必须存放在 GitLab 处。

6.3.3.3 美国地质调查局 InnerSource GitLab 工具

美国地质调查局 InnerSource GitLab 工具是 GitLab 平台提供的商业版 GitLabCE，由美国地质调查局云托管解决方案团队进行云托管，支持问题跟踪、项目看板、容器注册表和共享任务运行器等功能。InnerSource GitLab 组件中某些列出的功能可能未启用。

只有在内政部网络或使用 Pulse VPN 时，才能访问美国地质调查局 InnerSource GitLab，其中标识为“公共”的项目可由所有内政部网络用户查看，而不考虑身份验证；标识为“内部”的项目可由经过身份验证的用户查看；标识为“私有”的项目只能由经过身份验证和授权的用户查看。项目可见性默认值为“私有”。

所有美国地质调查局员工都自动拥有该系统账户，只需使用活动目录验证或智能卡登录即可。授权管理是项目维护人员通过系统来分配项目、用户和小组权限。不支持外部合作者账户。

美国地质调查局 InnerSource GitLab 托管在亚马逊网络服务的云服务器中，并利用亚马逊网络服务的托管服务，提供的可用运行时间最长，且可快速修复。在美国地质调查局 InnerSource GitLab 工具上存储的数据每晚备份 1 次。每个月对系统和应用程序进行修复和升级。

6.3.4 源代码的生命周期

代码编写通常是一个迭代过程，软件源代码可能会在该过程中的某个阶段分为以下几种类别。

6.3.4.1 初步开发

此源代码既可以存放在本地工作站的文件夹中，也可以存放在美国地质调查局 GitLab 项目的用户帐户中。

1）属私人的。

2）存放在美国地质调查局 OpenSource GitLab code. usgs. gov 的个人存储库中，不能公开。

6.3.4.2 初始 / 临时软件版本

此源代码可以存放于任何公共的美国地质调查局 GitLab 项目中。初始开发软件代码迁移之前，必须经过管理安全审查和科学中心主任批准。

1）属公共的。

2）默认状态下，公共的可见性不可用。

6.3.4.3 官方软件版本

源代码的官方（权威）版本必须存放在美国地质调查局 OpenSource GitLab 上。这些存储库由 Git 存储库标签标记，表示存储库已通过所需的审查，并获得美国地质调查局官方软件发布产品的发布批准。

1）属公共的。

2）默认状态下，公共的可见性不可用。

6.3.5 开始开发

在开发项目时，应该遵循“Integration Manager 工作流程”。在合作开发项目时使用此技术尤其有效，也适用于单个开发人员。这种技术鼓励使用“拉取（pull）请求”对更改的代码进行集成。在开发软件时，“拉取请求”有助于团队跟踪检查和更改历史记录。

持续集成（CI）指个人或团队用于集成管理的先进方法。当合作开发项目时，每个成员都利用远程存储库。在此期间，不仅可以更改现有代码库，而且可以添加新代码、新库和其他资源，这些资源会在存储库的主分支中产生依赖关系和潜在冲突。持续集成能够确保开发人员向存储库提交代码时首先更新代码，以反映存储库中的更新。GitLab Runner 功能是美国地质调查局实现持续集成的一个选项。

6.4 部署

部署是软件管理中的一个可选步骤，其中软件安装在工作站上或作为托管应用程序，并在运行状态下供其他人访问。软件部署不是必需的，而是为了满足客户需求和美国地质调查局信息用户的常见活动。而开发（见 6.3 节）是一个必需的步骤，涉及在代码存储库中嵌入未编译的源代码，以便将其分发（见 6.7 节），以供重复利用或作为美国地质调查局产品。部署和分发不是同义词，也不是相同的操作。

需要理解的是，在互联网上公开托管应用程序是一项复杂的活动，受《美国联邦信息技术采购改革法案》的约束，也会增加风险。软件中存在的漏洞在部署时可能被利用。将软件部署为应用程序时应该考虑维护应用程序安全的长期任务和成本。其考虑因素包括：

1）与美国地质调查局已建立软件开发团队合作，开发、维护和完善作为应用程序部署的代码。

2）将经批准的基础设施视为一项服务，如亚马逊网络服务云托管解决方案和 Natweb。

在美国地质调查局内部部署的应用程序差异很大，因此没有唯一的普适方法去部署。但是，所有部署的应用程序都应遵循美国国家标准技术研究院发布的《系统开发生命周期指南》（NIST SA-3 SDLC）。部署与 DevOps 的实践有关，DevOps 是软件维护和部署复杂有效的过程，通常依靠已有的团队和满足美国地质调查局安全控制要求的计算基础设施。

无论是将软件部署到本地基础设施、共享基础设施还是云托管环境中，都应遵循最佳措施。最佳措施是在符合《联邦信息技术采购和改革法案》要求的系统上部署代码。

6.4.1 云端部署

2016年，美国地质调查局发布了一份关于云解决方案治理政策备忘录。其目的是向内政部首席信息官（CIO）保证，“美国地质调查局信息管理和技术管理”符合《联邦信息技术采购和改革法案》。美国地质调查局将亚马逊网络服务云托管解决方案作为该局的主要选择。请求使用其他云解决方案必须得到美国地质调查局事业信息办公室副首席信息官的批准。

6.4.2 最佳措施

最佳措施原则是充分理解部署工作流程，鼓励有效部署和更新应用程序。以下最佳措施有助于实现可靠且可重复利用代码的部署。

6.4.2.1 部署清单

记录在各种环境代码部署所需的每一步过程，并创建清单。确保此列表不会遗漏任何内容，同时也是部署过程中发现改进机会的良好开端。部署清单应该包含位置和辅助脚本、应用程序部署所需的命令和步骤、允许发布的签署文件、需要被告知更新版本的合作者。除了部署清单之外，还应提供一份回滚清单，说明没有按计划进行部署的解决办法。清单应提供将应用程序恢复到先前工作状态的方法。

6.4.2.2 自动化

当人们手动执行重复的任务时，因为失误往往会引发错误。自动化执行是减少错误的最佳措施。根据需要，可以通过简单或复杂的工具实现自动化。重要的是了解工作流程，通过自动化操作进行改进。

任何项目都可以从自动化解决方案中受益，比如封装部署清单脚本，并可能包括将应用程序部署到服务器上的提示。此外，还提供了其他自动化工具和解决方案。例如，DevOps团队可以使用多种企业工具，包括但不限于配置管理（如Chef、Ansible）、依赖管理（如Maven、NPM）、任务运行器（如GitLab runners）和自动化基础设施配置（如CloudFormation、Terraform）。

6.4.2.3 持续集成

虽然不是部署的需求，但通过降低风险、代码置信度、团队沟通和流程一致性，使用持续集成（CI）将生成更高质量和更可靠的代码。从存储库中自动提取代码，并在已知且统一配置的服务器上构建。像jar、exe、libs等代码工件会成为独立的对象，存储在对象存储中，如GitLab或AWS S3对象存储。当代码部署到运行环境时，总是从对象存储中提取代码，可确保将统一版本的应用程序和库恰当地部署到每个系统中。

6.4.2.4 独立配置细节

如果要与数据库等资源链接，则应将配置信息（如特定的数据库链接信息）与应用程序分开存储。应用程序应在运行时与配置信息绑定在一起，目标是构建应用程序代码，而配置信息不必包含在代码中。

6.4.2.5 测试部署

上述最佳措施有助于避免应用程序部署成为一项压力大、风险高的活动。为了确保应用程序部署是一项常规活动，必须进行部署训练。使用与生产环境相同的检查表和技术，将应用程序部署到开发或测试环境中。如果可能的话，要求非生产环境尽可能与生产环境相同。通过使用持续集成和自动化部署，一天可部署多次代码，这样能解决遇到的难题，并建立部署信心和可靠性。当准备在生产中推出新功能时，部署过程应该是常规的活动，但需要查看回滚操作步骤，以防出现问题。

6.5 测试

作为一名软件开发人员，为确保软件正常工作必须对代码进行测试。即使是最简单的脚本也需要一定程度的测试，以确保指定的输入能产生期望的结果。在没有全面测试的情况下分发代码或软件时，通常需要较长时间修复错误、缺陷和其他问题。

测试适用于软件的整个生命周期。如果该软件被普遍使用，维护可能会持续多年，从而需要解决操作系统升级、底层技术堆栈的弃用和升级等问题，以及人员流动导致的培训新员工问题。在所有过程中，开发人员仍需测试代码，以确保是高质量代码。尽管随着时间的推移，有较多的更改，但仍需确保软件能够完成设计的操作。此外，使用开源工具时，具有丰富经验的开发人员通常会查看测试，以更好地理解应用程序编程接口和工具功能。编写良好的测试文档，可以作为开发组件接口人员的文档。

考虑可以自动化编写测试文档。一种称为“测试驱动开发”的措施在软件开发中可以采用，开发人员永远不会像执行代码那样熟悉代码，因此需要在编写执行代码的同时编写测试代码。“单元测试”可以证明函数/过程/方法是否符合预期，是否可以实现自动化测试。自动化工具和技术有助于提高工作的质量、效率。

6.5.1 自动化构建

软件项目的构建是将源代码转换为消费类产品的过程。在典型软件构建过程中，查找软件项目依赖项，对其源代码进行编译，并将生成的可执行代码打包以供分发。如果这些步骤中的任何一步失败了，则软件构建会失败。因此，软件构建应该及早开始，并在整个开发过程中运行，用以验证软件的质量。

自动化构建使得经常运行构建变得很容易，并使新的程序员很轻松地继续参与软件项目。理想的自动化构建应该使人们通过机器从版本控制存储库中检索源代码，发出一个命令，并成功地生成适合分发的可执行代码包。为了降低其他程序员或自动构建服务器上的安装负担，应该能在不使用集成开发环境（IDE）或其他用户图形界面的情况下顺利完成构建。

有许多支持自动化构建的工具，如① Java：Maven、Gradle；② C：Make；③ Python：Distutils；④ PHP：Phing。

6.5.2 自动化测试

在构建过程中运行自动化测试程序具有重要的意义。在整个软件开发行业中，自动化测试（而不是手动测试）被广泛接受，这对于持续提供符合成本效益的软件至关重要，这些软件能够及时满足用户不断变化的需求，并将缺陷降至最低。自动化测试可以节省时间，降低缺陷的发生率。在项目的整个生命周期中编写自动化测试程序也能更好地促进代码设计。

自动化测试有很多种。一种常见的类型是单元测试。单元测试是“由开发人员编写和维护的一个简短的程序片段……它使用某些产品的源代码并检测结果。单元测试的结果是二进制的：如果程序的预期结果与记录一致，则为‘通过’，否则为‘失败’。”单元测试通常用自动化方式完成，作为软件项目构建的一部分，程序的正确性可以在早期得到验证，并且在整个开发过程中得到验证。为此，软件项目的所有单元测试都应该能在几秒内执行完成。单元测试也应该能在任何程序开发环境或搭建服务器环境中运行。为了提高单元测试速度并具有可重复性，单元测试很少依赖于代码版本控制存储库以外的资源（例如，大型二进制文件或易失性存储器）。编写单元测试代码，为技术审查人员和开发人员提供全面且精细的方法，可以随时审查代码的功能。有许多免费的单元测试工具，如① Java：JUnit；② Python：unittest；③ JavaScript：Jasmine；④ PHP：PHPUnit。此外，还有许多其他类型的自动化测试，包括集成测试、端到端测试和性能测试。

6.5.3 自动化代码质量度量

除了自动化测试外，软件项目也越来越多地采用自动化代码质量度量。运行代码质量度量分析程序，可以发现代码在正确性、结构上、安全性和其他方面需要改进的地方。在自动化构建中整合代码质量度量，可以确保程序员更快、更频繁地获取有关代码的反馈。

度量分析有两种：静态分析和动态分析。静态分析是在不运行任何代码的情况下，通过检查源代码来完成。动态分析则需要运行代码。

（1）静态分析

一些静态分析指标很简单。例如，如果函数有太多行，静态分析工具可能会发出警报。静态分析支持创建小函数，这些函数通常更容易理解、测试和维护。其他指标更为复杂。又如，圈复杂度指标是通过函数的独立路径数量度量的。函数内部的嵌套控制流（循环、条件等）级别越多，循环复杂度越高。一般来说，圈复杂度越高，代码越难理解。

依赖性分析也很重要，可以检查软件项目依赖项的版本，将其与已知安全漏洞列表以及依赖项的最新版本进行比较。自动化依赖性分析可帮助程序员规划软件升级所依赖的工作，并减少安全漏洞的响应时间。

有许多静态分析工具，如① Java：PMD、Checkstyle、OWASP Dependency-Check、Maven-Dependency-Versions-Check-Plugin；② Python：Pep8、pylint；③ PHP：PHPStan：PHP Code Sniffer；④ JavaScript：JavaScriptLint、JS Hint。

（2）动态分析

常见的动态分析度量是测试覆盖率（也称为代码覆盖率）。测试覆盖率是自动化测试执行的代码的百分比。代码库的总体测试覆盖率提供了代码库的测试程度。逐行测试覆盖率数据可以显示未测试的代码行数。程序员可以使用测试覆盖率数据来改进测试，并更好地估算给定任务所需的时间。

有许多测试覆盖率工具，如① Java：Jacoco、EMMA；② Python：Coverage. py；③ JavaScript：Istanbul、JSCover；④ PHP：PHP Code Coverage。

6.6 审查

最好的措施是在所有软件代码公开之前就进行审查。本节描述了一般性指导原则和不同类型的审查，这些审查旨在提高软件发布前的质量。

6.6.1 软件发布

1）必须进行行政安全审查。

2）必须进行代码审查。

3）必须进行域名审查。

6.6.2 临时软件

1）必须进行管理安全审查。

2）建议进行代码审查。

3）不用进行域名审查。

6.6.3 管理安全审查

所有软件必须经过管理安全审查，才能进行公开。这种类型的审查可确保存储库中不包含个人、私有或其他敏感信息。敏感信息的类型包括：

1）个人身份信息。

2）文件系统绝对路径。

3）内部服务器主机名或 IP 地址。

4）用户名和密码。

管理安全审查可由任何受信任的人进行审查；评审员不一定需要具有强大的科学或编程背景。将现有项目迁移到任何非私有 Git 存储库时，如果想要在迁移后保留整个项目历史，则需要对整个项目历史记录进行审查。

科学软件必须在下列阶段进行管理安全审查：

1）初始的软件。

2）批准的软件。

6.6.4 代码审查

代码审查可以确保结构化代码的质量，且应在软件开发的每个阶段经常进行审查。对

不同的项目 / 团队可能意味着不同的审查内容。典型的代码质量审查包括：

1）编码标准。

2）通过单元测试。

3）清理用户输入。

4）内存泄漏。

5）漏洞。

6）优化。

代码审查应由具有相应编程知识的可信的开发人员进行。审查人员不需要具备全面的学科知识。诸如 linter 之类的工具可以自动进行代码审查，从而使审查人员能专注于代码的实质内容。

科学软件在下列阶段进行代码审查：批准的软件。

6. 6. 5　域名审查

域名审查针对的是科学软件，并确保生成的软件与已公布或其他所共知的预期结果一致。域名审查可能涉及：

1）将输出数据与外部数据集进行对比。

2）将算法与已发表的有关算法的学术文章进行对比。

3）审查单元测试和集成测试结果。

域名审查应由具有学科知识和足够的编程知识的可信科学专家进行。

科学软件在下列阶段进行域名审查：批准的软件。

6. 6. 6　使用 Git 进行审查

1）确保源代码在 GitLab 存储库中，可供审查者访问。

2）在存储库项目中创建一个问题。示例标题和说明可以是“软件发布审查”，请求对软件进行管理安全审查。

如果存储库中存在多个项目或文件夹，需包含指向特定源代码文件的链接。为问题添加标签，说明请求的审查类型。创建个人标签，例如“安全审查”。

3）将问题指派给审查员。

审查员通过评审意见和评审已完成的通知对问题进行回复。这可能需要通过“问题”功能反复回复，并更新存储库审查意见。

4）审查者还可以选择性地创建一个项目分支进行审查，并使用合并请求，直接在源代码中更改建议。

6. 7　分发

代码和软件可以通过多种方法进行共享，如通过电子邮件、代码存储库及部署到服务器上。

6.7.1 检查策略

以下是适用于分发活动和有关作者责任的相关政策。

（1）美国联邦源代码政策

除少数例外情况，所有与美国地质调查局软件相关的源代码必须供美国联邦政府范围内使用。根据 2016 年美国联邦源代码政策，在开始新的软件项目前，必须考虑对任务目标和现有的开放、融合和专有软件解决方案进行分析。只有当现有解决方案不能充分满足美国地质调查局的需求或科学和创新目的时，才考虑开发自定义代码。

（2）美国地质调查局科学和技术政策办公室关于增加获取科学研究成果的指示

根据科学和技术政策办公室备忘录《增加获取联邦资助科学研究成果的机会》，为科学和创新目的开发的所有代码和软件都必须公开。

（3）美国地质调查局关于科学软件发布的指导备忘录

所有科学软件均受《美国地质调查局指导备忘录》（OSQI 2019–01）软件发布审批的控制。科学软件是计算机的离散代码和文件包，包含实现科学算法和（或）生成科学数据的源代码。科学软件产品也可以是美国地质调查局科学信息产品或系列出版物（例如，美国地质调查局数据发布的文件报告、技术与方法等系列产品）或外部出版物（例如，期刊文章）。

（4）《美国联邦信息技术采购和改革法案》

部署在美国地质调查局资源上的所有软件，都需要符合《美国联邦信息技术采购和改革法案》。同时，还需获得美国地质调查局事业信息办公室的副首席信息官的批准。

6.7.2 批准

1）所有软件在分发前，需获得科学中心主任批准（或授权）。

2）信息产品数据系统中的科学软件需获得科学中心主任正式批准（或授权）。

6.7.3 安全审查

所有软件在公开之前，都必须经过安全审查。科学软件还需接受额外审查。安全审查可确保个人、私有或其他敏感信息不包含在存储库中。不能共享的敏感信息包括：① 个人身份信息；② 文件系统绝对路径；③ 内部服务器主机名或 IP 地址；④ 用户名和密码。

6.7.4 元数据

提供结构合理的元数据是确保软件能被充分发现和重复利用的关键。应该在每个软件存储库的根目录中创建一个 code. json 文件。该文件内容是存储源代码网站上所描述的单个项目内容。必填字段包括姓名、组织、描述、版本、状态、权限、统一资源定位系统链接、标记、语言、联系人姓名和电子邮件以及日期。

通过创建 code. json 文件，将自动生成美国地质调查局文件，并在内政部或美国地质调查局网站上发布，以便将美国地质调查局软件清单作为美国联邦软件清单进行保存。

所有美国地质调查局软件存储库都应包含一个 code. json 元数据文件，这个文件可以使用图 6.1 所示代码模板轻松创建。

6.7.5 许可

默认状态下，美国地质调查局开发的所有软件都应使用开源许可（将“license.md”文件放在存储库的项目根目录中）。以下是要考虑的许可选项：

1）当需要或适当包含官方许可声明时，可使用知识共享许可协议（CC0）（目前为知识共享许可协议 1.0 版）。该协议假设软件是完全原创的，或者使用的是具有知识共享许可协议的其他软件。该协议将作品尽可能完整地存放在公共领域，以便其他人可以自由创建、增进或重复利用软件，这对美国地质调查局大多数软件都适用。

2）当行政管辖权不承认公共领域贡献声明（如美国境外）时，可以选择“MIT X11”协议。在美国之外的地区，不需公开未受限制的源代码（尽管 MIT X11 协议可能源代码受限制最少）。

3）Unlicense 授权协议可用于选择完全放弃版权。

7　美国地质调查局科学数据管理和发布工具

美国地质调查局科学数据管理处负责该局数据管理且提供相关的专业知识，制定相关指南和开发相关工具，以支持该局为美国提供可靠的地球科学信息。美国地质调查局长期以来承认并遵循数据管理最佳措施，这些措施是产生高质量科学数据并向公众免费提供的保障。针对美国联邦政府可访问和可发现的多种科学数据开放政策，以及全球对 FAIR（可查找、可访问、可互操作和可重用）数据原则的重视，美国地质调查局加速了相关应用程序的开发。科学数据管理处开发的工具保证了科学数据的质量、描述、管理和发布的与时俱进。每个工具都与美国地质调查局科学数据生命周期的各组成部分直接相关，并且具有足够的灵活性，可以适应各种数据管理工作流程。科学数据管理处开发的工具包括美国地质调查局数据管理网站、科学数据目录、标识符注册工具、ScienceBase 及其发布工具、元数据向导和在线元数据编辑器。数据管理处将这些工具设计为通用应用程序编程接口，从而创建了更高效的工作流程。数据管理处开发的工具还可以保障数据引用和引文跟踪，作为衡量科学数据影响力的指标。

7.1　美国地质调查局数据管理网站

美国地质调查局数据管理网站向用户介绍数据管理的理念，并为美国地质调查局科学数据生命周期的每个阶段提供最佳措施和工具指南（图 7.1）。科学数据生命周期是该网站内容的主要框架。该网站将数据管理资源整合到单一访问入口，并帮助用户了解数据管理各个方面的最佳措施。此外，该网站还为研究人员提供《美国地质调查局调查手册》中数据管理有关章节的信息。2013 年，该网站被美国地质调查局授予杰出传播 Shoemaker 奖，这是美国地质调查局最负盛名的奖项。

从数据管理网站可以获取以下信息：①如何创建数据管理计划；②如何创建和检查符合要求的元数据记录；③如何为出版物和数据分配数字对象唯一标识符；④如何保存数字数据和样品；⑤如何发布和共享数据，以促进数据可发现性、可访问性和可重用性；⑥如何查看介绍数据管理的培训模块。

美国地质调查局数据管理网站由科学数据管理处资助和管理。由数据集成社群在 2011 年和 2012 年开发。科学数据管理处负责优化和共享美国地质调查局科学数据管理措施和工作流程，围绕符合该局科学数据生命周期的工具和服务来设计和构建社群，以确保科学数据得到充分描述、保存和公开访问。美国地质调查局通过数据管理网站提供培训、工具和最佳措施。

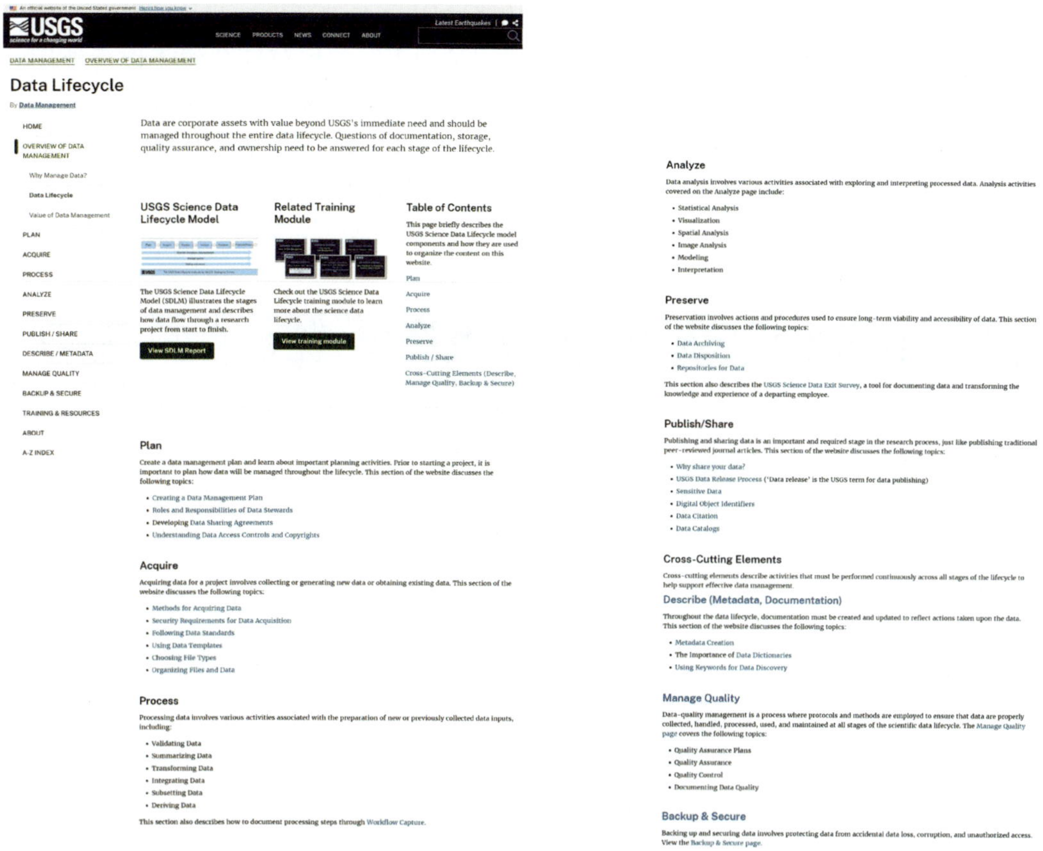

图 7.1 数据管理网站——科学数据生命周期网页截图

（资料来源：美国地质调查局网站）

7.2 美国地质调查局元数据管理工具

“元数据”是用于描述科学数据文档的术语。美国联邦地理数据委员会《数字地理空间元数据内容标准》是美国联邦机构中广泛使用的标准，用于描述地理空间和非地理空间数据。

美国地质调查局开发的元数据管理工具，可以帮助用户生成符合美国联邦地理数据委员会的元数据。

7.2.1 在线元数据编辑器

在线元数据编辑器（图 7.2，图 7.3）是一个网络应用程序，可以帮助美国地质调查局的科学家询问简单的、无术语的问题，完成其数据或产品的描述。在线元数据编辑器以可扩展标记语言格式生成符合美国联邦地理数据委员会《数字地理空间元数据内容标准》的记录，可扩展标记语言是美国地质调查局较常使用的一种标准元数据记录格式。用户可以登录到在线元数据编辑器，利用在线元数据编辑器创建新的元数据记录，或上传和编辑现有记录，查看过去已创建或上传的所有元数据记录列表，并保存部分便于以后使用的元数据记录。在线元数据编辑器与美国地质调查局其他工具链接，如综合分类信息系统（ITIS）、美国地质调查局元数据解析器、数字对象唯一标识符工具和美国地质调查局内部员工目录等工具，帮助描述元数据和生成元数据。通过利用在线元数据编辑器创建的元数据记录，更新用于数据发布的ScienceBase存储库页面，也可以提供美国地质调查局的科学数据目录。

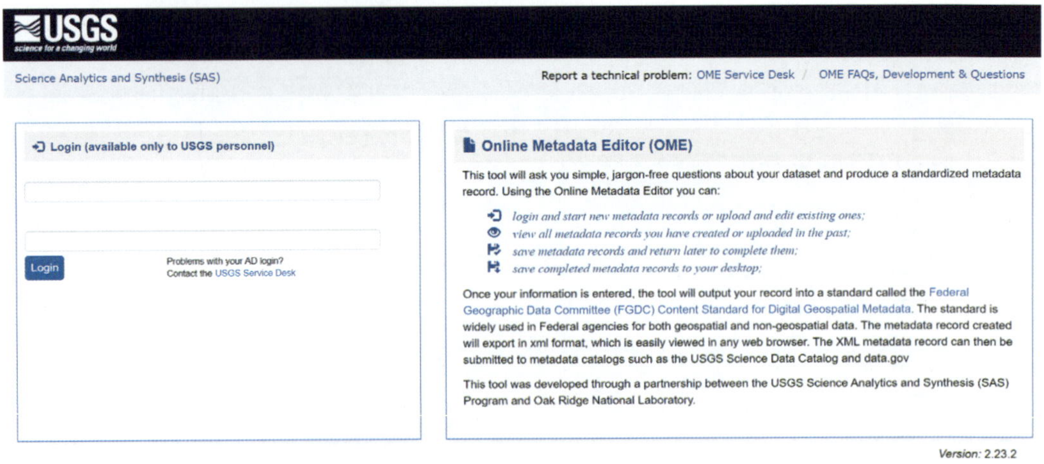

图 7.2　在线元数据编辑器登录页截图

（资料来源：美国地质调查局网站）

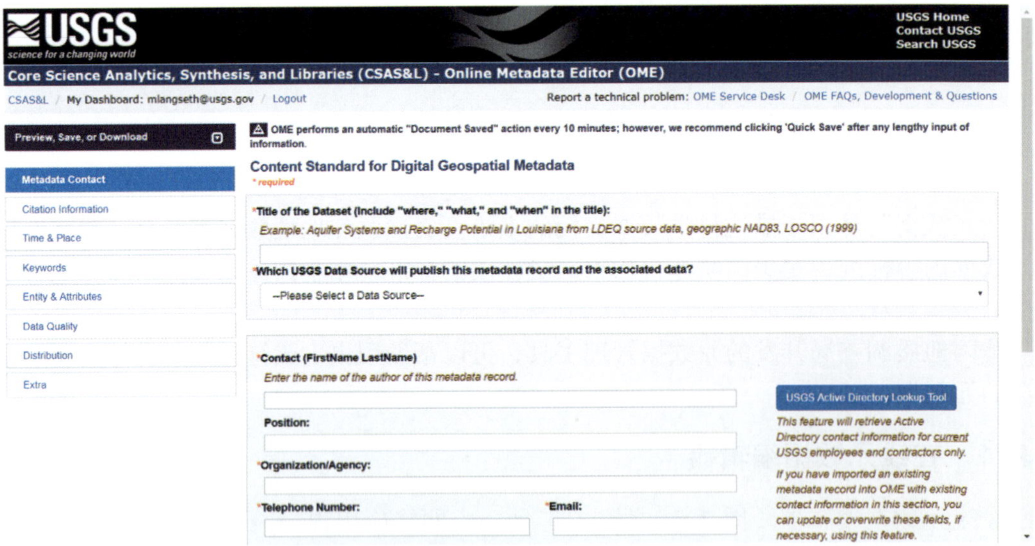

图 7.3　在线元数据编辑器编辑界面截图

（资料来源：美国地质调查局网站）

美国地质调查局在线元数据编辑器已于2022年8月1日停用。目前，美国地质调查局鼓励之前的在线元数据编辑器用户考虑其他可用的元数据编辑器，以帮助创建有效且符合美国联邦地理数据委员会《数字地理空间元数据内容标准》的记录。科学数据管理处虽然停用了在线元数据编辑器，但用户仍可下载记录。

7.2.2 元数据向导

美国地质调查局元数据向导界面（图7.4）可直接从地理空间数据集中提取信息，简化使用，如提取坐标参考信息、空间范围、实体和属性信息，以及利用一个无术语的接口来采集数据的其他相关信息。元数据向导最初是为了直接与ArcGIS Desktop集成，帮助用户创建符合美国联邦地理数据委员会《数字地理空间元数据内容标准》的元数据。重新设计的元数据向导2.0（图7.5）为ArcGIS用户提供了持续支持，也可以作为独立的桌面应用程序运行，并与Macintosh和Windows操作系统兼容。元数据向导2.0可以与几个数据管理工具集成，以帮助用户完成元数据记录，这些数据管理工具包括用于验证元数据结构的元数据解析器、美国地质调查局同义词典、综合分类信息系统，以及DataCite元数据检索工具和CrossRef元数据检索工具。美国地质调查局员工的联系信息也可被导入工具中。元数据向导2.0还可以直接与ScienceBase中登录页面关联的可扩展标记语言元数据文件链接，该文件允许数据管理员直接编辑现有的元数据文件。元数据向导2.0与Anaconda平台绑定在一起，Anaconda是一个数据科学平台，为数据管理员提供一种简单的处理方式，即可批量处理元数据文件，使用编程语言Python和开源代码共享应用程序Jupyter Notebooks来完成数据管理任务。元数据向导2.0是由数据管理处和美国地质调查局柯林斯堡科学中心合作设计和构建的。

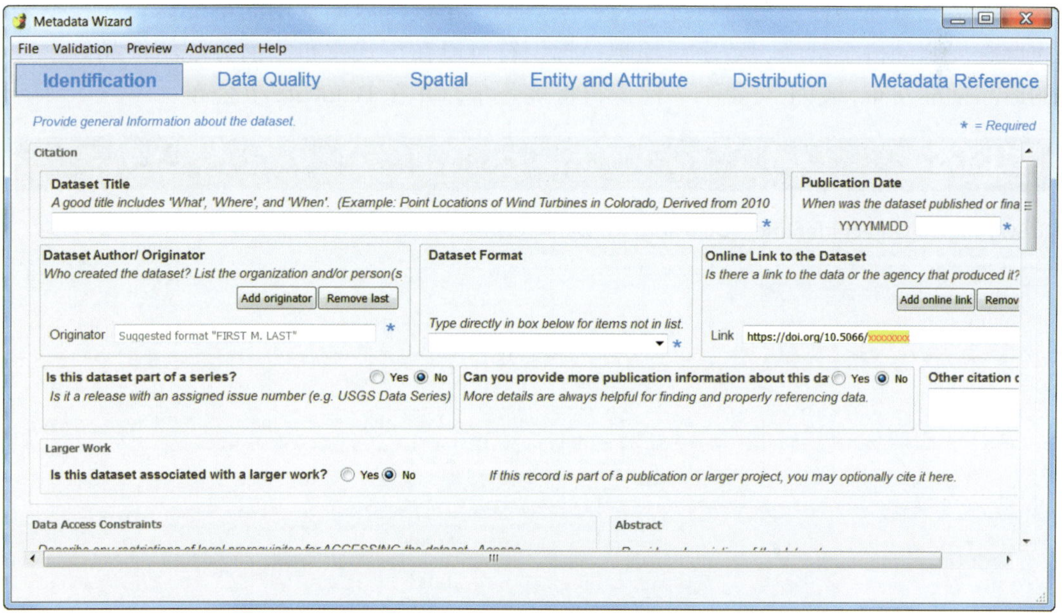

图7.4 元数据向导界面截图

（资料来源：美国地质调查局网站）

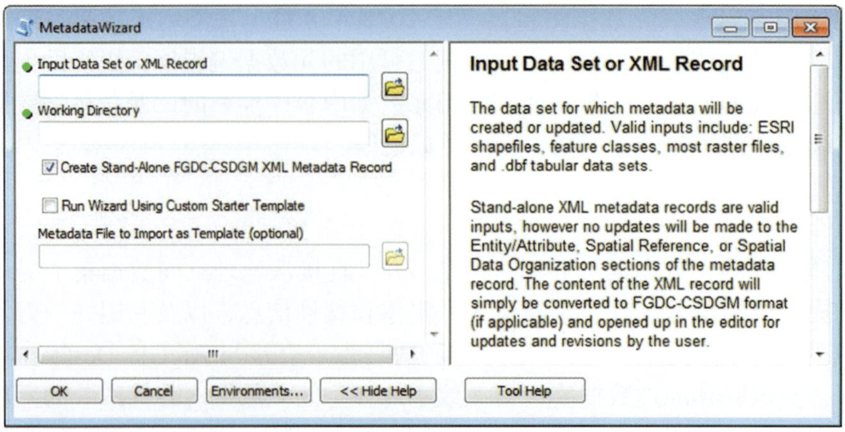

图 7.5　元数据向导 2.0 界面截图

（资料来源：美国地质调查局网站）

7.3　美国地质调查局标识符注册工具

7.3.1　美国地质调查局数字对象唯一标识符工具

数字对象唯一标识符工具（图 7.6）为数据提供一个永久的统一资源标识符，当文件移到新的服务器时，允许数据所有者更新在线产品的实际物理路径。如果管理得当，数字对象唯一标识符有助于数据的持续访问，还有助于产品使用和发布后的引文追踪。对公众而言，数字对象唯一标识符可持续定位科学数据，是进行数据重用的重要途径。根据美国地质调查局基础科学措施，数字对象唯一标识符可以在正式发布之前分配给产品。一旦所有的产品批准发布，数字对象唯一标识符将被公布，并在 DataCite 上公布。

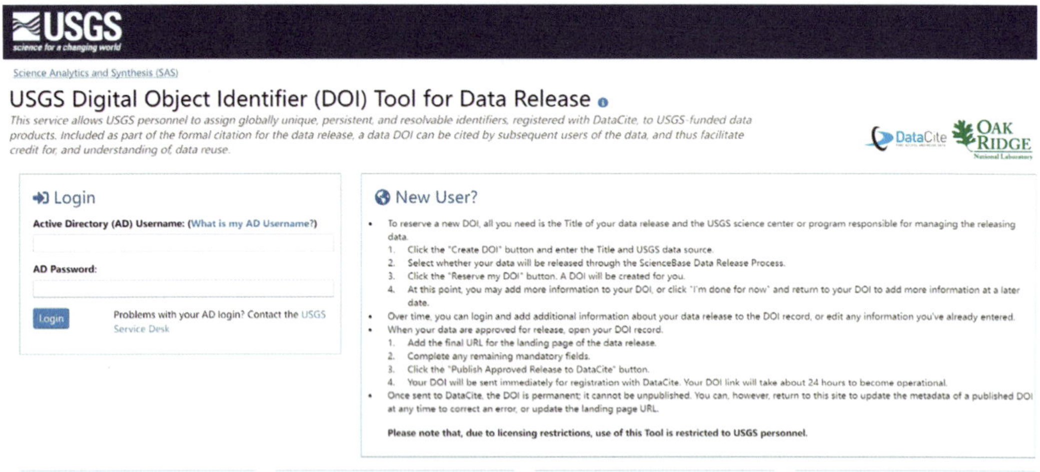

图 7.6　数字对象唯一标识符工具登录界面截图

（资料来源：美国地质调查局网站）

美国地质调查局数字对象唯一标识符工具，允许科学家获得数据集的数字对象唯一标识符。原出版物和这些数据的用户可以引用数据数字对象唯一标识符，从而鼓励数据重复使用，但数据版权归属为原作者。由于权限限制，美国地质调查局员工只能使用该局发布的数据产品的数字对象唯一标识符。为了生成数据产品数字对象唯一标识符，用户需提交简短的引用元数据说明，包括标题、创建者、发布日期、数据产品类型、摘要、与数据相关的日期以及数据的在线链接，这些引文元数据可以随时更新。

该工具不给出版物分配数字对象唯一标识符，出版物数字对象唯一标识符由美国地质调查局科学出版网或外部期刊直接分配。

该工具的主要受众是美国地质调查局数据和软件存储库所有者。一些美国地质调查局存储库，如 ScienceBase，已建立了分配、发布和管理数据和软件产品的数字对象唯一标识符的工作流程。对于没有此类工作流程的存储库，美国地质调查局数据管理员和研究人员可以使用数字对象唯一标识符工具来分配、发布和管理数字对象唯一标识符（图 7.7）。

图 7.7 数字对象唯一标识符相关信息

（资料来源：美国地质调查局网站）

7.3.2 美国地质调查局持久标识符注册工具

持久标识符注册工具（图 7.8）允许美国地质调查局员工生成美国地质调查局元数据、图像和模型的唯一持久标识符和唯一持久的统一资源标识符。美国地质调查局持久标识符使其数据更加可查找、可访问、可互操作和可重用。

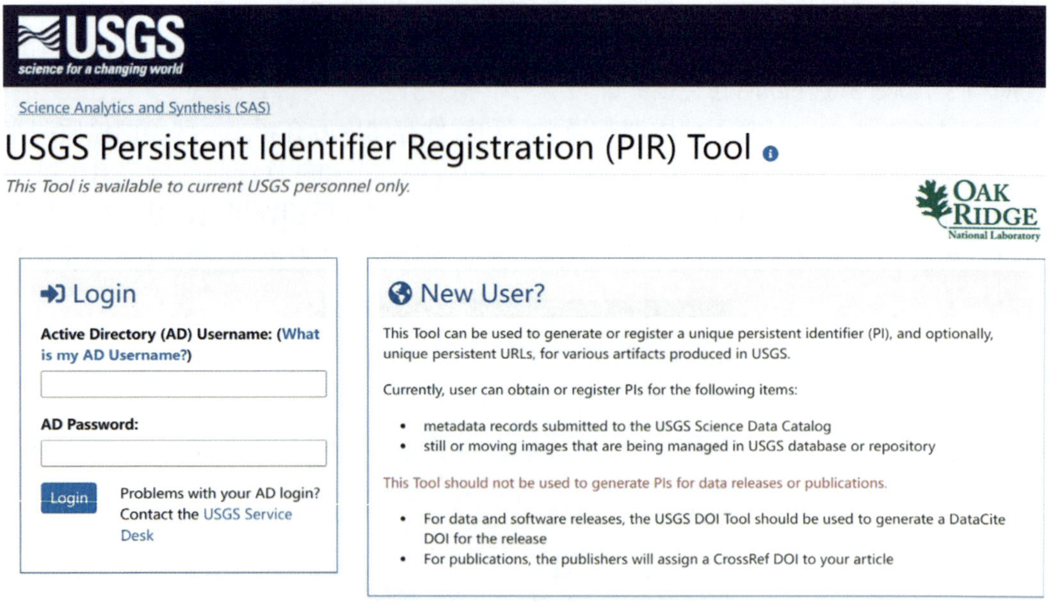

图 7.8 持久标识符注册工具登录界面截图

（资料来源：美国地质调查局网站）

该工具的主要受众是美国地质调查局数据存储库所有者，以及图像和模型目录的管理者。美国地质调查局存储库，如 ScienceBase（图 7.9），已根据美国联邦数据目录的要求，建立了元数据持久标识符登记工作流程。比如，海岸和海洋灾害与资源计划使用持久标识符注册工具，为海岸和海洋地球科学数据系统中存储的图像分配持久标识符。美国地质调查局模型目录（图 7.10）团队使用持久标识符注册工具，为模型分配持久标识符。

持久标识符注册工具为其他类型的数据资产（如元数据记录、单个图像和模型）提供持久标识符。这些持久标识符通常用于美国地质调查局管理系统内部的数据资产，不一定是全球唯一的，也不在外部组织注册。

7.4 美国地质调查局数据发布工具

7.4.1 美国地质调查局数据发布工作平台

美国地质调查局数据发布工作平台（图 7.11）是核心科学体系中的科学分析与综合计划在 2016 年设计的新产品，用于说明美国地质调查局中发布数据所需的步骤。该平

图 7.9　ScienceBase 主页截图
（资料来源：美国地质调查局网站）

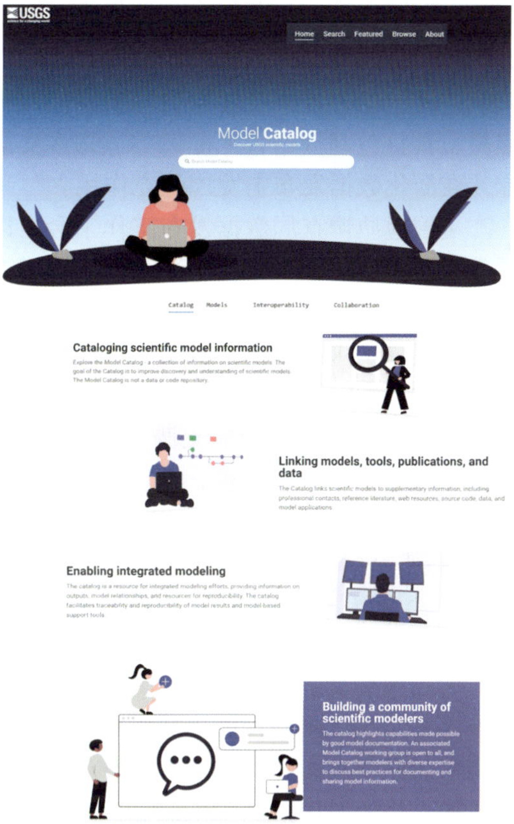

图 7.10　美国地质调查局模型目录主页截图
（资料来源：美国地质调查局网站）

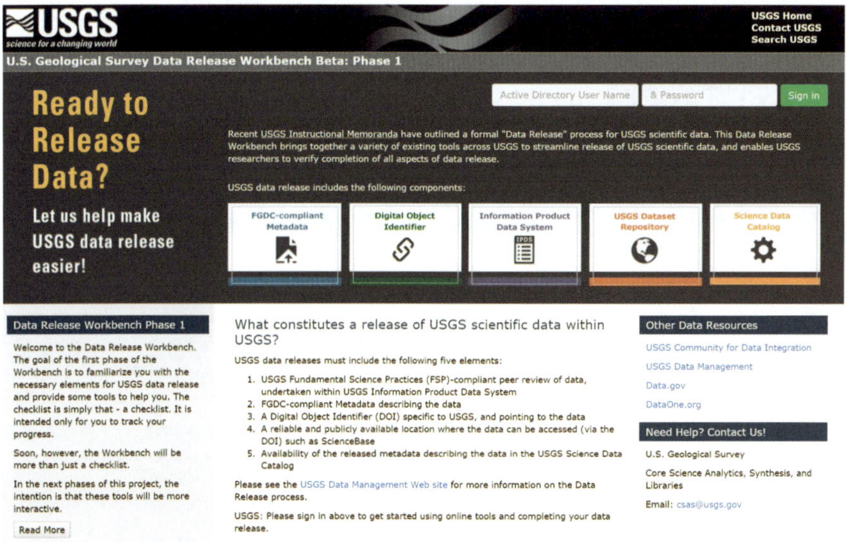

图 7.11　美国地质调查局数据发布工作平台界面截图
（资料来源：美国地质调查局网站）

台旨在整合良好的数据管理措施、数据发布要求和工具，使科学家能够成功找到已发布、可访问和描述良好的数据，使数据管理中的最佳措施与数据发布要求保持一致。允许科学家或各科学中心数据管理人员逐步完成数据发布，将核心科学分析和综合及图书馆计划中相关工具打包到数据管理框架下。许多美国地质调查局工具及涉及数据管理的基础科学措施，在简化数据发布中发挥补充作用。

美国地质调查局数据发布工作平台可以使美国地质调查局的科学家和数据管理人员熟悉数据发布要素及工具。该平台界面对发布过程和工具进行了说明，提供了数据发布过程的简单列表。符合美国联邦开放数据和开放存取目标，允许研究人员跟踪数据发布进展。该平台提供了满足《美国地质调查局调查手册》中与美国地质调查局科学数据发布有关的正式“数据发布”流程。

通过该平台，美国地质调查局数据发布时必须满足 5 个条件：① 符合美国联邦地理数据委员会标准的元数据；② 适用于美国地质调查局用户的数字对象唯一标识符；③ 面向美国地质调查局用户的信息产品数据系统；④ 美国地质调查局数据集存储库；⑤ 科学数据目录。

7.4.2 信息产品数据系统

美国地质调查局发布原稿或数据的员工，需要使用信息产品数据系统（图 7.12），该系统是美国地质调查局内部应用程序，用于跟踪已发布的作品或其他信息产品（无论是美国地质调查局还是外部组织）。信息产品数据系统是一个基于网络的应用程序，使美国地质调查局能够从审查、批准和生产步骤到最终发布的全过程跟踪、监控和更新信息产品。信息产品数据系统允许作者定期协助完善产品，确保美国地质调查局系列信息产品在发布前能够满足基础科学措施和发布的要求。

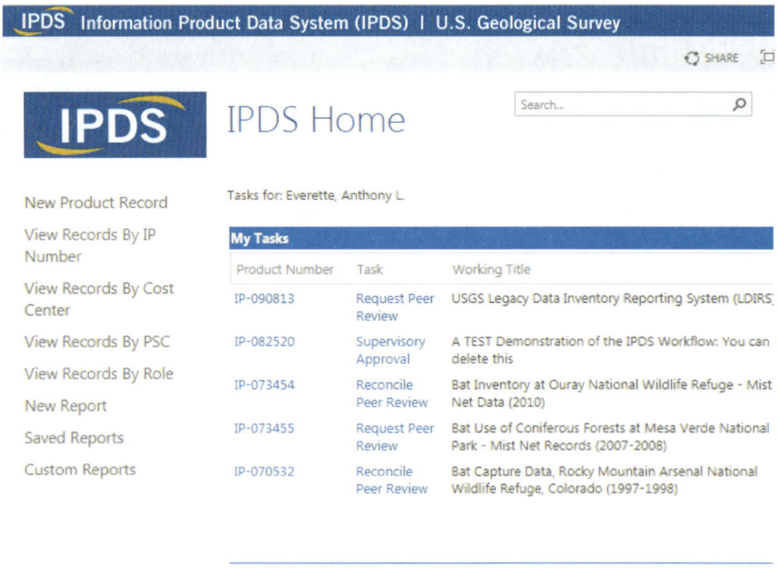

图 7.12　信息产品数据系统界面截图

（资料来源：美国地质调查局网站）

所有数据发布的审核和批准都会被跟踪，并记录在信息产品数据系统中。其审核的重要性不亚于对解释性产品的同行评审，因此，文件应描述所审查的内容（或未审查的内容）、总体调查结果，以及发现的问题或针对数据和元数据提出的建议。这些内容必须以书面形式（Word 文档）记录，并作为数据发布信息产品的一部分添加到信息产品数据系统“文档”中。数据本身不存放在信息产品数据系统中。

信息产品数据系统是一个暗存储库，保存美国地质调查局科学家或美国地质调查局资助的科学家的期刊文章的已接收原稿。如果一家期刊在 12 个月的滞后期后拒绝提供该出版物免费开放访问的版本，美国地质调查局将通过“点亮”信息产品数据系统暗存储库中的已接受原稿来提供访问。原稿以 Microsoft Word 格式存放在暗存储库中。

7.4.3 ScienceBase

ScienceBase（图 7.9）是美国地质调查局可信数字存储库，也是该局科学家存储和发布数据的主要存储库。ScienceBase 提供了数据管理协作平台，科学家和数据管理员可以在该平台上记录、组织、保存和发布科学数据产品和其他科学相关资源。ScienceBase 通过浏览器、网络服务和应用程序编程接口，提供完善的数据集和科学信息，推动了数字科学数据增值。ScienceBase 利用美国地质调查局其他系统和工具（如美国地质调查局科学数据目录），进行直接链接和信息传输，以提供数据管理工作流程。自 2015 年以来，数据管理处继续完善 ScienceBase 发布美国地质调查局数据产品的标准操作程序，并帮助美国地质调查局的研究人员遵守基础科学措施。

ScienceBase 由 4 个核心要素组成：① 数据编目和数据管理协作平台；② 集中式搜索和发现应用程序；③ 促进其他应用程序开发的网络服务；④ 研究社群目录。ScienceBase 主要模块包括目录（Catalog）模块、词汇（Vocab）模块、名录（Directory）模块。

通过启用 ScienceBase 数据发布工具（图 7.13），优化了美国地质调查局数据发布所需的操作流程。许多期刊要求公开文章附带数据，而 ScienceBase 是满足这一要求的一种简单方法。ScienceBase 数据发布工具能够让科学家轻松完成数据发布，并与其他美国地质调查局工具（如数字对象唯一标识符工具、信息产品数据系统和科学数据目录）无缝链接。ScienceBase 数据发布工具简化了美国地质调查局 ScienceBase 中的正式数据发布过程。ScienceBase 数据发布工具是网络应用程序，为存储库中的每个数据发布创建单独的 ScienceBase 登录页面（图 7.14）。此外，ScienceBase 数据发布工具通过访问数字对象唯一标识符工具，为每个发布版本保留一个数字对象唯一标识符。通过与美国地质调查局信息产品跟踪系统的链接，ScienceBase 数据发布工具通过检索有关数据发布的已有信息自动减少数据输入。科学数据管理处还可以为每个美国地质调查局科学中心配置 ScienceBase 数据发布工具，允许美国地质调查局各科学中心内部的数据管理员控制读取和编辑存储库登录页面的权限，管理相关的数字对象唯一标识符，并通知启动数据发布的工作人员。ScienceBase 数据发布工具还可以识别元数据记录，以便在数据发布获得最终批准后，自动传输至科学数据目录，并提供有关美国地质调查局各科学中心或个人作者发布的数据量的详细指标。

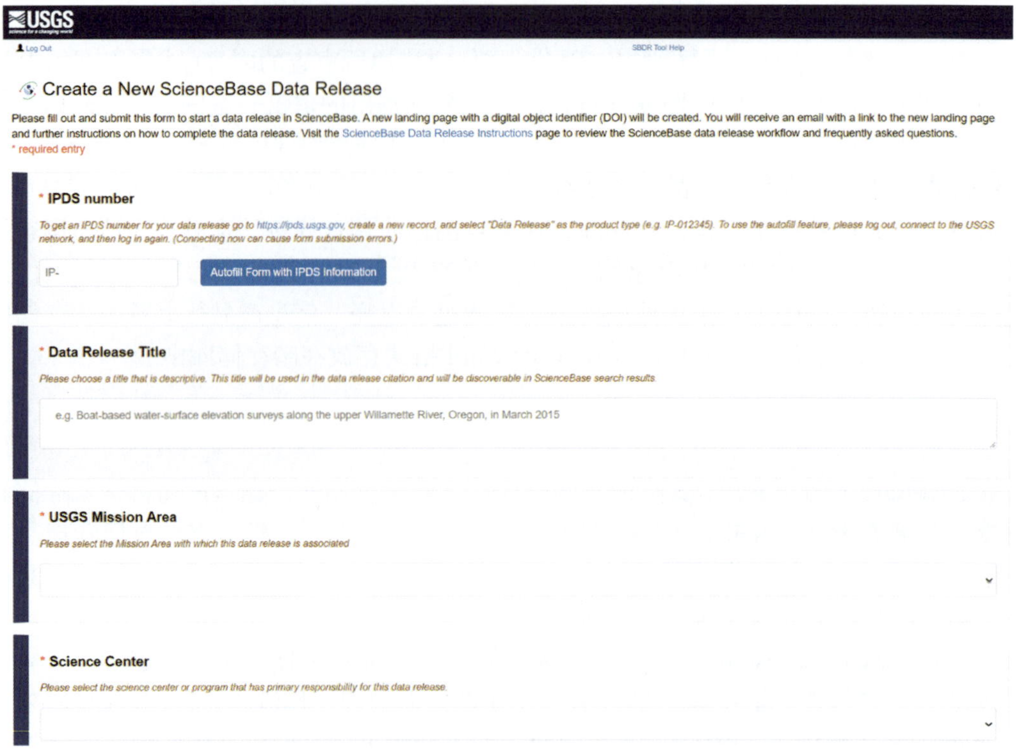

图 7.13　用于创建登录页和数字对象标识符的 ScienceBase 数据发布工具的界面截图

（资料来源：美国地质调查局网站）

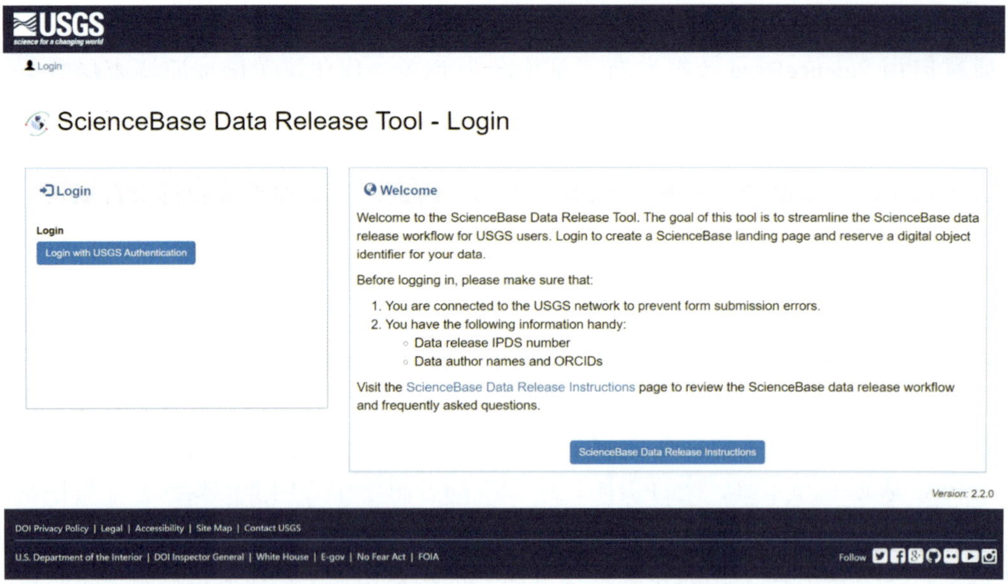

图 7.14　ScienceBase 数据发布工具登录界面截图

（资料来源：美国地质调查局网站）

ScienceBase 数据发布工具也可以定制各科学中心特定的工作流程。目前美国地质调查局有 92 个科学中心使用该工具进行数据发布。

7.4.4 美国地质调查局科学数据目录

美国地质调查局的科学数据目录（图 7.15）是一个综合的元数据目录，有助于发现和访问美国地质调查局的研究数据和监测数据。用户通过使用文本搜索和浏览功能或图形界面，可公开访问美国地质调查局的数千个科学数据记录。科学数据目录能为美国公众和全球各国人员寻找、获取了解美国地质调查局采集和分析的数据提供一站式服务，从而提高对自然资源的认识。科学数据目录的主要受众群体是对美国地质调查局数据感兴趣的公众，还有美国地质调查局和其他联邦利益相关者。科学数据目录满足美国地质调查局开放数据的要求，提供了搜索工具，允许检索和下载元数据并进行可视化，且与原始数据提供商链接。

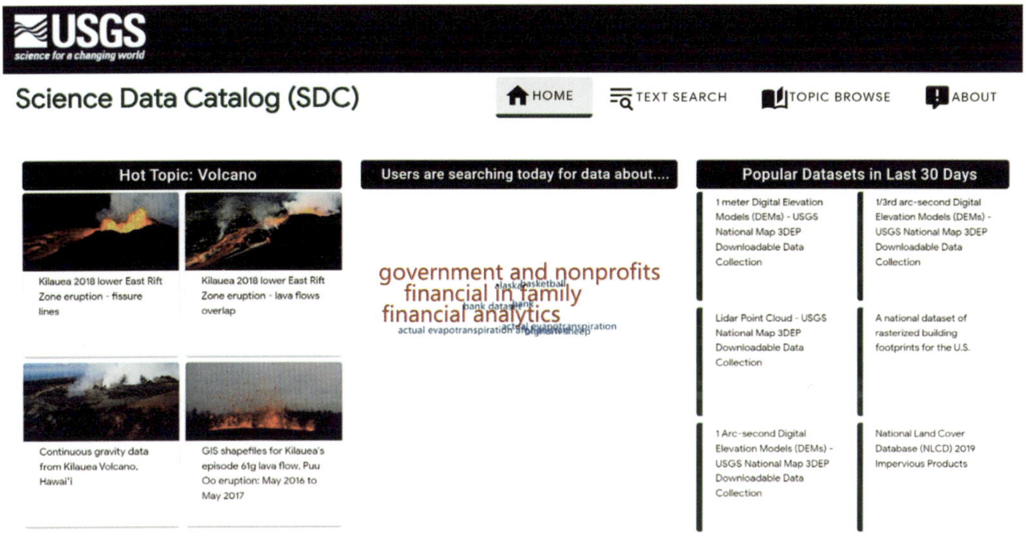

图 7.15 科学数据目录界面截图

（资料来源：美国地质调查局网站）

科学数据目录是美国地质调查局对外提供元数据的唯一来源，能从 ScienceBase 和其他美国地质调查局网络可访问的位置自动获取结构化元数据，并将这些内容发布在其他目录中。既可以将元数据提供给 data. doi. gov、data. gov、美国白宫管理与预算办公室等，保证美国地质调查局元数据满足美国对大数据的最低要求，也支持数据管理人员利用美国地质调查局科学数据生命周期模型的“发布 / 共享”要素进行数据发布，其是美国国家科学基金会赞助的 DataONE 项目的成员节点。截至 2023 年 6 月，该目录包含 37000 多条元数据记录，涵盖了已公布的美国地质调查局的所有数据。

从科学数据目录主页，用户可以快速查看和访问其他用户最近搜索的主题、访问热门数据集，并快速链接到美国地质调查局主要的数据系统，访问大量近实时数据。在“搜索”选项卡中，有特定搜索主题的用户可以直接录入关键词进行查询，也可以使用选项提供的特定词汇表缩小搜索范围，或将搜索词限制在数据集中描述元数据的特定字段。对于希望更广泛地搜索美国地质调查局相关研究的更多学科数据的用户，浏览选项卡还允许用户单击各种科学主题，并查看可用的相关数据集供进一步使用。

科学数据目录 1. 0 版于 2014 年上线，约有 8000 条记录，2. 0 版于 2016 年发布，目录量每年增长 20% ~ 25%。与其关联的系统是内政部数据库 data. gov、GeoPlatform、USGS Drupal 内容管理系统、谷歌数据搜索和 DataONE 等。科学数据目录是内政部 CKAN 目录获取美国地质调查局元数据的渠道。向科学数据目录提供元数据记录是美国地质调查局的政策要求，这有助于促进开放数据。

8　美国地质调查局数据集成社群

美国地质调查局数据集成社群隶属于核心科学体系任务区下的科学分析和综合部门，其拥有独特的技术、产品和服务，可以增强美国地质调查局的科学能力。科学分析和综合部门主要研究地球系统数据和信息的科学数据生命周期方法，努力通过数据科学、信息传递、先进计算和生物多样性分析，加速科学研究和决策。科学分析和综合部门内设的科学数据管理处，为美国地质调查局优化和共享科学数据管理措施和工作流程等方面提供指导。科学数据管理处设计、支持和构建符合美国地质调查局科学数据生命周期的工具和服务团队，使科学数据能够充分描述、保存和公开访问。2009 年成立的数据集成社群由数据管理处资助和管理，并得到美国地质调查局核心科学体系任务区的分管副局长和美国地质调查局事业信息办公室（OEI）的支持。该社群是一个动态的社群，向对该社群的主题和活动感兴趣的人开放。数据集成社群成员共同致力于提高美国地质调查局科学数据和信息的管理和集成能力，在科学数据管理的各个方面发挥作用。数据集成社群致力于提供跨学科和跨机构的信息分享及跨界交流的机会；通过加强数据和信息以及相关工具和技术的使用，促进对地球系统的认识，并为从事数据集成工作的人员提供公共讨论场所；通过提高美国地质调查局数据和信息利用的透明度，提升其整体能力。

美国地质调查局数据集成社群建立的协作区是其生命线。为了支持社群中的许多创新想法，数据集成社群帮助管理具有共同目标的协作区，确定数据集成工作的解决方案。数据集成社群每月举办论坛，每年还举行 1 次大型研讨会。在这些研讨会上，工作组交流心得，让新的社群成员了解新的动向。社群的“实质性工作”是在不同规模较小的协作区开展，这些协作区的规模能保证所研究的主题与每个人的日常工作有关。此外，数据集成社群每年还征求年度建议，为跨学科研究的数据集成、创新的数据管理和潜在的前沿技术项目提供各种资金。

8.1　数据集成社群简介

数据集成社群 2009 年成立时被称为数据集成委员会。当时，被认为是指导美国地质调查局数据整合活动的一个官方组织。很快，建立起一个实践社群，从基层开始开展数据集成工作，随后委员会被撤销，建立了数据集成社群。

美国地质调查局以制定和执行数据资源整合计划、帮助科学家和决策者获取科学数据和信息为目标，基于此，美国地质调查局已经为所有或部分部门制定了若干战略计划、科学目标和商业模式，并制定了美国地质调查局全面的科学战略，但目前为了更好地解决科学目标和优先事项，美国地质调查局已将所有精力用在应对数据整合的挑战上。这一战略需要在美国地质调查局层面制定和实施，如果没有对数据整合战略达成共识和支持，美国地质调查局的领导人和科学家将很难提高数据的有效服务，最终为科学发展提供有力支撑。在气候变化、生态系统和灾害等交叉领域，数据的可获取性尤其重要，这些领域需要多学科数据来判别发展趋势并提高预测能力。随着美国地质调查局将其重点转向6个科学主题，则更加关注如何利用标准、工具和架构来支持综合科学项目，这些标准、工具、架构将有利于对来自不同学科库的数据、外部合作伙伴的数据和过去的科学项目数据的利用，而美国地质调查局数据集成社群将集中讨论数据集成问题，并实施美国地质调查局数据整合战略。

数据集成社群成员包括美国地质调查局首席科学家、地理空间信息办公室副主任、美国地质调查局高级数据建模师、科学家和项目负责人。数据集成社群成立专题小组，以解决美国地质调查局和美国跨部门、国内外同行和合作伙伴的技术问题，包括标准、工具、互操作性、数据保存和信息基础设施建设，专题小组包括科学家和数据建模师、信息学专家和各领域从事数据集成工作的人员。其主要职责包括：

（1）制定美国地质调查局数据整合战略

1）制定全面的数据集成计划，确定优先项目及其时间表，并对所有可用数据源进行编目。

2）数据集成社群讨论相关问题和选项，挽救风险数据，开发数据源访问门户、数据存储库、模型存储库，开发传输和转换数据的工具，以及以安全和可访问的形式保存当前数据和历史数据。

3）根据战略规划制定数据集成计划，将其与美国地质调查局的优先事项联系起来。

4）提高对当前内部数据整合工作和正在进行讨论的问题的理解，以提高对美国地质调查局整个数据整合流程的认识。

5）根据所吸取的经验教训，就分布式网络展开讨论，聚焦适合于扩大当前项目或开发未来项目所遇到的重要难题和新问题。

6）记录未来数据集成方向的想法以及参考资料 / 网络链接。

7）制定内部和外部数据共享指南。

8）确定正在处理类似问题的其他科学组织，并确定联络人，以避免重复工作。

（2）为美国地质调查局实施数据整合提供建议

1）启动跨学科流程，讨论受控词汇表中的词汇、数据采集标准、数据定义和字典以及其他更具体的标准，如可扩展标记语言数据传输、搜索应用程序编程接口，以及可持续的数据存档和保存流程。这些工作对于整合数据至关重要。

2）帮助培训，以促进美国地质调查局各学科的数据整合。

（3）促进美国地质调查局数据整合

1）改进对相关工具和标准的访问，以推动美国地质调查局数据整合。

2）向相关团队提供数据集成社群有关数据集成方面的问题。如果有需要，提供数据集成工作方面的帮助。

3）确定当前数据集成工作的范围和优先事项。

4）开发美国地质调查局数据集成“帮助平台”，为某些主题的帮助请求或需要指导的人员提供参考。确定美国地质调查局以外的“专家”资源。让项目员工了解可用的“专家”资源。

5）确定并邀请相关数据集成方面的专家，同时也为员工提供信息和培训。

6）审查关键数据集成会议的日期，确保美国地质调查局能够参与，以确定战略方向。

8.2 数据集成社群 Wiki 使用指南

数据集成社群 Wiki 是一个知识共享和交流的在线平台。

（1）美国地质调查局政策

为确保科学质量和完整性，美国地质调查局基础科学措施政策要求，任何包含科学信息的信息产品（包括网页）在发布前应接受适当的同行评审和局批准。数据集成社群 Wiki 向公众开放，主要用于会议通知和技术讨论。未经美国地质调查局事先批准，该局科学解释性成果不得在 Wiki 上公开发布。为确保符合此要求，在开发科学信息的合作过程中，会根据需要为美国地质调查局相关工作人员提供密码保护。

（2）指导原则

1）确保美国地质调查局的科学信誉和诚信得到维护。

2）为所有相关方提供自由交流的机会。

3）为协作交流和开发程序提供帮助，充分掌握开发的步骤。

4）对社群成员进行培训，使其能在美国地质调查局政策要求的范围内监控正在制作的内容。

（3）内容管理员

数据集成社群 Wiki 贡献者必须意识到，其创建和编辑的内容可能会被任何人（包括公众）查看，其管理的内容必须符合美国地质调查局的相关政策。

（4）内容限制

1）不能在 Wiki 上发布的内容类型：新的解释性科学成果。

2）发布在 Wiki 上之前需要审核和批准的内容类型：以前发表的解释性或一些非解释性科学成果；以前出版的资源所引用的科学资料网页；初始信息或其他信息。

3）不需要审批的内容类型：议程、会议公告、成员名单和相关材料。

（5）商业产品免责声明

如果提及品牌产品或实验室等商业实体组织，则必须包括美国地质调查局规范的产品免责声明。

（6）科学中心 / 计划

科学中心 / 计划可能对发布到网络的某些内容有特定程序或其他要求，数据集成社群 Wiki 内容管理员应了解并遵守这些规定。

8.3 数据集成社群科学支持框架

2012 年，数据集成社群协调人制定了一个科学支持框架（SSF），该框架对研究数据的活动和流程以及数据集成社群的相关工作进行了分类和关联，为数据集成社群资助项目的协调和整合提供了重点方向和框架。

8.3.1 数据集成社群工作背景

自2009年以来，数据集成社群资助了能支持数据集成总体目标的各种项目。美国地质调查局和其他研究人员开展监测、评估和研究活动，并生成数据资产，通过应用计算、分析和技术手段，将这些数据资产转化为有助于理解地球系统的科学信息。正是在此背景下，数据管理和集成才得以实现，数据集成社群也参与其中的工作（图8.1）。数据集成社群为服务数据集成提供以下几方面的经费支持：① 重点关注科学的短期效益；② 现有功能的利用；③ 应用可复制的解决方案/方法；④ 确保可持续性；⑤ 寻求可观的投资回报；⑥ 公开共有数据；⑦ 构建科学模型并输出；⑧ 保存和访问项目数据。

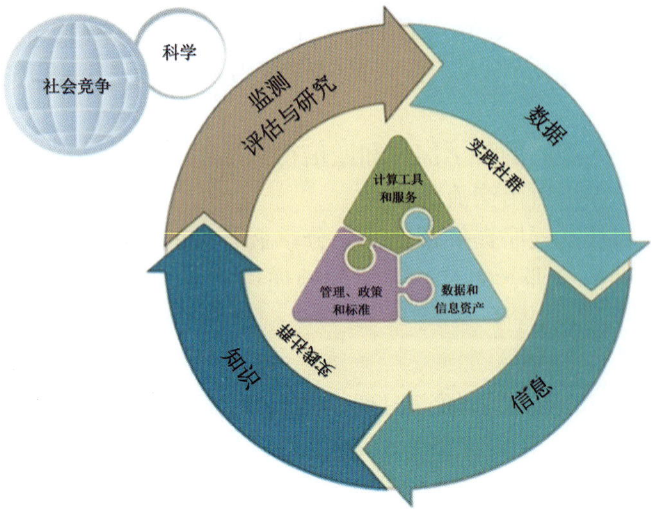

图8.1 数据集成社群工作环境概况

（资料来源：美国地质调查局网站）

实践社群：包括科学家、整个数据集成社群、数据集成社群工作组、外部合作伙伴和科学领域合作者的关系网；计算工具和服务：包括应用程序、网络服务、数据发现工具和模型、语义服务和工具、基础设施、数据代理和可视化工具；管理、政策和标准：包括数据管理、科学数据生命周期的实施、知识管理、数据标准、治理和政策；数据和信息资产：包括永久存档、数据注册、目录、数据、元数据、衍生信息产品、知识库和词汇/本体

8.3.2 数据集成社群科学支持框架

数据集成社群科学支持框架（图8.2）中的纵向部分代表数据集成社群如何开展工作，即实现数据整合所必需的过程、标准与措施的实施，以及人、数据与技术之间的相互关联。通过科学数据生命周期模型对监测、评价和研究数据进行处理，以实现应用服务、网络服务和语义服务。这些资产被转化为信息产品，增加了对地球系统科学的认识。

科学支持框架中的横向部分代表数据集成社群开展的工作，即产品、工具及有助于科学数据发现和有效利用的机制。在单个科学项目中管理数据资产，即在科学项目支持下，通过科学数据生命周期模型实现最终的数据管理和知识管理。

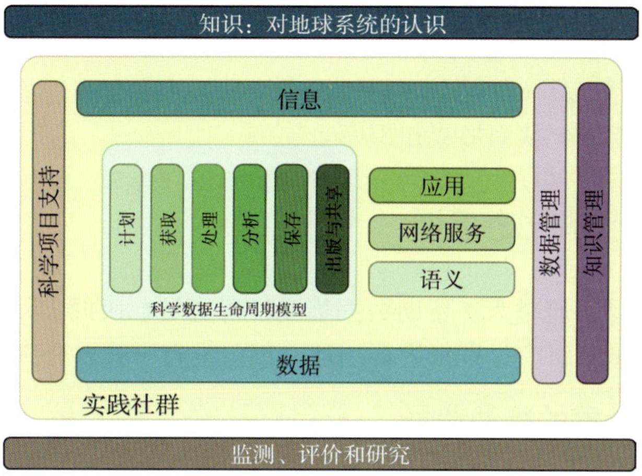

图 8.2　数据集成社群科学支持框架

（资料来源：美国地质调查局网站）

框架中单个要素部分的描述如下：

（1）科学输入（棕色要素部分）

监测、评价和研究：美国地质调查局科学家通过开展监测、评价和研究产生的数据资产。利用计算、分析与技术手段，可将这些数据资产转化为信息产品，以供其他研究人员、利益相关者和公众共享，从而提高对地球系统科学的认识。

科学项目支持：成功的科学项目包括科学数据生命周期中的一系列工作。在生命循环的每一个步骤，研究人员和数据管理人员依赖于一系列高级工具和服务，以实现数据、信息和知识的发现、获取、整合、管理和共享。

（2）实践社群（黄色要素部分）

实践团队是数据集成社群及其所有产品的基础，致力于推进整个美国地质调查局科学数据和信息管理以及数据集成的目标。

（3）数据和信息资产（蓝色要素部分）

美国地质调查局数据和信息资产包括数据（如原始数据、数据库和带链接的开放数据）、信息或衍生 / 解释的信息产品（如地图、报告、数据库）、各种类型的知识。这些资产在各组织与各领域之间进行共享，并重新用于个人和群组的学习和研究。

（4）计算工具和服务（绿色要素部分）

科学数据生命周期模型包括与整个生命周期中数据有关的工具和服务、人机交互，以及运用技术的数据交互。

语义将原始数据转化为机器可以解释的数据：机器可读的元数据、针对数据整合与发现的语义中介、本体 / 词表，以及万维网联盟标准。

网络服务包括机器间的数据交换、简单对象访问协议、表述性状态转移、SPARQL 端点，以及其他协议和服务。

应用包括人类可读的数据服务以及用于数据驱动应用的用户界面。

（5）管理、政策与标准（紫色要素部分）

数据管理包括数据和元数据标准，以及科学数据生命周期的所有阶段（从科学研究到完成信息产品）。

知识管理包括利用工具（如简单知识组织系统词汇表和信息建模）对知识进行构建、标准化、数据记录和组织，从而形成知识库。

8.4 数据集成社群行动手册

数据集成社群行动手册是为了帮助数据集成社群成员、协调人以及合作伙伴对该社群有所了解。该手册并未对每个过程都进行描述，仅仅进行了简要介绍。

8.4.1 数据集成社群的行动背景

数据集成社群是一个实践社群，其目的是开发地球科学数据集成和管理方面的知识库。数据集成社群成员包括研究人员、数据经理、信息技术专家以及政府、学术界和行业的其他从业人员。社群对任何想为社群做贡献的人开放。数据集成社群为地球科学界中通常不可能相互交流的专业知识，创造了合作和共享环境。大多数活动都是在线进行，包括每月论坛、年度提案流程、主题合作领域，以及培训和研讨会。数据集成社群通过提供开放论坛来解决整合科学带来的数据挑战。其具体价值体现在 4 个方面：① 社群成员利用学习信息技术来提高工作效率；② 管理者和资助者可以利用知识库推进项目目标的实现；③ 外部合作伙伴可以通过种子资金与合作团队合作；④ 任何人都可以提出问题、分享专业知识并进行探讨。

8.4.2 数据集成社群的相关人员

目前，数据集成社群约有 1300 名成员。数据集成社群协调人工作组由合作领域负责人和其他有兴趣为数据集成社群发展提供建议的成员组成。数据集成社群协调人负责举办每月论坛、更新 Wiki 和网页、实施年度提案流程以及规划研讨会和培训。每两周举行 1 次会议，讨论如何让数据集成社群为其成员带来机会。所有成员都可参加每月的在线会议，并了解年度提案流程。成员可以选择较小规模的专题协作区，如数据管理、人工智能和机器学习、软件开发。

8.4.3 数据集成社群的活动方式

数据集成社群工作计划旨在支持：① 通过加强数据和信息的使用，增进对地球系统的了解；② 提供分享想法和学习新技能的论坛；③ 提高数据和信息工作的透明度。

数据集成社群工作计划包括：① 每月虚拟会议；② 年度征求建议书；③ 协作区会议；④ 每两年 1 次的现场研讨会；⑤ 特殊培训和活动。

8.4.4 数据集成社群的活动地点

数据集成社群在多个网络页面位置进行聚集，因此需使用多种工具以满足数据集成社群的要求。这些要求包括：① 允许非美国地质调查局成员参与的途径；② 活动日历；③ 记录已发生事件的位置（标题、摘要、录音、幻灯片、产品）；④ 用于每月虚拟会议的网络呼叫平台，以通用格式进行记录；⑤ 小型工作组会议的网络呼叫平台；⑥ 通知成员消息的途径，如月度会议、征求建议书、研讨会新闻或综合新闻；⑦ 非正式、高频率的互动和讨论网站；⑧ 社群对征求建议书发表意见的平台；⑨ 征求建议书的投票平台；⑩ 用于征集和分析征求建议书提案的提交系统；⑪ 吸引新成员的途径；⑫ 在虚拟活动或面对面活动期间的互动投票；⑬ 记录资助项目产出的页面位置；⑭ 协调数据集成社群团队的途径；⑮ 促进团队共享工作文件的页面位置。

使用的工具如下：

1）myUSGS Confluence 网站（数据集成社群 Wiki）。该网站可以满足非美国地质调查局成员参与数据集成社群活动，是记录已发生事件的页面位置；是社群对征求建议书发表意见的平台。数据集成社群 Wiki 是主要信息中心和记录保存的页面位置。首页可快速引导用户了解相关信息。数据集成社群 Wiki 包含会议记录、录音、幻灯片、论坛讨论、日历、征求建议书信息和评论平台。数据集成社群 Wiki 为普通公众和数据集成社群成员或工作组提供不同的权限。

2）Zoom。用于月虚拟会议的网络呼叫平台，可容纳 100 多人，并能以通用格式进行记录。

3）Sli. do。使用 Sli. do 的免费版本进行每月的虚拟会议，其实时投票的效果较好。

4）SimplyVoting。征求建议书的投票平台。自 2019 年以来，SimplyVoting 一直是社群的投票平台。

5）Election Buddy。累积投票选项，在 2021 年征求建议书流程中使用。

6）Mailman listservs。通知消息的途径，如月度会议、征求建议书、研讨会新闻或月度新闻。

7）Microsoft Teams。一个类似于 Slack 的应用程序，允许非正式、频繁、异步通信。该程序与美国地质调查局的其他办公工具集成在一起。非美国地质调查局成员无法访问该程序。

8）Confluence Calendar。活动日历。任何人都可以查看所有数据集成社群即将安排的活动。

9）Microsoft Planner。该程序可以协调数据集成社群团队任务。Planner 类似于 Trello 团队任务管理器。数据集成社群协调人将任务分成几部分（通信、Wiki 和网页、提案请求、研讨会和活动），并在每周数据集成社群会议期间了解彼此的进展。

10）Sharepoint 和 OneDrive。Sharepoint 用于征集和分析征求建议书提案的系统，以促进团队共享工作文件。之前使用 Google 表单、脚本和 Google 云端硬盘（Google Drive）提交征求建议书，自动创建封面和电子邮件。2019 年 12 月，美国地质调查局迁移服务团队在该局 Sharepoint 网站上重新创建此功能。OneDrive 用于访问数据集成社群内部团队的共享库。共享库未与任何特定用户链接，即使个别用户离开美国地质调查局，共享库也持续存在。

11）ScienceBase。用于记录资助项目的产出。数据集成社群资助的项目都有一个

ScienceBase“项目”（或页面），上面有一个简短的摘要，以及输出链接。数据集成社群ScienceBase项目信息可被美国地质调查局官网读取。

12）Drupal。吸引新成员的途径。美国地质调查局面向公众的网页上的数据集成社群介绍仅是概述性的，供数据集成社群新成员浏览。该网站还列出了美国地质调查局的新闻、出版物和其他标准内容。

13）Twitter/Hootsuite。吸引新成员的途径。以一种非正式的方式发出高频率公告并与成员互动。数据集成社群拥有一个受政府社交媒体规则约束的美国地质调查局官方推特账户。数据集成社群协调人必须接受社交媒体使用方面的培训后才能访问该帐户。

8.4.5 数据集成社群的行动内容

8.4.5.1 评价方法

（1）资助的项目跟踪

自2010年以来，数据集成社群每年都会为项目提供资金。每个项目都有1个页面，其中包含ScienceBase提供的数据集成社群描述和输出列表。在ScienceBase页面的外部资源部分列出所有已知项目，并按输出类型进行分类。输出类型包含：① 数据发布，美国地质调查局正式的数据发布，需通过基础科学措施审查和批准；② 移动应用程序，专门为移动设备开发的交互式应用程序；③ 演示，幻灯片、视频或其他演示媒体；④ 出版物，同行评审出版物；⑤ 软件，可下载的可执行或编译代码；⑥ 源代码，项目源代码的代码库；⑦ 网络应用程序，在网络浏览器上运行的交互式应用程序；⑧ 网络链接，不适合其他类型的项目网页、Wiki页面、白皮书或在线资源；⑨ 网络服务，客户端应用程序可以访问服务的统一资源定位系统端点。

（2）出版物

数据集成社群支持的项目的出版物、数据集成社群出版物或文本中有数据集成社群的引用，都列在数据集成社群Wiki页面上。在项目指南中，要求提供“这项工作得到了美国地质调查局数据集成社群的资助”的声明，以确认数据集成社群的贡献。

（3）引文

到目前为止，数据集成社群资助项目的引用都是手动完成的，使用Google学术搜索（Google Scholar）单独检查出版物或软件的引用。

（4）会员统计信息

数据集成社群创建Jupyter笔记本，该笔记本读取数据集成社群成员电子邮件.csv文件，并从电子邮件列表中报告统计数据。为编程提供的信息包括：① 成员数量；② 美国地质调查局人员比例；③ 外部人员类型；④ 电子邮件列表；⑤ 美国地质调查局任务区、区域、科学中心的员工。

（5）其他指标

① 每月会议次数；② 网页流量、设备、点击量；③ 资助项目和活动的资金总额；④ 提供大量信息的人员及其提供信息的原因；⑤ Wiki上的问题和评论；⑥ 每月会议所提的问题和总结，推特互动情况；⑦ 任务区的征求建议书统计指标；⑧ 征求建议书参与者和

意见。

8.4.5.2 评价指标展示方式

（1）年度报告

2013 年以来的年度报告作为美国地质调查局的报告公开发布。

（2）资助项目报告

2017 年开始发布单独的资助项目报告。这些信息之前包含在年度报告中，单独编制资助项目报告后，团队有更多的时间发布其可交付的成果，尤其是必须通过同行评审的报告或论文，这使资助项目的总结更加完整和易于理解。

（3）Wiki 页面

数据集成社群 Wiki 页面包含：① 产品页面，与出版物、项目信息、研讨会海报和其他数据集成社群产品的主页链接；② 出版物页面，由数据集成社群建立的文本形式的出版物页面；③ 会员页面，此页面需更新，以反映有关会员的统计指标。

（4）美国地质调查局网站

数据集成社群出版物页面。美国地质调查局出版物库中链接出版物的官方来源。

（5）年度绩效指标

数据集成社群协调人、推动者、管理者和发起人，可能会在其年度绩效评估中写入数据集成的相关统计指标。这些在年初和每季度进行 1 次审查，以确保目标的实现。

8.4.6 数据集成社群的行动阶段

数据集成社群生命周期有 4 个阶段，分别是初始阶段、确立阶段、成熟阶段和分化阶段，由生长量、活动量和社群意识确定。在此生命周期框架中，数据集成社群目前处于成熟 / 分化状态。该社群有 1000 多名成员，分成不同的兴趣小组。现阶段，该社群作为对美国地质调查局数据集成和管理感兴趣的人的活动场所，正受到外部关注。该社群的战略侧重于填补社群发起讨论中的空白（而不是社群管理者发起的讨论），并侧重于举办对社群大多数成员产生长期影响的活动，包括扩大流程、事件或活动、内容、优化平台、强烈的社群意识的影响，以及提升社群的知名度。该社群现阶段的目标是保持高水平的活动，并提高成员的社群意识。

数据集成社群资助周期由美国地质调查局年度预算规划和科学规划时间表决定。

8.5 数据集成社群协作领域

美国地质调查局数据集成社群建立工作组，以实施数据集成相关工作，每组都有 1 个或多个负责人，负责对会议、项目和信息共享进行协调，同时也负责向数据集成社群报告目前的工作进展。美国地质调查局协作领域是指围绕特定主题组成的小组，为共享资源和知识、讨论面临的挑战、确定推进地球和生物科学数据整合的解决方案提供平台。协作领域包括人工智能和机器学习、开放式创新、生物信息学、以公众为中心的创新、交流、连接设备 / 移动应用程序、数据管理、数据科学、DevOps、地球科学主题、eDNA、高程、环境建模（ICEMM）、地理信息系统团队、元数据审查专家、开放源代码、语义网、软件开发、运动结构（SfM）、俯冲带和技术堆栈等。其目的是分享观点、利用资源、确定用于支持科学家的解决方案，主要支持数据管理、移动应用开发、基于公众科学的研究、创新性技术、云计算、语义网，以及其他社群的科学实践。

8.6 数据集成社群项目建议书

数据集成社群为许多产品和活动提供资金。通过一年一度的数据集成社群提案，为专注于跨学科研究的数据集成、创新的数据管理和潜在前沿技术项目提供资金。数据集成社群支持有关数据集成的新项目和正在进行的项目。

此外，数据集成社群指导原则总结了社群正在寻找的研究方向：

1）专注于为地球和生物科学带来短期效益的有针对性的工作。

2）利用现有的功能和数据。

3）实施和展示创新解决方案（例如，方法、工具或集成概念），这些解决方案可由项目或企业人员使用或复制。

4）保存、公开和改善对地球和生物科学数据、模型和其他输出的访问。

5）开发、组织和共享数据集成方面的知识和最佳措施。

鼓励美国地质调查局任务区、计划、科学中心、办公室或工作区域的人员及其合作伙伴申请项目。但是，所有提案都必须由美国地质调查局工作人员作为首席调查员。

9 美国地质调查局可信数字存储库认证

美国地质调查局计划、科学中心和项目所产生的数据资产，以数字方式保存在美国地质调查局和非美国地质调查局的各种存储库中（图 9.1）。美国地质调查局公共访问计划的实施要求评估当前的技术和流程，以便尽可能利用现有的数据系统。美国地质调查局认为需要建立一些由其认证的存储库，科学家们可以利用这些数据库公开发布数据。这促使美国地质调查局开发了一个内部审批流程，用于认证可信任的数据库，以支持美国地质调查局科学数据的发布、管理和保存。美国地质调查局改编了核心可信认证标准的总体要求，创建了美国地质调查局特定的认证流程，把可靠和适用的系统认证为美国地质调查局可信数字存储库。这种认证方法是美国地质调查局参与国际核心可信存储库认证的基础。

9.1 可信数字存储库定义

美国研究图书馆组织（The Research Libraries Group，RLG，现在为 OCLC）将可信数字存储库定义为“其使命是为其客户提供对可靠、长期托管数字资源的访问”。美国地质调查局采用美国研究图书馆组织的要求，不断为美国地质调查局的数字数据和其他数字信息产品建立可靠的存储和托管方案。

美国地质调查局可信数字存储库是一个数字系统，已被美国地质调查局认证为是符合国际标准的数字存储库。可信数字存储库遵循国际上制定的政策和措施，这些政策和措施提供了可靠的方法，可以维护和授权对保存的资产的长期访问，满足美国联邦政府对科学数据的长期保存和向研究人员和公众提供科学数据的要求。认证为可信数字存储库可证明数据是经过严格的程序审查的，该认证程序用于评估数据系统的成熟度和适用性，以管理和保存美国地质调查局有价值的数据资产。

除了以出版产品的形式来保存资产外，可信数字存储库还保存了通过实地观测和测量、数据分析和建模以及实验室分析等科学活动所获得的信息和原始数据，并提供对它们的开放访问。在可信数字存储库中存储的资产，可通过提高数据可用性、增强科学可重复性以及为科学数据使用的合法性提供证据。

美国地质调查局可信数字存储库标准提出了数据管理、存档和传播的常规做法，促进了 FAIR 原则的应用。

9.2 认证可信存储库的依据与条件

2016 年，美国地质调查局制定了公共访问计划（见第 2 章），规定了使科学数据和出版物公开使用、易于发现和可广泛获取的要求和过程。该项计划需要存储库：① 提供可靠和安全的数字基础设施，以管理、保存和提供对存储资产的开放访问；② 遵循可持续的数据管理方法，以确保在采集数据的项目完成之后，对数据进行适当的管理；③ 在稳定可靠的数字环境中长期提供数据资产，为美国地质调查局及其研究人员和公众提供服务。

美国地质调查局还要求对不同领域的科学家分开存储在不同数据库中的数据进行整合。这对于实现美国地质调查局的目标是必要的，即提供跨学科的整合科学，以研究地球的关键带和地球系统。美国地质调查局的可信数字存储库通过落实常规措施，特别是帮助克服数据发现和重用中所存在的挑战来帮助实现数据整合。常规措施使稳健可靠的系统之间的数据更易于统一。

美国地质调查局可信数字存储库的所有者和管理者必须具备以下条件：

1）负责保存美国地质调查局的科学数据。

2）为了使用户受益，代表存储人承担长期维护数字资源的责任。

3）支持存储库及其包含的数字信息的长期“生命力”。

4）证明财政和管理方面的可行性和可持续性。

5）按照公认的惯例和标准设计存储库，以确保数据资产的可持续管理、访问和安全。

6）提供符合公众期望的可信度的系统评估。

7）保持其所管理的数据或元数据更改的沟通。

8）按照国家档案管理局、美国内政部和美国地质调查局的政策，管理所有数据资产的元数据。

9.3 认证为可信存储库的流程

为开启存储库认证流程，美国地质调查局产品所有者或系统管理者，首先需联系美国地质调查局可信数字存储库工作组，告知其希望申请美国地质调查局的可信数字存储库认证。然后从美国地质调查局可信数字存储库网站下载该局可信数据存储库申请表，根据该表格给出机构的自我评估，评分为 0 分（低）至 4 分（高）。评分标准涉及以下内容：① 基础设施，包括管理、财务的可持续性及人员配备；② 数字对象的管理，包括数据质量和完整性、永久性标识符和引文，以及记录流程；③ 技术，包括技术基础设施，以及安全和风险管理方法。必须记录不适用于该机构的规定或仅满足机构最低标准的规定。最后美国地质调查局可信数字存储库的工作组人员，通过申请人和工作组之间合作评审来审查申请文件。与提交人讨论申请文件中的不足之处，以确定是否充分理解申请文件中的要求，如有必要，工作组可要求提供补充资料。如果评审员给出的评分为 2 分或以下，美国地质调查局将不予认证；不过，美国地质调查局可信数字存储库的工作组会继续与申请提交者合作，为存储库找出获得美国地质调查局认证的方法。申请人可能不符合高标准的要求，尤其是在实施阶段。实施阶段，应对存储库系统进行改进，实现持续发展，以满足认证的要求。

美国地质调查局存储库每 3 年进行 1 次重新评估，记录存储库系统和流程的改进和变化内容。在这个 3 年周期中，增加与用户和利益相关者共享美国地质调查局可信数字存储库的有关信息，并允许美国地质调查局改进其可信数字存储库的评估要求，与国际公认组织（特别是国际 CoreTrustSeal 认证）所采用的惯例和方法同步发展。

国际认证方法包含 16 个标准，用于评估数据管理、管理活动及基础设施的可信度。美国地质调查局的可信数字存储库申请，将直接提交给国际 CoreTrustSeal 组织，进行 CoreTrustSeal 数据存储库认证。

一旦批准存储库为美国地质调查局可信数据存储库，将有标志性印章（图 9. 1）显示在可信数据存储库的网络登录页上，以证明其通过了美国地质调查局可信数据存储库的认证。

图 9. 1 美国地质调查局可信数字存储库印章

（资料来源：美国地质调查局网站）

9. 4 可信数字存储库认证标准

2012 年，美国地质调查局基础科学措施咨询委员会成立数据保存小组委员会，以确立美国地质调查局科学数据管理、保存和记录的要求，建立美国地质调查局数据存储库及其可信度的评估标准。该小组委员会由档案学、数字图书馆、计算机科学、信息技术、出版和信息科学领域的志愿者组成，负责评估其他机构制定的标准，以确定美国地质调查局建立“可信数字存储库”的相关要素。美国地质调查局寻求透明、权威和可扩展的方法，允许各类机构使用。该标准和方法还必须适用于美国地质调查局，可以获得与工作能力和直接成本相关的信息。美国地质调查局寻求一种由有信誉的组织来颁发认证的解决方法。数据保存小组委员会最终建议使用世界数据系统的方法，评估美国地质调查局可信数字存储库。2016 年 2 月，对世界数据系统的方法的标准草案进行审查。该方法的 16 项主要内容如下：

1）存储库具有明确的任务，即提供对其数据的访问和保存任务。

2）存储库拥有所有涵盖数据访问和使用的适用许可证，并监控合规性。

3）存储库有确保对其资产持续访问和保存的连续性计划。

4）存储库尽可能地在遵守纪律和道德规范的情况下，创建、管理、访问和使用数据。

5）存储库有足够的资金和足够数量的有资质的人员，通过明确的管理制度进行管理，有效地执行工作任务。

6）存储库采用明确的机制，保证持续的专家指导和反馈（内部或外部，如果相关的话，还包括科学指导）。

7）存储库保证数据的完整性和真实性。

8）存储库根据明确的标准接收数据和元数据，以确保数据用户易于理解。

9）存储库应利用记录流程和方法来管理数据存储。

10）存储库承担长期保存的责任，并以有计划和有记录的方式进行管理。

11）存储库具备处理数据和元数据质量问题的专业知识，并确保最终用户能获得进行质量评估的足够信息。

12）根据接收和传递的工作流程进行存档。

13）通过适当的引用，用户可以发现数据并连续引用。

14）存储库支持随时使用数据，确保有一定的元数据来支持理解和使用数据。

15）存储库可在运维良好的操作系统和其他核心软件上运行，并使用适合其向指定团队提供服务的软硬件技术。

16）存储库的技术基础设施为设施及其数据、产品、服务和用户提供保护。

9.5　美国地质调查局核心可信数字存储库要求

美国地质调查局创建了一个审查局属可信数字存储库的评估程序，主要用于由美国地质调查局计划、项目和相关科学研究产生的信息的保存和存档。该评估程序中包含的可信数字存储库要求的目的旨在确定存储库可信度，以保存和保护数据资产，这些要求中的大部分内容来自 CoreTrustSeal 认证机构发布的《知识共享署名 4.0 国际许可协议》。所有要求都是强制性的，并且是同等权重的独立项。评估程序提供的信息应以可以链接的文件或公开证据（网站、出版物）为依据。表 9.1 中给出了各项要求指南，用于帮助申请人提供足够的证据，证明其存储库满足要求，并简要说明审稿人为进行客观评价所期望的信息类型。此外，申请人必须说明每项要求的遵从程度：

0——不适用。

1——存储库尚未考虑这一需求。

2——存储库具备理论概念。

3——存储库处于实现阶段。

4——存储库已完全按此指南实施。

遵从度等级是自我评估过程的一个重要部分，所有申请人都需根据具有合理证据的证明进行评判，而不是根据自我评估的遵从度等级。在这方面，如果申请人认为某项要求不适用，则必须详细说明其原因。此外，还需注意，遵从度等级 1 和 2 对于内部的自我评估有效，而如果某些指南在实现阶段被认为处于遵从度等级 3 时，则可以颁发证书。

美国地质调查局要求存储库每 3 年进行重新评估。众所周知，虽然基本系统和管理能力依据技术和用户需求不断发展，但可能不会在这 3 年中发生重大变化。然而，可信存储库国际标准化组织标准（ISO 16363）的审核周期为 5 年，而对于核心可信标准而言，考虑到可能存在的修改和修正，有必要使用更短的审核周期。因此，拥有良好管理记录和业务流程的组织应在 3 年后提交 1 份仅进行较少修改的申请。

申请时提供以下 16 项准则资料（R1~R16）和必备的背景信息，此外，还应包括每项准则的自我评估遵从度等级（0~4）。而对于不适用的准则应包含说明。具体见表 9.1 描述每个要求所需信息的具体说明。

表 9.1 可信存储库的背景信息（R0）和 16 项准则（R1~R16）

分类	准则编号	相关内容
必备的背景信息	R0	存储库的背景信息
组织架构	R1	任务 / 范围
	R2	许可
	R3	访问的持续性
	R4	保密 / 道德规范
	R5	组织架构
	R6	专家指导
数字对象管理	R7	数据完整性和真实性
	R8	评定
	R9	文档存储程序
	R10	保存方案
	R11	数据质量
	R12	工作流程
	R13	数据发现与识别
	R14	数据重用
技术	R15	技术基础设施
	R16	安全性

（1）背景信息（R0）

评定存储库的审查人员需要具备一些存储库的相关信息，以便在背景信息中做好存储库设置。在以下选项中进行选择，并提供背景信息要求的项目详细信息。

1）存储库类型。此项将帮助审查人员了解存储库具有的功能。为存储库类型选择最佳匹配项（选择所有适用项）。如果没有合适的类别，需提供一个描述性类型，还可以提供更详细的信息，以帮助审查人员了解存储库类型。

2）存储库指定群体。此项将有助于评定存储库如何与其目标群体进行交互和沟通，确保有效响应，如“可量化的社会科学研究人员和讲师”。

3）管理水平。本项旨在确定存储库是否在无任何更改的情况下，将其内容分发给数据使用者，或者存储库是否通过某种方式增加内容使其增值，这种方式是假设所有级别的初始存储保持不变，并且仅对这些原件的副本进行编辑。注释 / 编辑必须符合与数据生产者商定的许可条款，并且必须在管理人员的能力范围内。因此，存储库应证明任何此类注释 / 编辑都是由专家操作和记录，并且所有原件完好无损。这将有助于审查人员评定其他认证要求。可以添加更多详细信息，以帮助了解管理水平。

4）外部资源合作伙伴。提供与该组织合作的外部资源合作伙伴列表，描述该关系的性质（组织机构、合同等），以及该合作伙伴是否进行了任何可信存储库评定。这些关系可能包括但不限于由所在机构提供的任何服务、其他人提供的存储空间（作为冗余备份的一部分）或在业务连续出现问题时负责管理数据采集工作的组织机构成员。此外，列出合作伙伴提供全部或部分相关功能 / 服务的认证要求，包括现有的合同或服务等级协议。因为即使只是部分外包，仍需要为外包的认证要求以及其控制的科学数据生命周期的各个环节提供合理说明。外部资源合作伙伴首选资格 / 认证，包括但不限于数据认证（DSA）组织或世界数据系统（WDS）组织的认证。

5）其他相关信息。存储库可能希望添加其他的背景信息，这些信息未包含在认证要求中，但可能有助于审查人员进行评定。例如，可以描述：①存储库数据的使用和影响（引用、其他项目使用等）；②存储库所服务的国家、区域或全球对象；③存储库所属的任何全球产业集群或网络组织。

（2）任务 / 范围（R1）

存储库负责管理数字对象，并确保材料在合适的环境中保存一定的时间。存储者和用户必须清楚，存储库的明确任务是保存和持续访问数据。

对于此要求，需描述：

1）该组织保存和访问数据的任务，包括此任务明确声明的链接。

2）该任务声明在组织内获得的批准等级（例如，获批准的公开声明、出资人的职责、管理委员会签署的政策声明）。

（3）许可（R2）

存储库必须具有维护涵盖数据访问和使用的所有适用许可的功能，并与用户就此问题进行沟通，监督合规情况。此要求涉及制定的数据存储库本身访问规则和适用许可，以及相关部门为交流和正确使用知识和信息所承认的道德规范。审查人员将寻求证据，证明根据存储库数据内容的访问标准，存储库具备充分的控制措施，且所有相关许可或流程均得到良好管理。

对于此要求，需描述：

1）现行的许可协议。

2）使用条件（分布情况、预期用途、敏感数据保护等）。

3）不符合访问和使用条件的情况下使用的指导文件。

需注意，如果所有数据都是完全公开的，并且用户访问和使用数据时无任何附加条件，例如归属要求或公开进行二次分析的协议，则可以进行简单说明。

如果道德和隐私条款对许可产生影响，则必须结合 R4（保密 / 道德规范）要求。R10（保存方案）包含了确保存储许可为存储库提供了维护、保存和访问数据的权利。

（4）访问的持续性（R3）

此要求包括当前和今后为确保访问和使用数据而采取的措施。审查人员正在努力证明数据库已经具备应对环境不断变化的内在风险。

对于此要求，需描述：

1）对数据持有所需要承担的责任等级，包括所有证明的保存期限。

2）制定中期（3~5 年）和长期（5 年以上）计划，以确保可持续使用和持续访问数据。尤其应描述对环境快速变化和长期规划的响应，表明将工作转移或过渡到另一个机构或将持有的数据归还给其所有者（即数据生产者）后的选择。例如，在资助停止的情况下会发生什么，资助停止可能是由意外的资金撤回、有时限的项目存储库资金计划的终止或主办机构兴趣的转移所导致的。

相比与 R10（保存方案）和 R14（数据重用）所需的技术信息的相关程度，证明此要求与管理更为相关，并应涵盖 R1（任务 / 范围）变更的情况。此要求与 R15（技术基础设施）和 R16（安全性）形成对比，因为其包括了连续保存和访问的功能。

（5）保密 / 道德规范（R4）

对于一门负责任的科学研究而言，遵守道德规范至关重要。数据泄漏风险是许多存储库必须解决的问题，例如，存在参与调查的个人信息能够被识别，或濒危物种的位置能够被精准定位的风险。不仅需要对具有泄露风险的数据进行较好管理，而且必须取得将个人 / 敏感数据存储在存储库中的人的信任。

对于此要求，响应应包括与以下问题相关的证据：

1）存储库如何遵守适用的法律规范？

2）存储库采集或创建数据是否是按照数据生产者所在地或行业中普遍存在的法律和道德标准（例如，道德审查委员会 / 机构审查委员会或数据保护立法）进行的？

3）是否采用特殊程序管理存在泄漏风险的数据？

4）具有泄漏风险的数据是否进行合理存储并限制访问？

5）具有泄漏风险的数据是否在合适的条件下分发？

6）程序是否具有审查数据泄露的风险，是否可采取必要措施使文件匿名或以安全方式提供访问？

7）员工是否接受过管理具有泄露风险数据的培训？

8）如果不符合条件，是否有应对措施？

9）存储库是否能够指导用户安全地使用具有泄露可能或潜在泄露可能的数据？

此要求的证明应符合 R12（工作流程）中的程序和 R2（许可）中所有许可的规定。

（6）组织构架（R5）

存储库满足其任务需要资金支持，以及在数据存储方面具有专业知识的员工。然而，人们知道资金的连续性很难得到保证，并且必须与稳定的需求相匹配。

对于此要求，响应应包括与以下内容相关的证据：

1）存储库有适合其指定群体的公认机构托管（确保长期稳定性和可持续性）。

2）存储库应有足够的资金保障，包括有员工资源、信息化资源和参加会议（如果需要）的预算。理想情况下，需要 3~5 年的经费。

3）存储库应保证其员工能获得持续性培训和职业发展。

4）该组织及其工作人员专业知识的广度和深度，包括所有相关的附属机构（例如，国家或国际机构），都适合于执行此项任务。

详细说明获得足够资金来管理可信数字存储库的方法。例如，描述人员配置、技能和资金。

（7）专家指导（R6）

有效的存储库力求能够适应数据类型、数据量和数据增长速度的变化，并采取最有效的新技术，以留住最有价值的目标群体。鉴于数据环境的快速变化，建议存储库定期采集专家用户的建议和反馈，以确保其与数据环境始终密切相关，并不断得到改进。

对于此要求，响应应包括与以下问题相关的证据：

1）存储库是否有内部顾问，或由技术成员、数据科学专家和学科专家组成的外部咨询委员会？

2）存储库如何通过与专家沟通，获取建议？

3）存储库如何与其目标群体进行沟通，获得反馈？

此要求旨在确认存储库能否获得 R5（组织架构）中熟练员工提供的建议之外的专家客观建议。

（8）数据的完整性和真实性（R7）

存储库应提供证据，证明其运行的数据和元数据管理系统可以在数据获取、存档和访问过程中能确保数据的完整性和真实性。

数据完整性可保证数据和元数据的更改均被记录在案，更改理由和更改者均可追溯。

数据真实性包括原始数据及其来源的可靠性，包括原始数据与分发数据之间的关系，以及数据集和 / 或元数据之间的现有关系是否得到维护。

对于此要求，有关数据完整性的响应应包括与以下内容相关的证据：

1）验证数字对象未被更改或损坏的检查说明（即固定检查）。

2）证明数据和元数据完整性的文件。

3）关于如何记录数据和元数据的所有变更的详细信息。

4）版本控制说明。

5）使用适合的国际标准和公约（应具体说明）。可靠管理的证据应与以下问题有关：① 存储库是否有数据变更策略？数据生产者是否了解此策略？② 存储库是否维护数据来源和跟踪相关审核？③ 存储库是否能维护其与元数据和其他数据集的链接？如果能，具体做法是什么？④ 存储库是否对同一文件的不同版本的基本属性进行比较？如何进行？⑤ 存储库是否会检查存储者的身份？

此要求包括存储库的整个科学数据生命周期，因此与其他要求的工作流程相关。例如，R8（评定）用于获取，R9（文档存储程序）和 R10（保存方案）用于存档，R12~R14（工作流程、数据发现和识别以及数据重用）用于发布。需要注意的是，维护数据完整性和真实性也可以被视为一种责任，是存储库中每个人的职责。

详细说明校验和及病毒检查过程。描述处理原始数据和备份数据的过程。提供校验和日志，以及审核日志的频率。如何检测和处理损坏的数据？固定每隔两年检查 1 次校验和。维护校验和日志，并根据需要提供审核信息。维护损坏数据检测程序。

（9）评定（R8）

对于认定数据是否符合存储库收录的所有标准以及是否建立了相应保存管理方案而言，评估至关重要。必须确保数据与存储库服务的指定群体相关联，且通俗易懂。

对于此要求，响应应包括与以下问题相关的证据：

1）存储库是否使用了馆藏发展政策来指导数据存档？

2）存储库是否进行质量控制检查，以确保存储数据的完整性和可理解性？如果是，提供相关实践群体认可的质量控制标准和参考资料，并详细说明如何解决所有问题（例如，数据是否返给数据提供者进行纠正，是否由存储库来修复数据，是否在数据文件中的质量记录中进行标注，以及是否包含在附带的元数据中？）

3）存储库是否有用于解释和使用数据的元数据校验程序？

4）如果提供的元数据不能达到长期保存，那么存储库将会采取何种措施？

5）存储库是否发布了首选格式列表？

6）数据生产者遵照首选格式的质量控制检查是否完成？

7）如何处理以非首选格式存储的数据？

此要求通过数据和元数据存放者与存储库之间的交互来解决质量问题。其与 R11（数据质量）形成对比，R11 通过指定群体来处理元数据及数据的质量问题。

（10）文档存储程序（R9）

存储库存储数据和元数据需要通过获取过程，从存储点到达访问点。具有保存权限的存储库还必须提供开放档案信息系统（OAIS）术语中的“存档”要求。

对于此要求，响应应包括与以下问题相关的证据：

1）如何记录和管理相关流程和程序？

2）安全性要求达到什么级别，以及如何达到？

3）保存策略如何解决数据存储问题？

4）存储库是否有备份 / 多个副本策略？如果有，是什么？

5）是否有数据恢复的相关规定？如果有，是什么？

6）是否使用风险管理技术帮助制定策略？

7）为确保存档副本的统一，采取了哪些检查措施？

8）如何处理和监控存储介质的老化程度？

关于备份、物理和逻辑安全、故障转移和业务连续性的具体安排的详细信息，请参阅 R15（技术基础设施）和 R16（安全性）。

描述科学数据和元数据副本的存储数量和存储位置。在科学数据中，异地管理的数据占多少比例？在面临不同灾害威胁的地理位置至少存储一份副本（例如，飓风易发区与地震易发区）。

提供一份所有正在使用的磁介质和光介质列表。描述介质报废及处置的步骤，包括时间范围。

（11）保存方案（R10）

存储库、数据存储者和指定群体需要了解他们对存储库中每个存储项所承担的责任等级。存储库必须具有承担这些责任的法定权利。必须记录保存过程并确保其完成。

对于此要求，响应应包括与以下问题相关的证据：

1）是否制定了保存方案？

2）是否了解每个项目的“保存等级”？保存等级是如何定义的？

3）存储者和存储库之间的合同是否规定了履行职责所需的所有行为？

4）保管权的转移和责任的移交是否明确通知了存储者和存储库？

5）存储库是否具有复制、改变和存储信息的权利，以及允许用户访问信息的权利？

6）文件中是否规定了与保存相关的措施，包括托管迁移、提交的信息标准和档案信息标准？

7）是否有确保这些行动实施的措施？

描述数据在其整个有效生命周期中是如何获取、处理、管理、访问和保存。

（12）数据质量（R11）

存储库必须与存储者合作，确保有足够的数据信息，以便目标群体能够评估数据的实际质量。当目标群体涉及多门学科时，这种质量评估变得尤为重要，研究人员可能不具备仅依据数据进行质量评估的经验。存储库还必须能够根据所提供资料的完整性和质量以及元数据的质量来评估数据存储技术的质量。

数据或相关元数据可能存在影响其研究价值质量的问题，但如果用户能通过提供的文档对其适用性做出合理的判断，则不影响其在科学研究中的使用。

对于此要求，需描述：

1）存储库对数据和元数据质量采取的方法。

2）对遵守相关数据模式的元数据的自动评估。

3）目标群体具备评估数据和元数据和 / 或划分数据和元数据等级的能力。

4）是否提供相关作品的引文或引文索引的链接。

其他要求也可保证所规定的数据质量。具体请参考 R8（评定）、R12（工作流程）和 R7（数据完整性和真实性）。

描述如何备份科学数据的元数据，包括备份频率、元数据标准、保存元数据和相关保存标准的技术文档和说明文档。

（13）工作流程（R12）

为确保数据集和服务保持一致性，并避免临时性的和被动的活动，应记录存档工作流程，并制定管理变更的规定。应适应存储库的任务和活动，存档数据的程序文件也应该是清晰明确的。

对于此要求，响应应包括与以下内容相关的证据：

1）工作流程 / 业务流程描述。

2）与存储者和用户就数据处理问题进行沟通。

3）安全等级与其对工作流程的影响（保护隐私权的主体等）。

4）对输出进行定性和定量检查。

5）数据的评估和选择。

6）处理不属于配置文件数据的方法。

7）管理的数据类型以及其对所有工作流程的影响。

8）工作流程决策的处理（例如，存档数据转换）。

9）工作流程的变更管理。

此要求需确认所有工作流程都已记录在案。提供此类工作流程的证据可能已作为其他任务要求的一部分，例如，R8 中的获取（评定）、R9 中的存档程序（文档存储程序）、R16 中的安全措施（安全性）和 R4 中的保密（保密 / 道德规范）。

为授权员工管理不同等级的系统 / 目录 / 文件提供示例。提供与单个员工有关的文件执行操作的日志文件，包括文件等级的删除和保存操作。

（14）数据发现与识别（R13）

有效的数据发现是数据共享的关键，大多数存储库对其拥有的可搜索目录都进行了描述，使潜在用户可以评估数据，以了解是否满足需求。一旦发现数据，则数据可以完整引用，而且整个数据集也应该是可以引用的，包括保证数据可以长期访问的持久标识符。引用还为创建数据集做出贡献的个人提供信用和权属。

对于此要求，响应应包括与以下问题相关的证据：

1）存储库是否具备搜索功能？

2）存储库是否按照适当的（国际规定的）标准来维护可搜索的元数据目录？

3）存储库是否有助于机器采集元数据？

4）存储库是否包含在一个或多个学科或通用资源注册表中？

5）存储库是否能引用参考数据？

6）存储库是否具有持久标识符？

详细说明对不同级别元数据的访问方法。

（15）数据重用（R14）

尽管存储库技术发生了变化，但存储库必须确保数据可以长期有效利用。此要求是为确保数据可重用而采取的措施。

对于此要求，响应应包括与以下问题相关的证据：

1）提供数据时，存储库需要哪些元数据（例如，都柏林核心元数据或以内容为主的元数据）？

2）提供的数据格式是否是目标群体使用的格式？数据有哪些格式？

3）对于格式可能发生改变，是否考虑了应对措施？

4）是否制定了与未来迁移相关的计划？

5）存储库如何确保数据的可理解性？

“重用”至关重要，二次分析结果与原始数据同时存储到存储库中，因为数据来源和相关的权属问题可能会变得越来越复杂。重用取决于 R2（许可）中包含的适用性许可。

提供所使用的整个文件格式、编码解码器、压缩方案和封装方案列表。描述如何解决数据格式过时的问题。

（16）技术基础设施（R15）

存储库需要在可靠且稳定的基础设施上运行，以最大限度地提高服务的有效性。此外，所使用的硬件和软件必须适用于指定的存储库，并且与指定的存储库具有关联性。开放档案信息系统（OAIS）参考模型标准规定了存储库需要具备的功能，以满足用户需求。

对于此要求，响应应包括与以下问题相关的证据：

1）存储库使用什么标准作为参考？这些是国际和 / 或社团标准吗？例如，空间数据基础设施（SDI）标准、开放地理信息系统联盟标准、万维网联盟（W3C）标准或国际标准化组织的地理信息元数据标准（国际标准化组织 19115）。这些标准多久审查一次？

2）这些标准是如何实施的？实施时，是否与标准存在较大偏差的情况？如果有，请解释说明。

3）存储库是否有基础设施开发计划？如果有，是什么？

4）是否维护了软件库，是否提供了系统文档？

5）是否正在使用由社会组织开发的软件？如果有，请描述。

6）对于实时—近实时的数据流，是否通过能够满足存储库的全球和 / 或区域需求的带宽，为公共和专用网络提供不间断链接？

7）如果使用政府云（GovCloud）解决方案，是否将数据备份到现场基础设施上或单独的区域？如果有，请解释备份计划。

8）如果使用政府云解决方案，是否所有软件都经过美国联邦风险和授权管理程序（FedRamp）批准？

9）如果使用政府云解决方案，基础设施是否分布在可以实现故障转移和可靠的多个可用区域？

描述当前的硬件和软件基础设施。

（17）安全性（R16）

应分析存储库潜在威胁，评估风险，并创建统一的安全系统。应该对存储库及其数据、产品、服务和用户构成威胁的恶意操作、人为失误或技术故障的损坏情况进行描述，评估这些可能的情况及影响，决定哪些等级的风险是可以接受的，并确定应该采取什么措施来应对对存储库及其目标群体的威胁。这应该是一个持续的过程。

对于此要求，需描述：

1）如果发生停机，可以为其快速恢复或备份的服务程序。

2）信息技术安全系统、灾难计划和连续的业务计划，与安全性相关的员工（例如，安全管理员），以及使用的风险分析工具。

3）如果信息系统已通过认证，证明其符合 2002 年《联邦信息安全管理法》（FISMA）的要求。

4）如果信息系统已获得运营授权（ATO），并已由授权官员（AO）宣布其已被批准在特定的安全模式下运行，提供机构在可承受的风险等级下所规定使用的一套安全防护措施。

本要求描述了其他要求中通常包括的某些方面，例如，R12（工作流程）是对 R9（文档存储程序）的补充。

9.6 美国地质调查局可信数字存储库

美国地质调查局可接受数字存储库用于存储由该局及其协作者和合作者产生的科学数据。随着美国地质调查局继续发展其数据管理和保存能力，目前被视为可接受的数字存储库未来可获得美国地质调查局可信数字存储库的资格。当前可接受的数字存储库中有 5 个可信数字存储库。

9.6.1 ScienceBase

ScienceBase 是一个数据管理平台（图 7.9），提供对美国地质调查局保存的科学和产品的开放访问。创建 ScienceBase 是为了进一步实现美国地质调查局的目标，即开发一个综合信息环境，将数字资产链接起来，并为研究人员提供数字工具，以便为不同的科学信息源建立联系。

9.6.2 美国地质调查局阿拉斯加科学中心（ASC）数据存储库

美国地质调查局阿拉斯加科学中心数据存储库可为公众提供对美国地质调查局阿拉斯加科学中心生成的数字数据的访问（图 9.2）。存储库保存有与气候、生态系统、环境健康、自然灾害和自然资源（能源、矿产和水）科学研究相关的资料。

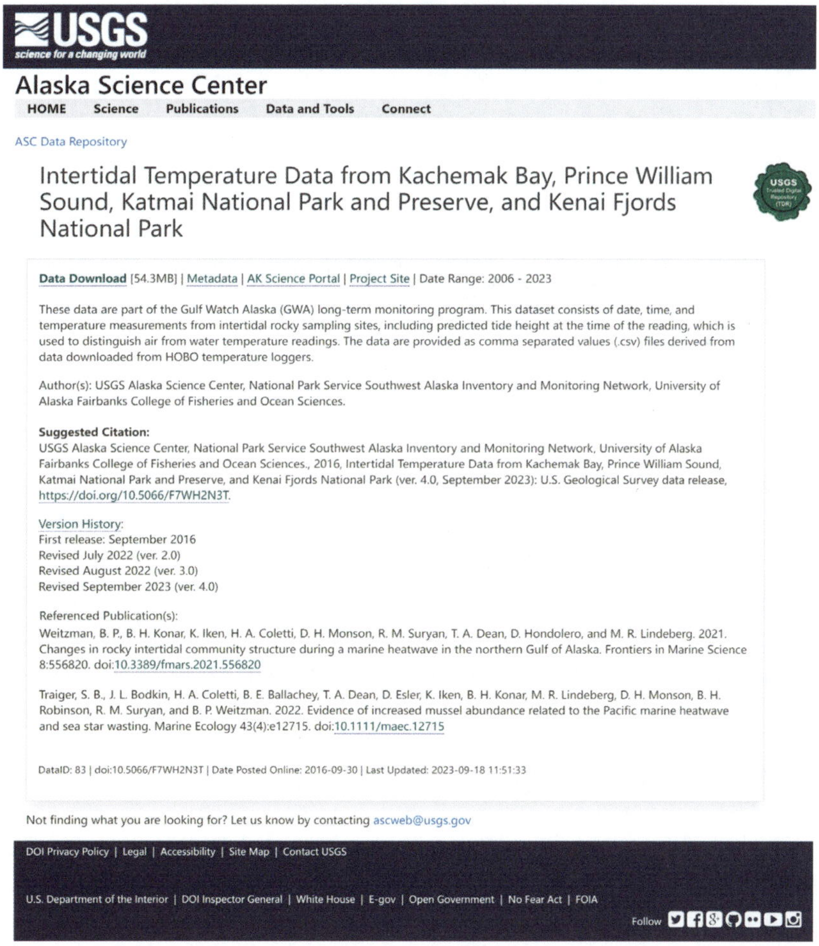

图 9.2　保存在美国地质调查局阿拉斯加科学中心数据存储库中的潮间带温度数据示例截图

（资料来源：美国地质调查局网站）

9.6.3 美国地质调查局地球资源观测和科学中心数据存储库

美国地质调查局地球资源观测和科学中心数据存储库包含了最大规模的民用地球陆地表面遥感图像集，采集了包括卫星图像、航空摄影、高程和土地覆盖等数据（图 9.3），侧重于土地变化，供研究人员、资源管理者、决策者和公共用户使用。

图 9.3 保存在美国地质调查局地球资源观测和科学中心数据库中的
2017 年发生的有害藻华事件的卫星图像截图
（资料来源：美国地质调查局网站）

9.6.4 美国国家地质图数据库（NGMDB）

美国国家地质图数据库（图 9.4）是美国国家地质图及相关地球科学报告和数据库的数字档案。美国国家地质图数据库中的资料符合标准化格式，确保了数据统一、可操作性和数据集成，以实现土地利用管理、自然资源评估和利用以及环境保护的目的。根据 1992 年《国家地质填图法》授权，美国地质调查局与美国国家地质学家协会合作，负责建立和维护美国国家地质图数据库。

9.6.5 沿海和海洋地球科学数据系统（CMGDS）

沿海和海洋地球科学数据系统（图 5.9）是美国地质调查局海岸 / 海洋灾害和资源计划通过巡航和其他活动采集的科学数据信息。

美国地质调查局数据存储库管理人员负责保管和保存使用公共资金获得的宝贵资产。有些数据，例如，为调查自然灾害、濒危物种、航空调查和其他工作而采集的数据，由于条件不断变化和成本高昂，可能永远不会被重新采集或复制。可信数字存储库的自我评估和审查保证了数据系统的稳健性，能为其存储的资产提供安全性和持久性。美国地质调查局已接受美国联邦的授权，通过制定明确有效的基础科学措施和政策，规定可靠的数据管理流程和能在现在和未来执行的可信数字存储库的强大系统，向公众提供对其科研产品的访问。与严格的数据管理实践相结合，美国地质调查局可信数字存储库通过保存以及向公众提供科学数据，更好地履行该局的使命，提供可靠的科学信息，以描述和理解自然系统、造福社会。

图 9.4 美国国家地质图数据库主页截图

（资料来源：美国地质调查局网站）

9.7 利用美国地质调查局现有技术开发可信数字存储库示例

ScienceBase 已被认证为美国地质调查局可信数字存储库，被设计成一个网络应用程序，供美国地质调查局的科学家及其合作者存储和共享数据，通过灵活的权限控制，进行数字资源的采集与管理，并通过编程方式和网络浏览器的用户界面访问资源。在 ScienceBase 被批准成为美国地质调查局科学家的公共数据的发布平台之前，ScienceBase 已具备多种存储库功能，包括文件上传和存储、对内容访问的权限控制、地理空间数据的生成和网络托管服务、强大的应用程序编程接口以及可公开搜索的用户界面等。

ScienceBase 支持高性能搜索，并具有强大的查询功能，能将数百万条大型记录中的内容集成到动态集合中，并将 ScienceBase 托管的数据与外部应用程序和工作流程相链接。任何用户或工具都可以通过浏览器或表述性状态转移（REST）端来使用 ScienceBase。

为满足公共访问计划的要求，美国地质调查局采取了一系列战略行动，将 ScienceBase 从团队协作平台过渡到局可信数字存储库。其中包括参考良好的数据库标准对 ScienceBase 进行独立审查及用户工作流程设计，使数据实现有效接收、组织和显示，以及开发一种链接到其他行业数据管理工具的机制等。这个过程是一个反复的过程，需要根据新的想法和用户需求不断发展。

9.7.1 ScienceBase 数据发布工作流程的开发

从 2015 年开始，科学数据管理处为美国地质调查局的科学家制定了在 ScienceBase 中创建数据发布的工作流程。科学数据管理处研究了美国地质调查局数据发布的一组使用案例，为每个案例编写了建议，并将其统一起来，为数据作者开发一个单一的、灵活的工作流程，同时了解不同研究项目的用户需求和注意事项可能存在的差异。由此产生的工作流程旨在为作者提供一个明确的步骤，以帮助 ScienceBase 满足美国地质调查局数据发布政策的所有要求。为用户创建的文档包括在线说明、常见问题解答（FAQ）、培训视频和工作流程图。

图 9. 5 显示了 ScienceBase 中的标准数据发布登录页面。页面上的主要元素（标题、日期、引文、摘要、联系人和可下载的数据文件）属于标准化的，并出现在数据发布产品的所有登录页面上。数据作者可以选择在页面上显示图像，还可以添加其他功能，如地理范围、地理空间网络服务和与外部资源的链接。

9.7.1.1 初始工作流程

ScienceBase 数据发布第一版工作流程（图 9.6）中，关键步骤由科学数据管理处手动完成，这有助于科学数据管理处在实现自动化流程前需要仔细研究和了解用户需求。

第一步，数据作者联系科学数据管理处。首先，科学数据管理处与作者分享有关工作流程信息，以及针对其数据发布的建议。然后，科学数据管理处在 ScienceBase 中创建一个新的登录页面来存放数据文件，并保留一个唯一的由字母数字组成的数字对象唯一标识符，作为数据发布的引文和元数据中的持久标识符。数字对象唯一标识符是通过美国地质调查局数字对象唯一标识符工具预留的，该工具是链接 DataCite 并分配唯一数字标识符的内部应用程序。

第二步，作者将数据和元数据文件上传到 ScienceBase 的登录页面。美国地质调查局的数据发布政策要求所有数据都附带一个或多个可扩展标记语言格式的元数据文件。元数据文件必须遵循已建立的标准结构，即美国联邦地理数据委员会《地理空间元数据内容标准》或国际标准化组织标准。在科学数据管理处开发数据发布工作流程时，ScienceBase 已经可以解析这两种格式的元数据：ScienceBase 系统可以从上传的元数据文件映射关键元素，并自动填充登录页上的字段。原始元数据也作为文件附件存储在登录页面上。作者和科学数据管理处可以根据需要在登录页上提供附加信息或标签。

ScienceBase Catalog → USGS Data Release Products → Data release for Wetlands in...

Data release for Wetlands inform how climate extremes influence surface water expansion and contraction View

Dates

Publication Date :	2018-04-12
Start Date :	1985-05-29
End Date :	2015-03-08

Citation

Vanderhoof, M.K., Lane, C.R., McManus, M.G., Alexander, L.C., and Christensen, J.R., 2018, Data release for Wetlands inform how climate extremes influence surface water expansion and contraction: U.S. Geological Survey data release, https://doi.org/10.5066/F7GX49VQ.

Summary

Effective monitoring and prediction of flood and drought events requires an improved understanding of how and why surface-water expansion and contraction in response to climate varies across space. This paper sought to (1) quantify how interannual patterns of surface-water expansion and contraction vary spatially across the Prairie Pothole Region (PPR) and adjacent Northern Prairie (NP) in the United States, and (2) explore how landscape characteristics influence the relationship between climate inputs and surface-water dynamics. Due to differences in glacial history, the PPR and NP show distinct patterns in regards to drainage development and wetland density, together providing a diversity of conditions to examine surface-water dynamics. We used Landsat imagery to characterize variability in surface-water extent across 11 Landsat path/rows representing the PPR and NP (images spanned 1985-2015). The PPR not only experienced a 2.6-fold greater surface-water extent under median conditions relative to the NP, but also showed a 3.4-fold greater change in surface-water extent between drought and deluge conditions. The relationship between surface-water extent and accumulated water availability (precipitation minus potential evapotranspiration) was quantified per watershed and statistically related to variables representing hydrology-related landscape characteristics (e.g., infiltration capacity, surface storage capacity, stream density). To investigate the influence stream connectivity has on the rate at which surface water leaves a given location, we modeled stream-connected and stream-disconnected surface water separately. Stream-connected surface water showed a greater expansion with wetter climatic conditions

... show more ...

Contacts

Originator :	Melanie K Vanderhoof, Charles R Lane, Michael G McManus, Laurie C Alexander, Jay R Christensen
Metadata Contact :	U.S. Geological Survey, Geoscience and Environmental Change Science Center, Melanie K Vanderhoof
Publisher :	U.S. Geological Survey
Distributor :	U.S. Geological Survey - ScienceBase
SDC Data Owner :	Geosciences and Environmental Change Science Center
USGS Mission Area :	Land Resources

Attached Files

Click on title to download individual files attached to this item or download all files listed below as a compressed file.

PPR_Landsat_FGDC_metadata.xml *Original FGDC Metadata*	View	14.75 KB	application/fgdc+xml
LandsatSurfaceWater.zip		138.9 MB	application/zip

Related External Resources

Type: Online Link

Vanderhoof, M.K., Lane, C.R., McManus, M.G., Alexander, L.C., Christensen, J.R. (2018). Wetlands inform how climate extremes influence surface water expansion and contraction. Hydrology and Earth System Science, 22, 1851-1873	https://doi.org/10.5194/hess-22-1851-2018

Purpose

The purpose of the analysis was to explore how the expansion and contraction of surface water, in response to climate extremes, varied spatially, and how landscape characteristics may explain the spatial variability in surface water dynamics. The Landsat surface water extent provided the representation of surface water extent for a given area and point in time.

Additional Information

Identifiers

Type	Scheme	Key
DOI	https://www.sciencebase.gov/vocab/category/item/identifier	doi:10.5066/F7GX49VQ

Map »

Communities

- USGS Data Release Products

Tags

Harvest Set : USGS Science Data Catalog (SDC)
Theme : Landsat, surface water
Place : Iowa, Minnesota, Missouri, Montana, Nebraska, North Dakota, Northern Prairie, Prairie Pothole Region, South Dakota
USGS Scientific Topic Keyword : Climatology, Remote Sensing, Water Resources

Provenance

图 9.5　ScienceBase 中的数据发布登录页示例截图

（资料来源：美国地质调查局网站）

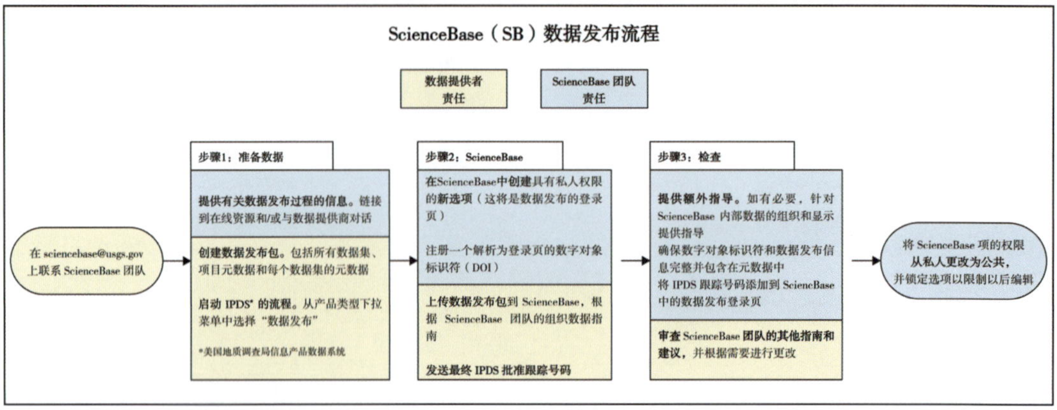

图 9.6　ScienceBase 数据发布工作流程（版本 1）

（资料来源：Vivian et al., 2021）

在 ScienceBase 运行的第一年使用，每个步骤都需要数据发布者和科学数据管理处进行人工处理和审查

在工作流程开发的早期阶段，科学数据管理处专注于数据发布的内容字段的标准化。内容字段标准化后，诸如推荐引文、发布日期、持久标识符和关键字等字段，可以将针对性查询、跟踪、报告、专业显示和数据发布的有效管理作为存储库集合进行激活。标准化内容使科学数据管理处能满足存储库查询和公布的需求（例如，按科学中心公布和显示产品，按唯一标识符和作者身份标识查找产品）。

第三步，科学数据管理处在公开数据发布前，按照质量控制清单进行一系列人工检查。质量控制清单包括格式标准（例如，数据发布引文的位置和格式）、组织机构最佳措施（例如，以清晰和可访问的方式构建数据发布的选项），以及遵守美国地质调查局政策（例如，数据发布的审查和批准）。

最后，公开发布审核合格的数据。

9.7.1.2　评估工具

科学数据管理处分别进行了 3 次评估，以帮助制定数据发布工作流程，并反复对应用程序进行改进。

科学数据管理处参与了由美国地球物理联合会（AGU）于 2016 年对 ScienceBase 数据管理成熟度进行的评估。为期 1 周的评估完成了对现有 ScienceBase 系统和数据发布的详细检查。由此确定了科学数据管理处应重点关注的几个方面，并将其作为高优先级目标。给出的建议包括编写针对数据发布的数据管理策略、制定与利益相关者互动的沟通计划，以及继续改进可支持 ScienceBase 文件处理和保存的技术和工作流程。

此外，在工作流程开发的第一阶段，科学数据管理处通过简短的在线反馈表，定期采集新用户的输入数据和建议。这种反馈可帮助科学数据管理处跟踪用户遇到的挑战和获得的成果。例如，一个挑战是，由于美国地质调查局是分布式机构，有关新数据的管理政策与研究人员最初得到的信息存在不一致。科学数据管理处积极回应各种反馈，由此科学数据管理处加强了为用户提供可靠帮助的承诺，即在数据发布工作流程中增加了自动化步骤，也应该这样做。

根据可用性测试的最佳措施，科学数据管理处于 2017 年对 ScienceBase 系统进行正式的可用性研究。科学数据管理处确定参与者（新加入 ScienceBase 的美国地质调查局科学家）需完成具体数据发布任务。科学数据管理处记录了用户为完成这些任务而采取的各种方法，重点放在参与者遇到的困惑和问题方面。根据这项评估的结果，提出更新 ScienceBase 用户界面的建议，以明确并进一步简化用户的操作流程。

9. 7. 1. 3 进一步规划

科学数据管理处进行的 3 项评估，有助于进一步规划下一步工作并确定其优先顺序。确定的目标是：

1）满足美国地质调查局可信数字存储库认证的要求。

2）提高工作流程的可用性。

3）确保科学数据管理处成员在需求不断增长的情况下继续提供相应的用户支持。

4）继续以可扩展、可持续的方式完善和扩展 ScienceBase 数据发布流程，以供美国地质调查局使用。

这些目标是通过非技术性改进（如培训和推广）和技术性改进（如与其他数据管理应用程序的集成、新功能和关键步骤的自动化）实现的。科学数据管理处还得到几个地球科学数据社会团体的信息，比如地球科学信息合作伙伴和研究数据联盟等。科学数据管理处成员定期参与这些社会团体的活动，以获取有关数据发布实践、当前技术，数据引用指南开发等方面的最新信息。

（1）外联和交流

根据美国地球物理联合会数据管理成熟度评估的建议，科学数据管理处编写了关于内部数据发布流程的 1 组文件，包括数据管理策略、标准的操作程序、ScienceBase 用户协议，以及交流和外联策略等。这些文件有助于确定科学数据管理处的工作范围，有助于科学数据管理处保持数据公开发布速度的持续增长。

在一个如美国地质调查局这样的分布式机构中，重要的是考虑广泛交流和为新倡议吸引社会团体的参与。为此，科学数据管理处的交流计划概述了一系列措施，以帮助科学数据管理处改善美国地质调查局的信息传播和客户服务。

科学数据管理处与美国地质调查局科学质量与诚信办公室合作，组织了约 25 次面向该局 1200 多名科学家的面对面和远程讲座。这些讲座提高了科学家对新的数据发布政策和实现方法的认识，包括 ScienceBase 数据发布程序。

科学数据管理处还发起 ScienceBase 数据发布社群，该社群由来自美国地质调查局科学中心的数据管理员组成。科学数据管理处联系美国地质调查局科学中心和项目，邀请合适的工作人员参与。到 2019 年，该社群的参与者已有 100 多名美国地质调查局人员。建立该社群的一个重要目的是直接与数据管理人员联系，他们经常协助美国地质调查局的科学家进行数据发布。社群的参与者向各自的科学中心和项目发布有关 ScienceBase 工作流程和美国地质调查局的政策信息。该社群也是科学数据管理处的一个极好的信息反馈来源，有效地促进了与活跃参与数据发布过程并分享宝贵经验的数据管理人员的联系。

科学数据管理处专门为该社群开发了指导材料，使参与者能采用同科学数据管理处一样的方式来支持数据作者。这有助于在分布式机构中为分散的科学家提供帮助，并防止数据发布中可能遇到的时效性问题。科学数据管理处向该社群提供的信息包括为新参与者举办的在线培训（基本上每月 1 次）和在线 Wiki（共享有用的资源，比如演示视频、质量控制清单、工作流程图和常见问题解答等）。科学数据管理处还每月举办在线研讨会，作为网络参与者提问问题、提供反馈信息、分享最新信息和参与讨论的论坛。这些活动有助于建立起数据发布的社会意识和对 ScienceBase 数据发布过程的共同理解。

科学数据管理处对该网络要求作出回应，整合数据发布过程的不同信息来源，并开发一个指导帮助的网页，其中包括分步骤说明和常见问题解答。科学数据管理处根据在线反馈表和网络采集的信息，根据需要定期更新该网页。

社群创建的有关记录和交流措施对于保持科学数据管理处的效率和响应用户需求至关重要。这些措施有助于科学数据管理处减少与数据作者的一对一对话，并使作者能更独立完成数据发布过程。

（2）技术改进：分阶段实现自动化

随着 ScienceBase 存储库使用率的提高，科学数据管理处重点是提高用户和科学数据管理处的效率。在前面所示的数据发布第 1 版工作流程中（图 9.6），该流程由科学数据管理处手动完成。手动工作流程使用了大约 1 年时间，在此期间，科学数据管理处确定了工作流程中可以实现自动化的部分。为了使流程更加简洁，启动了一个“四阶段”计划，将工作流程中的许多手动步骤实现了自动化。

阶段 1：利用 Google 驱动应用程序。

科学数据管理处在谷歌表单中创建一个在线输入表单，用以采集数据作者信息。表单采集了在 ScienceBase 中创建新数据发布时登录页所需的所有信息。这些信息被自动存储在 Google 电子表格中，并向科学数据管理处发送一封自动通知的电子邮件，告知其新提交的信息。使用表单提交信息，科学数据管理处在 ScienceBase 中手动创建一个登录页，并为作者保留一个数字对象唯一标识符。

更新此工作流程提高了科学数据管理处的效率，因为所有信息都自动采集并存储在 Google 云储存（Google Drive）中，不再需要与数据作者进行一对一的对话。在工作流程的第 2 版（图 9.7）中，步骤 1 得到有效简化，不再涉及科学数据管理处的手动工作。

阶段 2：应用程序开发。

尽管谷歌驱动应用程序运行良好，但科学数据管理处决定通过开发更适合用户需求的应用程序，即 ScienceBase 数据发布工具，来提高效率和功能。该工具可以完全自动地创建新的登录页和保留数字对象唯一标识符。由于 ScienceBase 和美国地质调查局数字对象唯一标识符工具应用程序编程接口较稳健，所以这种自动化是可以实现的；用户通过网络浏览器进行的所有操作（如创建和编辑登录页）也可以通过编码完成。

首先，在 ScienceBase 数据发布工具中，数据作者填写一个简短的表单，描述他们的数据发布（图 9.8）。然后，该工具通过相应的应用程序接口，链接到 ScienceBase 和数字对象唯一标识符工具，以自动创建新的登录页并保留数字对象唯一标识符。流程结束时，登录页储存数据发布所需的所有信息。此外，新登录页的统一资源定位系统被返回至数字对象唯一标识符工具，作为数字对象唯一标识符发布后将要解析的位置。通过

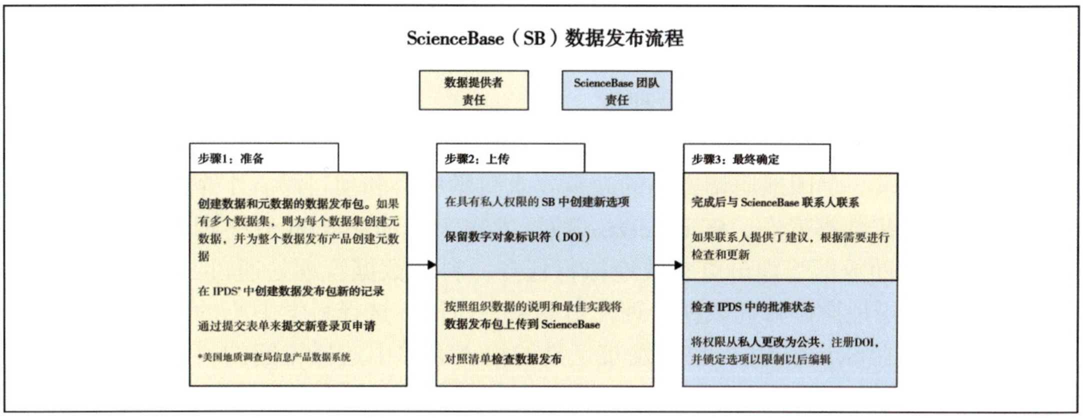

图 9.7　ScienceBase 数据发布工作流程（版本 2）

（资料来源：Vivian et al., 2021）

版本 2 添加了一个提交表单来采集作者的信息，使需要科学数据管理处执行的步骤减少（与工作流程版本 1 相比）

ScienceBase 数据发布工具提交表单后，数据作者将收到 1 封通知电子邮件，包含新登录页链接、保留的数字对象唯一标识符以及有关下一步的说明。

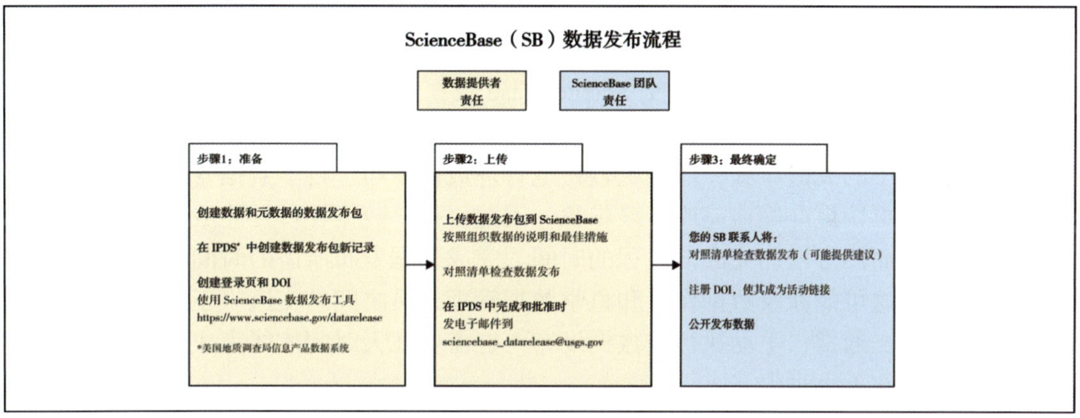

图 9.8　ScienceBase 数据发布工作流程（版本 3）

（资料来源：Vivian et al., 2021）

版本 3 由于加入了自动化，科学数据管理处不再需要为数据作者手动创建登录页和数字对象唯一标识符（步骤 2），几乎所有检查和最终步骤都是使用 Jupyter 笔记本脚本用编程方式完成的（步骤 3）。科学数据管理处只参与流程的第 3 步

阶段 3：优化质量保证 / 质量控制和发布的 Python 脚本。

ScienceBase 数据发布工具简化了第 1 版数据发布工作流程中的步骤 1 和 2（图 9.6）。为了简化工作流程的第 3 步，科学数据管理处开发了 1 组 Python 脚本，作为 Jupyter 笔记本。这些脚本链接到 ScienceBase 应用程序，并运行 1 组质量控制检查后完成数据发布，即开始公开发布数据。从手动发布升级到自动发布包括以下步骤：验证元数据、检查标识符格式和位置、规范数据发布所有页面上的引用、更新数据权限以公开发布、添加数据发布标签、向作者和数据管理人员发送电子邮件告知发布数据时间。因此，以前由科学数据管理处手动执行的检查和终止步骤现在可以通过编程方式完成（除了一些不可能自动完成的小的目视检查外）（图 9.8）。

阶段 4：定制选项来帮助数据管理员。

在技术改进的第 4 阶段，科学数据管理处应对的是参与数据管理过程的另一类用户（数据管理员）的需求。美国地质调查局的政策要求科学中心和项目需有 1 个专门的数据管理员，以协助科学家数据发布。ScienceBase 数据发布工具和 Python 最终脚本设计了可定制的特性，可以帮助数据管理员更有效地执行任务。科学数据管理处通过 ScienceBase 数据发布网络，与美国地质调查局数据管理人员联系，讨论并选择科学中心的具体定制方案。

当数据作者在 ScienceBase 数据发布工具的输入表单中选择特定的科学中心时，会触发 ScienceBase 数据发布工具中的自定义操作。在可能的操作中，该工具可以：① 当科学中心的作者开始发布新数据时，自动通知数据管理员；② 授权数据管理员对 ScienceBase 新登录页的读 / 写权限；③ 在美国地质调查局数字对象唯一标识符工具中为分配的数字对象唯一标识符授予读 / 写权限；④ 在 ScienceBase 中的指定位置创建登录页，使数据管理员能更容易地跟踪和管理特定科学中心发布的数据。

对于该过程的最后一步，数据管理员可以请求将其科学中心发布的数据迁移至 ScienceBase 中的特定位置来进行发布。这可以进一步实现对数据发布的管理和跟踪。此外，数据管理员还可以选择在科学中心发布数据后接收通知电子邮件。

在完成 4 个开发阶段后，数据发布过程对于数据作者、数据管理员和科学数据管理处而言变得更加高效。数据作者在提交 ScienceBase 数据发布工具的在线表单后将立即收到新的登录页和数字对象唯一标识符，不再需要等待科学数据管理处的回应。数据管理员可以自定义该过程中的关键步骤，以便更轻松地管理数据发布。科学数据管理处不再手动创建登录页，可以更快更准确地完成最终步骤。因此，科学数据管理处能成功地提高公开发布数据的速度，而不必增加完成该过程的时间。完成数据发布所需的时间可能因程序步骤多而变化很大，这可能涉及数据作者和科学数据管理人员之间的交流。正因如此，很难对效率作定量估算。通常，手动执行的数据发布可能需要几天时间才能完成；但通过自动化流程，发布可以在 1 小时内完成。

（3）其他技术改进

随着科学数据管理处开发和更新 ScienceBase 数据发布工作流程，还确定了其他几项可以提高效率的技术改进，包括与美国地质调查局其他工具的系统集成、跟踪和度量，以及改进数据检查人员的访问权限等。

1）系统集成。

科学数据管理处管理着美国地质调查局数据发布所需的多种工具。加强这些工具的集成一直是科学数据管理处制定高效数据发布工作流程计划的重点。

除了 ScienceBase 和美国地质调查局数字对象唯一标识符工具外，科学数据管理处还管理美国地质调查局科学数据目录，这是一个包含所有美国地质调查局公共数据产品的元数据目录。根据该局政策，描述所有已发布数据产品的元数据记录必须存放在科学数据目录中并通过科学数据目录共享。向科学数据目录提交元数据记录最初是数据作者和管理者的一个手动操作步骤，但科学数据管理处增加了直接从 ScienceBase 自动向科学数据目录发送元数据记录的自动化功能。这是通过创建开放存档计划（即元数据获取协议）实现的，该协议用于在 ScienceBase 和科学数据目录之间获取和传输元数据。数据作者现在可以在满足政策要求的条件下，使用ScienceBase进行数据发布，而无需完成额外的手动操作步骤。

数据发布工作流程包含科学数据管理处将数据发布时的数字对象唯一标识符的状态从“已保留”更新为“已发布”的步骤。由此，将数字对象唯一标识符发布到 DataCite 上，并确保数字对象唯一标识符的统一资源定位系统是指向与其关联的登录页链接。科学数据管理处最初是通过美国地质调查局数字对象唯一标识符工具手动完成的。而 ScienceBase 中添加了 1 个特性，可使科学数据管理处通过其应用程序接口与数字对象唯一标识符工具链接，因此，科学数据管理处现在可以直接从 ScienceBase 发布数字对象唯一标识符。

最后对 ScienceBase 数据发布工具进行更新，允许其链接到美国地质调查局内部产品审查和批准跟踪系统（信息产品数据系统）的网络服务端。所有美国地质调查局的产品（包括数据发布）都需要在信息产品数据系统中创建相关条目，其中存储了稍后将输入到 ScienceBase数据发布工具中的大部分信息。ScienceBase数据发布工具为用户提供1个选项，通过使用自动填充功能，用户可以从信息产品数据系统中的相关条目中提取内容，为作者节省时间，并使跨系统信息实现标准化。

2）查询、跟踪和统计。

随着 ScienceBase 中数据发布数量的增加，定位和跟踪数据发布能力已成为 1 个重要目标，可以帮助系统获取越来越多的分析数据。在 ScienceBase 中添加 1 种新型的管理标签，用于识别美国地质调查局正式发布的数据产品。该标签利用程序添加到最终确定的所有发布的数据中，并提供查询和量化 ScienceBase 中所有公共数据产品的功能。

在发表科学论文或发布数据之前，美国地质调查局的作者必须获得开放研究者和贡献者身份证明编码。该要求的目的是提高跟踪作者科学成果的能力，并在数据被重用时提供可信度。ScienceBase 将开放研究者和贡献者身份标识符存储在 1 个标准字段中，以支持搜索查询，并提高单个科学家产生的数据产品的可发现性。

ScienceBase 更新后的登录页包含了数据发布数量统计信息（图 9.9），这为数据作者提供了 1 种按日期跟踪量化指标的方法。例如，作者可以查看其数据发布和下载相关文件的人数。

3）访问选项和支持数据审查。

当美国地质调查局的作者在外部期刊上发表文章时，可能需要在发表之前，向期刊选定的审稿人提供文章中的数据。然而，在发布过程阶段，数据并非总是可以公开的。为了方便非美国地质调查局评审员的访问，ScienceBase 增加了 1 项新功能：数据作者可以生成临时访问统一资源定位系统，与评审员共享。临时访问资源定位系统允许审阅者查看权限控制的数据，而无需在 ScienceBase 系统中进行身份验证。

4）文件传输、存储和备份注意事项。

传输和存储大型数据文件的技术壁垒是科学界的一个挑战。为了帮助应对此挑战，科学数据管理处将通过 ScienceBase 用户界面上传和下载的文件大小从 2GB 提高到 10GB。此外，还引入一个新的数据传输方法，以更好地容纳大文件（例如，超过 200GB 的文件）。由于美国地质调查局网络带宽的限制和出于安全考虑，大型文件传输仍是面临的一个挑

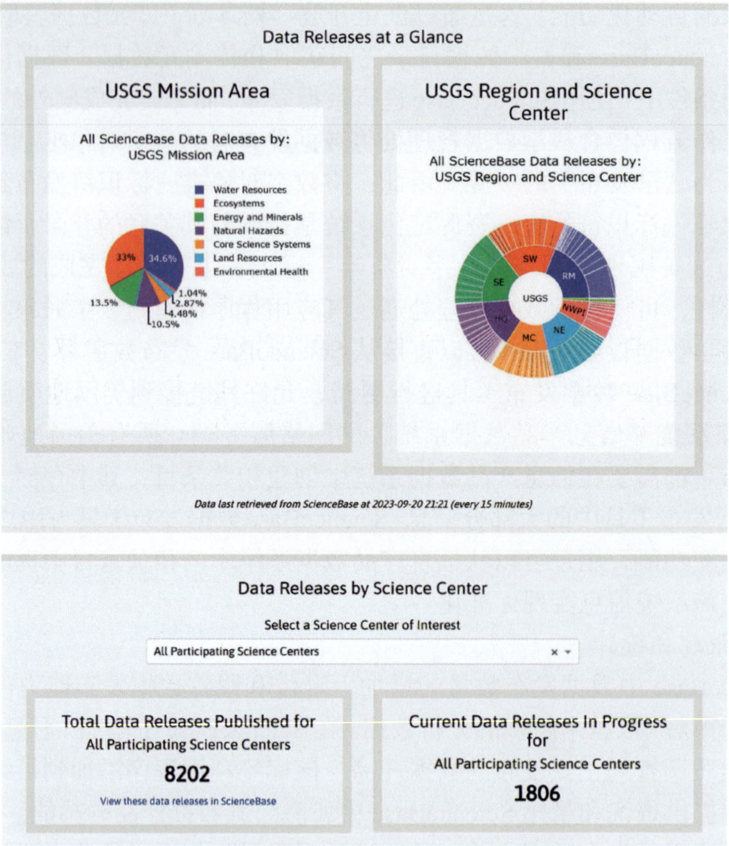

图 9.9　ScienceBase 数据发布数量界面截图

（资料来源：美国地质调查局网站）

战，但科学数据管理处计划继续通过更先进的文件传输协议和基于云的新能力来扩展文件传输，以满足数据规模的无限增长。

5）可用性改进。

在可用性方面最显著的改进是创建了 ScienceBase 数据发布工具。由于 ScienceBase 是一个复杂的应用程序，会给作者创建可用的登录页面带来挑战，因此开发一个过程自动化的工具，对于减少混乱和满足培训需求非常有必要。此外，根据可用性测试的建议，对 ScienceBase 用户界面进行更新，使其更加直观。这些更新包括提高文本的易读性和适用于移动用户的操作，以便在登录页面上有更明显的显示。

随着 ScienceBase 数据发布工具使用率的提高，系统集成、可用性改进且适合大型数据文件，是提高效率并改善用户体验的重要途径。

9.7.2　ScienceBase 成果和未来方向

9.7.2.1　ScienceBase 在美国地质调查局获得了可信数字存储库

美国地质调查局可信数字存储库的认证过程要求，存储数据库团队根据核心可信认证标准提交正式申请。随后，该局基础科学措施咨询委员会数据保存小组委员会对提交的资料进行审查和评估，并为该局建立可信数字存储库。ScienceBase 于 2017 年初被指定为美国地质调查局可信数字存储库，是该局第一个获此认证的数据平台。这成为科学数据管理处的重要里程碑，并确保美国地质调查局的科学家可通过经过审核批准的 1 个平台来发布数据产品。

9. 7. 2. 2 简化工作和可扩展性工作的结果

自 2015 年启动以来，ScienceBase 数据发布流程在美国地质调查局得到广泛应用。到 2022 年，美国地质调查局的 100 多个科学中心和项目共有 8202 个数据产品（截至 2022 年 12 月 31 日）在 ScienceBase 中发布。美国地质调查局平均数据发布率也稳步上升（图 9. 10），2021 年发布最多，达到了 1698 个 / 年，2022 年有所减少，但与 2020 年发布的数据产品持平。

科学数据管理处在 2016 年平均每月发布 14 个数据产品，从 2020 年开始，每月发布量已超过 90 多个数据产品。科学数据管理处的规模并没有因发布的数量增加而相应的扩大，仍保持大约 2 名全职员工协助数据发布。科学数据管理处能为所有数据发布请求和问题解决保持高效的执行力：科学数据管理处正式公布的工作时间是 2 天，但大多数发布都是在 1 天内完成的。科学数据管理处将这种高效的执行力归功于精心设计的迭代步骤，这些步骤使得数据发布过程得以简化并实现了自动化。

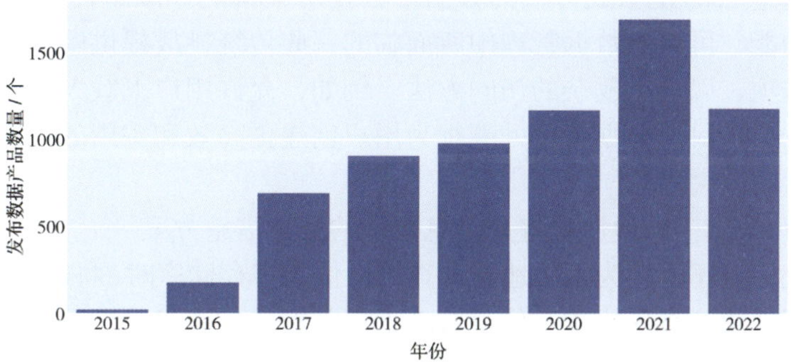

图 9. 10 美国地质调查局在 ScienceBase 中的新数据发布数量年度变化
（截止日期为 2022 年 12 月 31 日）
（资料来源：美国地质调查局网站）

9. 7. 2. 3 ScienceBase 科学数据发布的影响

数据产品“2015 年 4 月 25 日尼泊尔戈尔喀 7. 8 级地震引发滑坡的地图数据”于 2017 年在 ScienceBase 上发布。该数据是由密歇根大学、瑞士联邦理工学院和美国地质调查局尼泊尔的合作伙伴制作的，使用事前和事后的高分辨率卫星图像描绘了地震引发的山体滑坡。自 2017 年以来，5 份出版物均引用该资料，其中 1 份在 1 项研究中使用了该数据，提出 1 种地震诱发滑坡的近实时预测方法。该数据发布使用了 ScienceBase 存储库及其数据发布工作流程，是数据再利用、数据引用和开放科学的最佳实践示例。

9.7.2.4 未来的发展方向

科学数据管理处不断对 ScienceBase 存储库进行更新，以改善用户体验和应对美国地质调查局内部不断变化的数据需求，也提高了小型存储库管理团队的效率。

（1）改进数据发布产品的搜索和浏览

科学数据管理处正在寻求改进用户界面，使其更具吸引力，且使数据产品访问点更直观，以更好地实现搜索和浏览功能。标准的描述性信息、使用统一的结构和标签，可以将数据发布产品作为 1 个集合使用，并制定筛选、搜索和显示这些产品的规则。科学数据管理处还将在现有工作的基础上，提供分析和可视化功能，以提升数据发布产品的用户体验。

（2）跟踪美国地质调查局数据的下载情况和下游使用情况

科学数据管理处将继续对 ScienceBase 发布数据的使用情况的跟踪流程进行完善，因为这些数据已在正式出版物和其他渠道（如科学软件）中被引用。2019 年，科学数据管理处成员提出了 1 个跟踪美国地质调查局数据产品引用情况的工作流程，编写了 Python 脚本，用以发现美国地质调查局特有的数字对象唯一标识符前缀（10.5066）出现在同行评审文献中的位置，这个过程是自动化过程，定期自动更新美国地质调查局数据发布产品在相关出版物被引用的信息。在 ScienceBase 中获取和存储这些信息，可提高数据作者显示度，并有助于体现数据引用和数据管理最佳措施的价值。

（3）扩展文件支持和价值（增加的功能）

随着新的基于云的技术成为新的数据平台技术架构的标准组件，ScienceBase 正在开发新的服务和功能，可以为数据管理中所面临的一些传统挑战提供解决方案。其中包括改进大文件传输选项，以及更复杂的访问方法。例如，允许用户下载大文件的一部分，而不是下载整个数据集。科学数据管理处继续为用户创建更高效和实用的选项，以使存储和提供文件的效用达到最大化。

（4）指导和实施美国地质调查局信息系统的最佳措施方案

在将现有应用程序转换为美国地质调查局可信数字存储库时，科学数据管理处认识到，鼓励更多的美国地质调查局机构在信息管理方面掌握最佳技术措施很重要。这些最佳措施包括维持应用程序接口端的完整性，通过逐渐建立链接以及使用标准标签等技术来支持跨系统搜索。跨行业开发系统的最佳措施可以在使用代码共享内容时，实现灵活的系统响应。

科学数据管理处将继续帮助实施约定协议，以改进美国地质调查局主要信息系统中的信息结构和检索方式。科学数据管理处还将适时推动这些最佳措施在美国地质调查局内部应用，进而改善信息系统间的互联互通。

9.7.3 ScienceBase 建设的经验教训

回顾已完成的工作，科学数据管理处确定了几个关键行动，这些行动有效地支持了美国联邦科学机构的分布式数据发布：

1）利用现有应用程序，而不是创建新的数据存储库，以节省资源获取和迁移的成本，并保留用户已经熟悉的系统。

2）在开始工作流程设计和技术开发之前进行战略规划，将关键目标和用户需求纳入流程的早期阶段，减少开发过程中反复修改的次数。

3）与数据传播实践社群合作，及时了解有关数据发布和存储库的标准、最佳措施和新发展趋势，帮助用户体验存储库中最新的数据管理方法。

4）为数据作者设想一个清晰、简单的工作流程，减少麻烦，提高用户对存储库和发布过程的信任。

5）在工作流实施的初始阶段手动完成任务，以帮助确定可能实现的自动化步骤。

6）在规划过程的早期阶段考虑数据库的可扩展性，为未来的数据增长做好准备。

7）编写内部指导文件（如数据管理策略、传播策略、标准的操作程序等），以规范和界定用户支持流程的范围，提高兼容性和一致性。

8）使用迭代设计，以便在需求出现时可以灵活处理。

9）预测查询和衡量指标，需要确保在过程中采集发布所需的内容。

10）将元数据中的信息标准化，以能够实现查询和编辑，允许开发自动化流程。

11）数据管理任务实现自动化，减少使用流程的时间，并改进质量控制和标准。

12）通过应用程序编程接口链接相关的独立应用程序，以简化数据作者和存储库团队的工作流程。

13）采集用户反馈，以确定需要改进的领域，更好地了解用户需求。

14）测试可用性，并把经验教训应用在工作流程和技术设计中。

15）采用多种沟通方式去接触分散的用户群体，以便用户可通过不同的途径获取信息。

16）建立一个用户群（例如，ScienceBase 数据发布网），并保持定期沟通，以接收最新的用户反馈，提高可用性。

17）申请可信数字存储库认证，以提高整个组织的信心和声誉。

促成操作成功的其他因素：

1）应用程序的协调管理：如果过程涉及的数据管理工具属于同一管理范畴（如美国地质调查局科学数据管理小组），则工具集成和共享开发目标可以更有效地进行协调。

2）机构内的数据管理政策：在美国地质调查局的政策中正式列出对科学家的要求，从而为工作流程设计确定明确的范围和计划。政策还规定，新的要求需得到美国地质调查局内部高层的支持，允许科学数据管理处作为数据发布过程中的推动者与作者进行互动，而不是执行者或审查人员。

ScienceBase 于 2017 年申请并通过美国地质调查局可信数字存储库的认证，实现了将 ScienceBase 平台转变为美国地质调查局官方存储库的目标。美国地质调查局在利用现有的应用程序来满足美国联邦数据指令的经验，为其他组织提供了一个可供借鉴的路线图。

10 结 论

在大数据时代的当下，科学数据的管理与共享无疑已成为推动科研前行、激发知识创新的关键力量。美国地质调查局作为全球知名的地质研究机构，在生态、气候、土地使用变化、能源和矿产资源、环境健康、自然灾害、水资源等广泛领域实施数据资源的管理与共享方面积累了颇为丰富的经验。

长期以来，美国地质调查局始终认为高质量的数据资产具有重要的战略意义和价值，是推进科学研究、决策和公共安全的基础。该局将公开出版物、地图、数据及模型统一归为数据产品，并对这些产品实施严格的开发、审查、批准和发布，制定了相关政策、标准与程序，以保障公众获取经过同行评议的高质量产品。自 1879 年成立伊始，美国地质调查局就签署了与数据管理及共享相关的法案，授权其向社会公布科学活动的数据与发现。2013 年，美国白宫科技政策办公室发布备忘录，要求联邦机构提升科学研究成果的开放获取，美国地质调查局积极响应，构建多样的共享渠道与平台，便于不同领域的研究人员、机构及社会大众轻松获取有价值的数据。

在科学数据管理上，美国地质调查局展现出高度的系统性与专业性。其构建严格的数据收集规范，借助先进技术手段与专业设备，广泛收集地质、地理、生态等多领域数据，确保数据来源的可靠与准确。在数据存储方面，采用现代化的数据库系统，具备强大存储能力与高效检索功能，可妥善保存海量数据并保障其长期可用。在数据整理方面，制定详细流程与标准，对收集数据进行分类、编码与标注，使其具良好的结构性与一致性，以便后续分析与使用。

在数据共享方面，建立完善机制，制定明确透明的共享政策，规定共享范围、条件与权限，为合法有序共享提供依据。通过便捷的数据共享平台与先进网络技术，让科研人员、企业及公众能方便获取所需数据，同时提供详细的数据说明与使用指南，助力用户更好理解与运用数据。此外，注重跨部门、跨领域合作，促进数据交流与整合，提升数据价值与应用范围，确保数据和产品的科学完整性，提高数据集成能力，为“整合科学”奠定基础。

然而，在发展过程中也面临一些挑战，如原始数据获取率逐年降低、数据量快速增长且类型复杂等。为此，美国地质调查局把改变科学家理念、使数据成为研究工作一部分并有效管理作为未来目标，以生产更易发现、访问、互操作与重用的数据资产。

美国地质调查局的实践值得深入研究与借鉴，可从多方面参考：建立数据管理计划，涵盖收集、整理、存储、共享与长期保存等策略与流程，且与项目目标和需求匹配并适时调整；确保数据收集与整理规范准确，建立质量控制机制；选择合适存储方案并实施备份恢复策略；明确共享范围与方式，利用共享平台或设施；重视元数据管理；开展数据管理与共享培训；加强合作与交流；持续改进数据管理与共享效果。

总之，美国地质调查局在科学数据管理与共享方面的经验做法具有重大借鉴意义，对推动地球科学研究及相关领域发展发挥了积极作用。

参考文献及资料

Alonda N. Memorandum for the heads of executive departments and agencies—Ensuring Free, Immediate, and Equitable Access to Federally Funded Research: Execute Office of the President, Office of Science and Technology Policy[EB/OL]. (2022-08-25)[2022-12-01]. https: //www. whitehouse. gov/wp-content/uploads/2022/08/08-2022-OSTP-Public-Access-Memo. pdf.

American Geophysical Union. Data at AGU: American Geophysical Union[EB/OL]. [2022-12-01]. https: //www. agu. org/Learn-About-AGU/About-AGU/Data-Leadership.

Arzberger P, Schroeder P, Beaulieu A, et al. 2004. An international framework to promote access to data[J]. Science, 303(5665):1777-1778.

Bohlen S R, Halley R B, Hickman S H, et al. Geology for a changing world: a science strategy for the Geologic Division of the U.S. Geological Survey 2000-2010[EB/OL]. (1998-07-01)[2022-12-01]. https: //pubs. usgs. gov/circ/1998/1172/report. pdf.

Bristol R S, Euliss N H, Booth N L, et al. U.S. Geological Survey core science systems strategy: characterizing, synthesizing, and understanding the critical zone through a modular science framework[EB/OL]. (2013-01-01)[2022-12-01]. https: //pubs. usgs. gov/circ/1383b/circ1383-B. pdf.

Burwell S M, Mancini D J, Park T, et al. Open Data Policy—Managing Information as an Asset: Executive Office of the President, Office of Management and Budget, Memorandum M-13-13[EB/OL]. (2013-05-09)[2022-12-01]. http://www. whitehouse. gov /sites/default/files/omb/memoranda/2013/m-13-13. pdf.

Chang M Y, Carlino J, Barnes C, et al. Community for data integration 2013 annual report: U.S. Geological Survey Open-File Report 2015-1005[EB/OL]. (2015-3-20)[2022-12-01]. https: //doi. org/10. 3133/ofr20151005.

Coalition for Publishing Data in the Earth and Space Sciences. Commitment statement in the earth, space, and environmental sciences: Coalition for publishing data in the earth and space sciences [EB/OL]. [2022-12-01]. https: //copdess. org/enabling-fair-data-project/ commitment-statement-in-the-earth-space-and-environmental-sciences/.

Collins S, Genova F, Harrower N, et al. Turning FAIR into reality—Final report and action plan from the European Commission expert group on FAIR data: European Union[EB/OL]. (2018-11-26)[2022-12-01]. https: //op. europa. eu/en/publication-detail/-/publication/7769a148-f1f6-11e8-9982-01aa75ed71a1.

CoreTrustSeal. CoreTrustSeal Home[EB/OL]. (2019-05-17)[2020-11-30]. https: //www. coretrustseal. org.

CoreTrustSeal. Webinars on CoreTrustSeal certification[EB/OL]. (2019-1-1)[2022-12-1]. https: //www. coretrustseal. org/why-certification/requirements/.

Directorate-General for Research and Innovation (European Commission). Cost-benefit analysis for FAIR research data—Cost of not having FAIR research data: European Union[EB/OL]. (2019-01-16)[2022-12-01]. https: //op. europa. eu/en/publication-detail/-/publication/d375368c-1a0a-11e9-8d04-01aa75ed71a1/language-en/format-PDF/source-search.

Edmunds R, L'Hours H, Rickards L, et al. Core Trustworthy Data Repositories Requirements. Zenodo[EB/OL]. (2016-11-24)[2022-10-01]. https: //zenodo. org/records/168411.

Faundeen J L, Burley T E, Carlino J A, et al. The United States Geological Survey Science Data Lifecycle Model: U.S. Geological Survey Open-File Report 2013-1265[EB/OL]. (2014-01-17)[2022-12-01]. http://dx. doi. org/10. 3133/ofr20131265.

Federal Register, the Daily Journal of the United States Government. Making Open and Machine Readable the New Default for Government Information[EB/OL]. (2013-05-09)[2022-10-01]. https: //www. federalregister. gov/d/2013-11533.

Fundamental Science Practices Advisory Committee. U.S. Geological Survey Fundamental Science Practices: U.S. Geological Survey Circular 1367[EB/OL]. (2011-03-21) [2022-08-01]. https: //pubs. usgs. gov/circ/1367/pdf/C1367. pdf.

Gallagher K T. Core Science Systems—Mission overview: U.S. Geological Survey Fact Sheet 2012-3009 [EB/OL]. (2012-1-1)[2022-12-1]. https: //doi. org/10. 3133/fs20123009.

Gunn M A, Matherne A M, Mason R R. The USGS at Embudo, New Mexico—125 years of systematic streamgaging in the United States: U.S. Geological Survey Fact Sheet 2014-3034[EB/OL]. (2014-04-21)[2022-12-01]. https: //doi. org/10. 3133/fs20143034.

Holdren J P. Memorandum for the heads of executive departments and agencies—Increasing Access to the Results of Federally Funded Scientific Research. Executive Office of the President, Office of Science and Technology Policy[EB/OL]. (2013-02-22)[2022-10-01]. https: //obamawhitehouse. archives. gov/sites/default/files/microsites/ostp/ostp_public_access_memo_2013. pdf.

Holdren J P. Increasing access to the results of federally funded scientific research: Executive Office of the President, Office of Science and Technology Policy Memorandum for the Heads of Executive Departments and Agencies[EB/OL]. (2013-2-22)[2022-12-1]. https: //obamawhitehouse. archives. gov/sites/default/files/microsites/ostp/ostp_public_access_memo_2013. pdf.

Hutchison V B, Liford A N, McClees-Funinan, et al. USGS enterprise tools for efficient and effective management of science data: U.S. Geological Survey Fact Sheet 2020-3041[EB/OL]. (2020-09-23)[2022-10-01]. https: //doi. org/10. 3133/fs20203041.

Hutchison V B, Norkin T, Langseth M L, et al. 2021. Leveraging existing technology: Developing a trusted digital repository for the U.S. Geological Survey[J]. International Journal of Digital Curation, 16(1):1-23.

Ignizio D A, O'Donnell M, Talbert C B. Metadata wizard—An easy-to-use tool for creating FGDC-CSDGM metadata for geospatial datasets in ESRI ArcDesktop: U.S. Geological Survey Open-File Report, 2014-1132[EB/OL]. (2014-08-15) [2022-10-01]. https: //dx. doi. org/10. 3133/ofr20141132.

Janssen M, Charalabidis Y, Zuiderwijk A. 2012. Benefits, adoption barriers and myths of open data and open government[J]. Information Systems Management, 29(4), 258-268.

Jenni K E, Goldhaber M B, Betancourt J L, et al. Grand challenges for integrated U.S. Geological Survey science—A workshop report: U.S. Geological Survey Open-File Report 2017-1076 [EB/OL]. (2017-06-30)[2022-12-01]. https: //doi. org/10. 3133/ofr20171076.

Kathleen K G. Celebrating 125 Years of the U.S. Geological Survey[EB/OL]. (2004-01-01)[2022-12-01]. https: //pubs. usgs. gov/circ/2004/1274/2004-1274. pdf.

Kriesberg A, Hulle K, Punzalan R, et al. 2017. An analysis of federal policy on public access to scientific research data[J]. Data Science Journal, 16(0): 1-27.

Lagoze C, Van de Sompel H, Nelson M, et al. Open Archives Initiative Protocol for Metadata Harvesting[EB/OL]. (2002-06-14)[2022-10-01]. http://www. openarchives. org/OAI/2.0/openarchivesprotocol.htm.

Landi A, Thompson M, Giannuzzi V, et al. 2020. The "A" of FAIR—As open as possible, as closed as necessary[J]. Data Intelligence, 2(1-2): 47-55.

Latysh N, Kirk K G, Faundeen J. Purpose and benefits of U.S. Geological Survey Trusted Digital Repositories: U.S. Geological Survey Fact Sheet 2020-3032[EB/OL]. (2020-06-11)[2022-10-01]. https: //www. usgs. gov/publications/purpose-and-benefits-us-geological-survey-trusted-digital-repositories.

Lightsom F L, Hutchison V B, Bishop B, et al. Opportunities to improve alignment with the FAIR Principles for U.S.

Geological Survey data: U.S. Geological Survey Open-File Report 2022-1043 [EB/OL]. (2022-06-14) [2022-08-01]. https: //doi. org/10. 3133/ofr20221043.

Linda C S, Jayne B, Martin G, et al. Geology for a changing world 2010-2020: Implementing the U.S. Geological Survey science strategy[EB/OL]. (2010-01-01)[2022-12-01]. https: //pubs. usgs. gov/circ/circ1369/pdf/circular1369_final. pdf.

Lynch C. 2008. How do your data grow?[J]. Nature, 455: 28-29.

Molloy J C. 2011. The Open Knowledge Foundation: Open data means better science[J]. PLoS Biology, 9(12): 1-4.

National Academies of Sciences, Engineering, and Medicine. 2019. Reproducibility and replicability in science: Washington, D.C.[M]. The National Academies Press: 256.

National Aeronautics and Space Administration. Data processing levels[EB/OL]. (2021-07-13)[2022-12-01]. https: //earthdata. nasa. gov/collaborate/open-data-services-and-software/data-information-policy/data-levels.

National Wildlife Refuge. New Jersey[EB/OL]. (2018-01-10)[2022-10-01] https: //www. usgs. gov/data/shoreline-change-rates-salt-marsh-units-edwin-b-forsythe-national-wildlife-refuge-new-jersey.

Open Geospatial Consortium. About OGC[EB/OL]. [2022-12-01]. https: //www. ogc. org/about-ogc/.

Sheehan J. Increasing Access to the Results of Federally Funded Science[EB/OL]. (2016-02-22)[2022-10-01]. https: //obamawhitehouse. archives. gov/blog/2016/02/22/increasing-access-results-federally-funded-science.

Starr J, Castro E, Crosas M, et al. 2015. Achieving human and machine accessibility of cited data in scholarly publications[J]. PeerJ Computer Science, 1(1): 1-22.

Tenopir C, Christian L, Allard S, et al. 2018. Research data sharing: Practices and attitudes of geophysicists[J]. Earth and Space Science, 5(12):891-902.

U.S. General Services Administration. U.S. General Services Administration (GSA) Technology Transformation Service (n.d.). Planning a Usability Test[EB/OL]. [2022-10-01]. https: //www. usability. gov/how-to-and-tools/methods/planning-usability-testing.html.

U.S. Geological Survey. Data Management[EB/OL]. [2022-08-01]. https: //www. usgs. gov/data-management.

U.S. Geological Survey, the Fundamental Science Practices Advisory Council. Update on U.S. Geological Survey Fundamental Science Practices 1503[EB/OL]. (2023-03-21) [2023-08-01]. https: //pubs. usgs. gov/circ/1503/cir1503. pdf.

U.S. Geological Survey. Community for Data Integration (CDI): About[EB/OL]. [2022-10-01]. https: //www. usgs. gov/centers/community-for-data-integration-cdi/about.

U.S. Geological Survey. Community for Data Integration (CDI): What We Do[EB/OL]. [2022-10-01]. https: //www. usgs. gov/index. php/centers/community-for-data-integration-cdi/what-we-do.

U.S. Geological Survey. Digital Object Identifier (DOI) Creation Tool[EB/OL]. (2022-01-01) [2023-08-01]. https: //www. usgs. gov/tools/digital-object-identifier-doi-creation-tool.

U.S. Geological Survey. Fundamental Science Practices (FSP) Home[EB/OL]. [2022-08-01]. https: //www. usgs. gov/office-of-science-quality-and-integrity/ fundamental-science-practices.

U.S. Geological Survey. IM CSS 2019-01[EB/OL]. (2019-07-19) [2022-08-01]. https: //www. usgs. gov/about/organization/science-support/survey-manual/im-css-2019-01.

U.S. Geological Survey. ScienceBase home[EB/OL]. (2023-09-29) [2023-10-01]. https: //www. sciencebase. gov/catalog/.

U.S. Geological Survey. Software Management[EB/OL]. [2022-08-01]. https: //www. usgs. gov/products/software/software-management.

U.S. Geological Survey. Summary of Changes to the USGS Public Access Plan[EB/OL]. (2023-07-06)[2023-08-01]. https: //www. usgs. gov/media/files/summary-changes-usgs-public-access-plan-v2.

U.S. Geological Survey. Survey Manual 502.6-Fundamental Science Practices: Scientific Data Management [EB/OL].

(2017-01-13)[2022-10-01]. https: //www. usgs. gov/about/organization/science-support/survey-manual/5026-fundamental-science-practices-scientific-data.

U.S. Geological Survey. Survey Manual 502.7-Fundamental Science Practices: Metadata for USGS Scientific Information Products Including Data[EB/OL]. (2017-01-13)[2022-10-01]. https: //www. usgs. gov/about/organization/science-support/survey-manual/5027-fundamental-science-practices-metadata-usgs.

U.S. Geological Survey. Survey Manual 502.8-Fundamental Science Practices[EB/OL]. (2017-01-13)[2022-10-01]. https: //www. usgs. gov/about/organization/science-support/survey-manual/5028-fundamental-science-practices-review-and.

U.S. Geological Survey. U.S. Geological Survey: Organization[EB/OL]. (2022-06-01)[2022-12-01]. https: //www. usgs. gov/about/organization.

U.S. Geological Survey. USGS Core Trustworthy Data Repositories Requirements v01.00—USGS Trust, Worthy Data Repository Application[EB/OL]. (2019-10-04) [2022-10-01]. https: //view. officeapps. live. com/op/view. aspx?src=https%3A%2F%2Fd9-wret. s3. us-west-2. amazonaws. com%2Fassets%2Fpalladium%2Fproduction%2Fs3fs-public%2Fatoms%2Ffiles%2FTDR-Application. docx&wdOrigin=BROWSELINK.

U.S. Geological Survey. USGS Online Metadata Editor (OME) screencapture[EB/OL]. (2016-01-01) [2022-08-01]. https: //www. usgs. gov/media/images/usgs-online-metadata-editor-ome-screencapture.

U.S. Geological Survey. USGS TDR Application Form[EB/OL]. (2019-10-04) [2022-10-01]. https: //www. usgs. gov/media/files/usgs-tdr-application-form.

U.S. Geological Survey. USGS Trusted Digital Repositories (TDR)[EB/OL]. [2022-10-01]. https: //www. usgs. gov/office-of-science-quality-and-integrity/usgs-trusted-digital-repositories-tdr.

U.S. Geological Survey. CDI Science Support Framework[EB/OL]. (2012-01-01) [2022-10-01]. https: //www. usgs. gov/media/images/cdi-science-support-framework.

U.S. Geological Survey. Data management: U.S. Geological Survey[EB/OL]. [2022-08-01]. https: //www. usgs. gov/products/data-and-tools/data-management.

U.S. Geological Survey. Facing tomorrow's challenges—U.S. Geological Survey science in the decade 2007-2017[EB/OL]. (2007-04-24)[2022-12-01]. https: //pubs. usgs. gov/circ/2007/1309/pdf/C1309. pdf.

U.S. Geological Survey. Fundamental science practices (FSP) policy directives[EB/OL]. [2022-08-01]. https: //www. usgs. gov/office-of-science-quality-and-integrity/fundamental-science-practices-fsp-and-related-policy.

U.S. Geological Survey. Fundamental Science Practices (FSP) Standards for Establishing Trusted Repositories for USGS Digital Assets[EB/OL]. (2022-01-01)[2022-10-01]. https: //www. usgs. gov/office-of-science-quality-and-integrity/fundamental-science-practices-fsp-standards-establishing.

U.S. Geological Survey. Model Catalog[EB/OL]. (2022-07-20) [2022-10-01]. https: //www. usgs. gov/tools/model-catalog.

U.S. Geological Survey. Persistent Identifier Registration Tool[EB/OL]. (2022-01-01) [2023-08-01]. https: //www1. usgs. gov/pir/#/.

U.S. Geological Survey. PIR Tool FAQ[EB/OL]. [2023-08-01]. https: //www. usgs. gov/science-data-management/pir-tool-faq.

U.S. Geological Survey. Public Access to Results of Federally Funded Research at the U.S. Geological Survey: Scholarly Publications and Digital Data (ver. 2.0)[EB/OL]. (2023-4-26)[2023-5-1]. https: //www. usgs. gov/media/files/public-access-results-federally-funded-research-us-geological-survey-scholarly.

U.S. Geological Survey. Public access to results of federally funded research at the U.S. Geological Survey: Scholarly Publications and Digital Data[EB/OL]. (2023-07-06)[2023-08-01]. https: //www. usgs. gov/office-of-science-quality-and-integrity/public-access-results-federally-funded-research-us.

U.S. Geological Survey. Science data catalog (SDC): U.S. Geological Survey data-base[EB/OL]. [2022-08-01]. https: //data. usgs. gov/datacatalog/.

U.S. Geological Survey. ScienceBase: U.S. Geological Survey database[EB/OL]. [2022-08-01]. https: //www. sciencebase. gov/catalog/.

U.S. Geological Survey. Screenshot of the Metadata Wizard 2.0[EB/OL]. (2018-01-01) [2022-08-01]. https: //www. usgs. gov/media/images/screenshot-metadata-wizard-20.

U.S. Geological Survey. Survey Manual 502.9-Fundamental Science Practices: Preservation Requirements for Digital Scientific Data[EB/OL]. (2017-01-13)[2022-10-01]. https: //www. usgs. gov/about/organization/science-support/survey-manual/5029-fundamental-science-practices-preservation.

U.S. Geological Survey. Survey Manual: U.S. Geological Survey[EB/OL]. [2022-08-01]. https: //www. usgs. gov/about/organization/science-support/survey-manual.

U.S. Geological Survey. Trusted Digital Repositories: Attributes and Responsibilities[EB/OL]. (2019-02-26) [2022-10-01]. https: //www. usgs. gov/media/files/trusted-digital-repositories-attributes-and-responsibilities.

U.S. Geological Survey. U.S. Geological Survey 21st-Century science strategy 2020-2030[EB/OL]. (2021-01-19) [2022-12-01]. https: //pubs. usgs. gov/circ/1476/cir1476. pdf.

U.S. Geological Survey. U.S. Geological Survey Community for Data Integration (CDI) Science Support Framework (SSF) [EB/OL]. (2014-03-01) [2022-10-01]. https: //www. sciencebase. gov/catalog/item/53273d7ce4b00982c4085310.

U.S. Geological Survey. USGS Digital Object Identifier (DOI) Tool for Data Release[EB/OL]. (2022-01-01) [2022-08-01]. https: //www1. usgs. gov/csas/doi/#/.

U.S. Geological Survey. USGS Guidelines for the Preservation of Digital Scientific Data[EB/OL]. (2018-05-07) [2022-08-01]. https: //www. usgs. gov/media/files/usgs-guidelines-preservation-digital-scientific-data.

U.S. Geological Survey. USGS Organizational Chart-Key Officials [EB/OL]. (2023-07-17)[2023-08-01]. https: //www. usgs. gov/media/images/usgs-organizational-chart-key-officials.

Wilkinson M D, Dumontier M, Aalbersberg I J, et al. 2016. The FAIR guiding principles for scientific data management and stewardship[J]. Scientific Data, 3(1):1-9.

Wilson T S, Wiltermuth M T, Jenni K E, et al. Earth Monitoring, Analysis, and Prediction (EarthMAP)—A Road Map for Future Integrated Predictive Science at the U.S. Geological Survey[EB/OL]. (2022-01-14)[2022-12-01]. https: //pubs. usgs. gov/of/2021/1108/ofr20211108. pdf.

Zuccala A, Dhiensa R, Oppenheim C. 2008. Managing and evaluating digital repositories[J]. Information Research, 13(1):1-28.